인체
원리

인체 원리

HOW THE BODY WORKS

DK 『인체 원리』 편집 위원회

편집 자문 | 새러 브루어(Dr Sarah Brewer)

참여 필자 | 버지니아 스미스(Virginia Smith), 니콜라 템플
(Nicola Temple)

프로젝트 미술 편집 | 프랜시스 웡(Francis Wong)

디자인 | 폴 드리슬린(Paul Drislane), 셜롯 존슨(Charlotte
Johnson), 샤히드 마흐무드(Shahid Mahmood)

일러스트레이션 | 마크 클리프턴(Mark Clifton), 필 갬블(Phil
Gamble), 마이크 갤런드(Mike Garland), 믹 게이츠(Mik Gates),
알렉스 로이드(Alex Lloyd), 마크 워커(Mark Walker)

주필 | 롭 휴스턴(Rob Houston)

편집 | 웬디 호로빈(Wendy Horobin), 앤디 즈덱(Andy Szudek),
미에잔 반 질(Miezan van Zyl)

보조 편집 | 프란체스코 피치텔리(Francesco Piscitelli)

미국판 편집 | 질 해밀턴(Jill Hamilton)

주간 | 앙헬레스 가비라 게레로(Angeles Gavira Guerrero)

미술 편집 주간 | 마이클 더피(Michael Duffy)

사전 제작 | 니콜레타 파라스키(Nikoleta Parasaki)

제작 | 메리 슬레이터(Mary Slater)

발행 | 리즈 휠러(Liz Wheeler)

아트 디렉터 | 캐런 셀프(Karen Self)

퍼블리싱 디렉터 | 조너선 멧캐프(Jonathan Metcalf)

김호정 | 연세대학교 의과 대학을 졸업하고 연세대학교
의과 대학 해부학교실에서 조교 수련을 받으며 의학 박사
학위를 받았다. 건국대학교 의과 대학 해부학교실에
근무하다 국립과학수사연구소에서 공중보건의사로 복무
후 서남대학교 의과 대학을 거쳐 현재 가톨릭관동대학교
의과 대학 해부학교실 교수로 재직하고 있다. 『몸』,
『몸은 정말 신기해』, 『무어핵심임상해부학』, 『조직학』,
『Barr 인체신경해부학』 등을 번역했다.

박경한 | 서울대학교 의과 대학을 졸업하고 동 대학원에서
신경해부학 전공으로 의학 박사 학위를 받았다.
현재 강원대학교 의과 대학 교수로 재직하고 있다.
『스넬 임상신경해부학』, 『Barr 인체신경해부학』, 『무어
핵심임상해부학』, 『새 의학용어』, 『사람발생학』, 『마티니
핵심해부생리학』 등의 전문 의학 서적과 『인체 완전판』,
『임신과 출산』, 『휴먼 브레인』 등의 교양 과학 서적을
번역했다.

한국어판 책 디자인 | 박정민

HOW THE BODY WORKS

인체 원리

1판 1쇄 펴냄 2017년 4월 14일
1판 4쇄 펴냄 2024년 2월 29일

DK 『인체 원리』 편집 위원회
옮긴이 김호정, 박경한
펴낸이 박상준
펴낸곳 (주)사이언스북스

출판등록 1997. 3. 24.(제16-1444호)
(우)06027 서울특별시 강남구 도산대로1길 62
대표전화 515-2000 팩시밀리 515-2007
편집부 517-4263 팩시밀리 514-2329

www.sciencebooks.co.kr
한국어판 © (주)사이언스북스, 2017.
Printed in China.

ISBN 978-89-8371-796-2 04400
ISBN 978-89-8371-824-2(세트)

차례

저 미세한 것까지
속속들이

호흡과
혈액 순환
—생존의 핵심

소화와 배설
—들어오고 나가고

면역과 미생물
—알맞게 건강하게

저 미세한 것까지
속속들이

어느 계통이 담당이죠?

무슨 일이든 인체의 여러 '부품'들이 계통(system)들로 체계화되어 함께 작용해야 완수할 수 있다. 계통은 기관(장기, organ)과 조직(tissue)들로 이루어져 있다. 각 계통은 대개 한 가지 기능을 담당하는데, 그 예로는 호흡이나 소화 등이 있다. 생애의 대부분을 뇌와 척수가 주된 조정자 역할을 하지만, 인체의 모든 계통들은 항상 서로 소통하고 지시를 주고받는다.

없이도 살 수 있는 인체 계통이 있나요?

우리의 모든 인체 계통들은 생명 유지에 꼭 필요하다. 충수(appendix) 같은 몇몇 기관들은 없어도 생명에 지장이 없지만, 한 계통 전체가 기능을 완전히 상실하면 그 사람은 대개 사망하게 된다.

체계화된 시스템이 중요하다

각각의 계통은 한가지 기능을 공유하는 인체 기관들의 집합체이다. 그러나 일부 인체 기관들은 하는 일이 여럿이다. 예를 들어 이자(췌장)는 소화액을 창자에 분비하기 때문에 소화계통에 속한다. 이자는 한편으로는 호르몬을 혈류로 분비하는 내분비계통의 일원이기도 하다.

뇌(brain)
척수 (spinal cord)
궁둥신경 (sciatic nerve)

중추신경계통(central nervous system)
뇌와 척수는 온몸에 깔린 대규모 신경망을 통해 받은 정보를 처리하고 이에 근거해서 명령을 내린다.

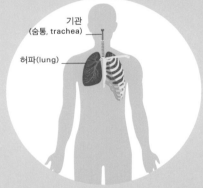

기관 (숨통, trachea)
허파(lung)

호흡계통(respiratory system)
좌우 두 허파(폐)는 공기를 빨아들여서 혈관에 접촉하게 한다. 그러면 산소와 이산화탄소를 맞바꿀 수 있다.

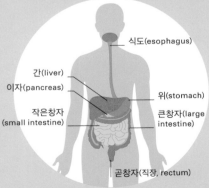

식도(esophagus)
간(liver)
이자(pancreas)
작은창자 (small intestine)
위(stomach)
큰창자(large intestine)
곧창자(직장, rectum)

소화계통(digestive system)
위와 창자는 이 계통의 대표적인 기관으로, 음식물을 인체가 필요로 하는 영양소로 바꿔서 흡수한다.

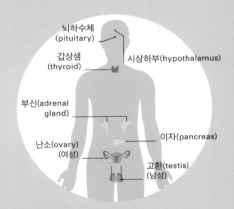

뇌하수체 (pituitary)
갑상샘 (thyroid)
시상하부(hypothalamus)
부신(adrenal gland)
이자(pancreas)
난소(ovary) (여성)
고환(testis) (남성)

내분비계통(endocrine system)
내분비샘들로 이루어진 이 계통은 호르몬을 분비한다. 호르몬은 인체의 화학전령물질로서, 다른 인체 계통에 정보를 보낸다.

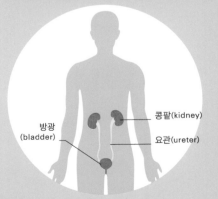

방광 (bladder)
콩팥(kidney)
요관(ureter)

비뇨계통(urinary system)
좌우 콩팥(신장)은 혈액을 여과해서 불필요한 물질들을 제거하고, 이 물질은 방광에 소변으로 저장되었다가 배설된다.

뇌(brain)

우리가 체조 동작을 연기할 때 뇌는 눈과 속귀(inner ear)와 온몸의 신경들로부터 정보를 받은 후에 이 모두를 종합해서 균형과 자세에 관한 감각을 완성한다.

근육(muscle)과 신경(nerve)

신경 명령이 근육에 전달되면 즉시 자세를 바로잡아서 균형을 유지한다. 신경계통은 근육계통과 상호작용하고, 이어서 근육계통이 뼈대계통의 뼈에 작용한다.

호흡수와 심장박동수

뇌에서 시작된 명령으로 인해 호르몬이 즉시 분비되고, 이 호르몬은 지금 신체가 받고 있는 스트레스에 대처하게 만든다. 호흡은 더 빨라지고 심장박동수는 상승해서 더 많이 필요해진 산소를 근육으로 실어나른다.

소화계통 (digestive system)과 비뇨계통 (urinary system)

내분비계통에서 분비된 스트레스 호르몬들이 소화계통과 비뇨계통에 작용해서 그 기능을 저하시킨다. 에너지를 다른 계통들이 써야 하니까!

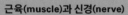

78개

인체에 있는 모든 기관들의 개수를 헤아린 결과 중 하나 - 하지만 다른 의견들도 있다!

만사 균형

단독 작용하는 인체 계통은 하나도 없고, 각 계통은 쉬지 않고 나머지 몇몇 계통들에 대응해서 인체 작용이 계속 순조롭게 진행되도록 만든다. 링에 매달린 체조선수가 균형을 유지하려면 각 인체 계통들마다 세밀하게 조정되어 다른 계통들에 가해진 스트레스를 보상해서 바로잡을 수 있어야 하는데, 이 과정에 신체역량을 총동원해야 할 수도 있다.

1만 명 중 한 명은 모든 내장의 좌우 위치가 바뀌어 있다

기관(organ)들

인체 내부에 있는 기관들은 일반적으로 독립적 존재이면서 한 가지 특정 기능을 수행한다. 각 기관을 구성하는 조직들은 그 기관이 특유의 방식으로 작용하도록 돕는다. 예를 들어 위는 주성분이 근육조직인데, 이 조직은 늘어났다 줄어들었다 할 수 있어서 섭취한 음식물을 위가 수용할 수 있다.

식도(esophagus)

위(stomach)의 구조

근육조직이 위를 구성하는 주된 조직이긴 하지만 위의 속면은 상피조직과 샘조직으로 덮여 있다. 이 샘조직은 소화액을 분비하고, 상피조직은 위의 속면뿐 아니라 바깥면에서도 방어막을 형성한다.

기관(organ)에서부터 세포(cell)까지

인체의 각 기관들은 다른 기관과 확연히 구분되며 맨눈으로도 식별할 수 있다. 그런데 한 기관을 절단하면 서로 다른 조직층들이 드러난다. 각 조직들마다 다양한 유형의 세포들이 존재한다. 이 조직과 세포들은 모두 함께 작용해서 그 기관의 기능을 수행한다.

위벽의 민무늬근육(smooth muscle)은 세 층으로 구성되어 있다

위(stomach)

작은창자로 넘어가는 출구

속벽은 점액이나 위산을 분비하는 세포들로 덮여 있다

가장 큰 기관은 뭘까?

간(liver)이 내장 중에 가장 크지만, 사실 가장 큰 인체 기관은 피부이다. 피부는 무게가 약 **2.7킬로그램**이나 된다.

바깥벽은 상피세포들로 덮여 있다

조직(tissue)과 세포(cell)

조직은 서로 연계된 세포들의 집단으로 구성된다. 일부 조직은 다양한 유형으로
존재하는데, 한 예로 위벽을 구성하는 민무늬근육(평활근)과 뼈에 부착되어 뼈를 움직이는
뼈대근육(골격근) 등으로 구분되는 근육조직이 있다. 조직에는 세포뿐 아니라 세포 외의
구조들도 포함되어 있을 수 있는데, 결합조직에 포함된 아교섬유(콜라겐섬유)가
대표적이다. 세포는 기본 장치가 완비된 하나의 독립된 생명 단위로, 모든 살아 있는
유기체에서 가장 기본이 되는 구조이다.

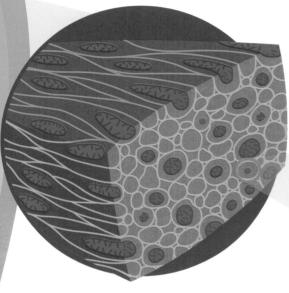

평온하고 원활한 작용

방추 형태인 민무늬근육세포
(평활근세포, smooth muscle
cell)들은 느슨하게 배열되어
있기 때문에 민무늬근육조직은
모든 방향으로 수축할 수 있다.
이 근육조직은 창자의 벽은 물론
혈관벽이나 비뇨기관의 벽에서도
관찰된다.

민무늬근육세포

이 길쭉하고 양쪽 끝으로 갈수록
점점 더 가늘어지는 세포들은
지치지 않고 오랫동안 일할 수 있다.

조직 유형

인체에는 네 가지 기본 조직 유형이 있다. 각 기본 조직은 다시 다양한 아형들로
세분되는데, 예를 들어 혈액과 뼈는 모두 결합조직에 속한다. 각 기본 조직들은 저마다
강도, 신축성, 운동성 등의 성질이 달라서 각각 특정 임무에 적합한 성질을 지닌다.

결합조직
(connective tissue)

서로 다른 조직과 기관들을
연결하고, 지지하며, 감싸고,
분리한다.

근육조직(muscle tissue)

길고 가는 세포들이 수축했다가
늘어남으로써 운동을 일으킨다.

상피조직
(epithelial tissue)

세포들이 한 층 또는 여러
층으로 촘촘히 모여서 장벽을
형성한다

신경조직(nervous tissue)

세포들이 함께 작용해서 전기
신호를 전달한다.

세포 유형

인체에는 200가지 전후의 세포 유형이
존재한다. 이 세포들은 현미경으로 보면
형태가 매우 다양하다. 하지만 대부분의
세포들은 핵이 하나씩 있고 세포막과
다양한 소기관들이 있는 특징을 공유한다.

적혈구(red blood cell)

핵이 없어서 산소를 최대한 많이
운반할 수 있다.

신경세포(뉴런, nerve cell,
neuron)

뇌와 신체 다른 부분들
사이에서 전기신호를
전달하여 연락한다.

상피세포(epithelial cell)

인체의 표면이나 내부 공간의
속면을 덮어서 물샐틈없는
장벽을 형성한다.

지방세포(adipose cell)

신체의 단열을 돕고
에너지원으로 전환될 수 있는
지방 분자들을 저장한다.

뼈대근육세포(skeletal
muscle cell)

길쭉한 섬유 같은 근육세포들이
다발 형태로 배열되어 있고, 이
다발이 수축하면 뼈를 움직인다.

생식세포

여성의 난자와 남성의
정자가 합쳐져서 새로운
배아(embryo)를 형성한다.

빛수용세포

안구 뒷부분의 속면을
덮고 있으며, 들어오는
빛에 반응한다

털세포(hair cell)

속귀에 차 있는 액체를 통해
전달된 소리 진동을 감지한다.

세포(cell)는 어떻게 작동하는가

여러분의 신체는 약 10조개나 되는 세포들로 구성되어 있는데, 각 세포는 기본 장치가 완비된 살아 있는 단위이다. 각 세포는 에너지를 사용하고, 증식하며, 노폐물을 배설하고, 정보를 소통한다. 세포는 모든 생명체의 기본 단위이다.

세포의 기능

대부분의 세포에는 핵이 하나씩 있는데, 핵은 유전자 데이터인 DNA가 포함되어 있는 세포의 중심이다. 세포는 이 데이터를 이용해서 생명체에 꼭 필요한 다양한 물질들을 합성한다. 소기관 (organelle)이라 불리는 미니 장치들은 저마다 전문적 기능을 수행하는데, 이 양상은 인체의 기관(organ)과 유사하다. 소기관들은 핵과 세포막 사이 공간인 세포질에 자리잡고 있다. 물질의 분자들은 세포 속으로 끌려들어가거나 세포 밖으로 실려나가는데, 이것은 효율적으로 가동 중인 공장에 비유할 수 있다.

1 작업 지시 접수
세포 내에서 일어나는 모든 일은 핵에 있는 지시문에 따라 진행된다. 이 지시문은 전령 RNA(mRNA)라 불리는 긴 분자에 담겨서 반출된다. 즉 이 분자는 핵을 벗어나 세포질로 들어간다.

2 제작
mRNA는 핵과 연결되어 있는 소기관인 과립세포질그물로 이동한다. 이곳에서 mRNA는 이 소기관에 오돌토돌하게 박혀 있는 리보솜과 접촉하고, 지시문에 따라 아미노산이 사슬처럼 차례대로 연결되어 단백질 분자가 만들어진다.

3 포장
제작된 단백질은 작은 세포 속 비누방울 같은 소포에 포함되어 세포질을 떠나다니가 골지체에 도달한다. 골지체는 세포라는 회사에 있는 우편물 수발실처럼 단백질을 포장하고 여기에 꼬리표를 붙이는 일을 한다. 그 다음에 어디로 배달될지는 꼬리표에 따라 결정된다.

4 발송
골지체는 단백질을 그 꼬리표에 적힌 목적지에 따라 다른 소포에 포장한다. 이 소포들은 골지체에서 떨어져 나오는데, 세포 밖으로 배달할 소포는 세포막과 합쳐진 후에 들어 있던 단백질을 세포 밖으로 방출한다.

세포 속에는

수많은 소기관들이 세포의 내부 구조를 구성한다. 단 구체적으로 어떤 소기관들이 많은지는 세포의 종류에 따라 다르다.

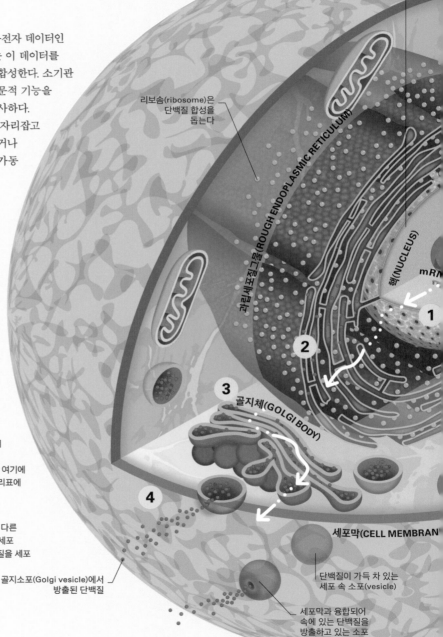

핵은 세포의 지휘본부로, 세포의 청사진을 DNA 형태로 보관하고 있다. 핵을 둘러싸는 막에는 구멍이 많이 뚫려 있는데, 이 구멍은 핵과 세포질 사이의 물질 출입을 통제한다

리보솜(ribosome)은 단백질 합성을 돕는다

과립세포질그물(ROUGH ENDOPLASMIC RETICULUM)

핵(NUCLEUS)

mRNA

골지체(GOLGI BODY)

세포막(CELL MEMBRANE)

골지소포(Golgi vesicle)에서 방출된 단백질

단백질이 가득 차 있는 세포 속 소포(vesicle)

세포막과 융합되어 속에 있는 단백질을 방출하고 있는 소포

세포는 어떻게 움직이는가?

대부분의 세포는 단백질로 이루어진 긴 섬유들을 이용해서 세포막을 앞으로 비죽 내밀음으로써 전진한다. 이와 달리 정자는 꼬리를 채찍처럼 앞뒤로 휘둘러서 전진한다.

무과립세포질그물(SMOOTH ENDOPLASMIC RETICULUM)

무과립세포질그물은 지방과 일부 호르몬을 만들고 가공한다. 표면은 리보솜이 없기 때문에 매끈하다

중심소체는 미세관(microtubule)이 형성되는 시작점이다. 미세소관은 세포분열이 일어날 때 염색체 분할을 돕는다

소포(VESICLE)

중심소체(CENTROSOME)

미토콘드리아

소포는 세포막에서부터 세포 내부로, 또는 그 반대 방향으로 물질을 운송하는 컨테이너 같은 소기관이다

용해소체(LYSOSOME)

용해소체는 세포의 청소부로 작용한다. 그 속에는 불필요한 물질들을 제거하는 데 이용되는 화학물질이 들어 있다

세포질은 소기관들 사이의 공간으로, 미세관 등이 들어 있다

미토콘드리아는 세포의 발전소로서, 세포에 공급되는 화학에너지의 대부분이 이곳에서 생성된다

대부분의 세포는 지름이 0.001밀리미터에 불과하다

세포사(cell death)

세포들은 원래 주어진 수명이 다하면 세포자멸사(아포프토시스)를 겪게 되는데, 이 과정은 예정된 일련의 변화로서 그 세포로 하여금 스스로 해체되고 쪼그라들고 파편들로 부서지게 만든다. 세포는 감염이나 독소로 인해 예정보다 일찍 죽을 수도 있다. 이로 인해 괴사가 일어나는데, 괴사는 세포의 내부 구조들이 세포막으로부터 떨어져 나와서 세포막이 터지고 세포가 죽게 되는 과정이다.

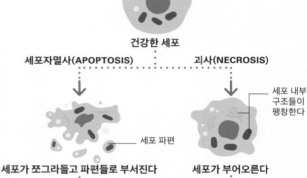

건강한 세포

세포자멸사(APOPTOSIS)

괴사(NECROSIS)

세포 파편

세포 내부 구조들이 팽창한다

세포가 쪼그라들고 파편들로 부서진다

세포가 부어오른다

인체의 청소부 세포 중 하나인 식세포(phagocyte)

터진 세포막

세포 파편

세포 파편을 청소부 세포가 먹어 치운다

세포가 터진다

세포 소통(CELL COMMUNICATION)

세포들은 서로 정보를 소통하고 환경에 반응하는데, 이 과정에는 멀리 떨어진 세포나 근처에 있는 세포나 심지어 그 세포 자신이 만든 신호분자가 이용된다. 신호분자들은 수용체(receptor)에 결합하는데, 수용체 자체도 하나의 분자로서 세포막에 부착되어 있다. 결합이 일어나면 세포 속에서 일련의 변화들이 유발되는데, 한 예로 유전자 활성화가 있다.

A 세포

A 세포의 신호분자

B 세포의 세포막에 부착된 수용체

B 세포

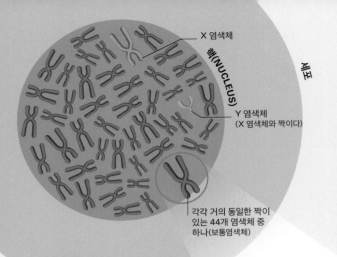

핵(NUCLEUS)

세포

X 염색체

Y 염색체
(X 염색체와 짝이다)

각각 거의 동일한 짝이
있는 44개 염색체 중
하나(보통염색체)

X 염색체

Y 염색체

아들이냐 딸이냐?

전체 염색체 중에 22쌍은 각 쌍의 두 염색체가 서로 판박이로, 각 염색체에 있는 각 유전자가 조금씩만 다를 뿐이다. 그런데 마지막 23번째 쌍은 염색체 자체가 다르다. 이 한 쌍이 우리가 남성인지 여성인지를 결정한다. 여성은 대개 X 염색체만 두 개이고, 남성은 X 염색체와 Y 염색체를 하나씩 갖고 있다. X 염색체에 있는 유전자들은 크기가 상대적으로 작은 Y 염색체에서는 거의 되풀이되지 않는다. 대신에 Y 염색체에는 남성의 특성을 나타내는 유전자들이 주로 포함되어 있다.

통제본부

DNA는 모든 세포의 핵에 보관되어 있다. 단 적혈구는 만들어지는 과정에서 핵이 제거되기 때문에 예외에 속한다. 각 세포의 핵에는 길이가 약 2미터나 되는 DNA가 치밀하게 꼬여서 23쌍 총 46개의 염색체를 이루고 있다. 각 염색체 쌍 중 하나는 아버지로부터, 나머지 하나는 어머니로부터 물려받는다.

인체 도서관

DNA는 하나의 긴 분자로, 생명체가 발생하고 살아가며 대를 잇는 데 필요한 모든 정보를 제공한다. DNA는 꼬여 있는 사다리 같은 구조인데, 사다리 발판은 화학 염기 한 쌍으로 이루어져 있다. 이 염기들은 길게 연결되어 유전자(gene)를 구성하는데, 유전자는 단백질을 합성하게 만드는 암호문이라 할 수 있다. 세포가 자신의 DNA를 복제하거나 새로운 단백질을 만들어야 할 때가 오면 그 유전자가 복제될 수 있도록 DNA 사다리가 지퍼가 열리듯 좌우 절반으로 갈라진다. 사람은 DNA의 염기가 30억 개 이상이며, 약 2만 개에 이르는 유전자가 있다.

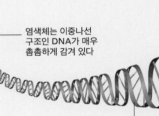

염색체

염색체는 이중나선
구조인 DNA가 매우
촘촘하게 감겨 있다

인체 설계도

우리 신체를 만드는 유전자들은 염기 수가 몇 백 개에서부터 길게는 200만 개가 넘을 수도 있는데, 아래 그림에 있는 짧은 토막보다는 염기 수가 많다. 각 유전자는 대개 하나의 단백질을 만든다. 이 단백질들은 인체를 구성하는 레고 블록으로, 세포와 조직과 기관들을 만든다. 단백질들은 또한 인체의 모든 작용을 조절한다.

각 가닥의 바깥 모서리는 당과
인산염 분자로 구성되어 있다

DNA의 정체

DNA(데옥시리보핵산)는 사슬처럼 죽 이어지는 분자로, 거의 모든 생명체에 존재한다. 이 사슬은 염기(base)라 불리는 분자 성분들이 순서를 따라 이어져서 형성된다. 놀랍게도 이 순서, 즉 서열이 한 생명체 전체를 구성하는 암호지시문으로 작용한다. 우리가 지금 갖고 있는 DNA는 부모님이 물려준 것이다.

색깔별로 표시한 막대 구조는
아데닌, 티민, 구아닌, 시토신의
네 가지 염기를 가리키는데, 이
염기들의 배열 순서는 특별하고
중요한 의미가 있다

내 유전자는 나로 표현된다

대다수 유전자는 모든 사람에서 동일한데,
이 유전자에는 생명 유지에 꼭 필요한
분자를 만드는 암호가 적혀 있다. 그러나 약
1퍼센트는 약간의 변동이 있는데, 이를
맞섬유전자(대립유전자, allele)라 하며, 이로
인해 사람마다 독특한 신체 특징이 나타난다.
이들 중 대부분은 머리카락 색이나 눈동자
색깔처럼 무해한 특성이지만, 혈우병이나
낭성섬유증처럼 골치 아픈 병을 일으키기도
한다. 맞섬유전자는 쌍으로 존재하기 때문에
한 맞섬유전자가 다른 맞섬유전자의 효과를
억눌러서 그 특성이 드러나지 않기도 한다.

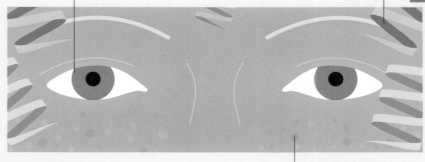

눈동자 색깔은 16개의 유전자가
관여해서 결정하는데, 이 16개 중
어느 한 유전자에 의해서도 영향을
받을 수 있다

몇 가지 유전자가 머리카락의
곱슬한 정도를 조절한다. 부모가
모두 곱슬머리라도 직모인 자녀가
태어날 수 있다

예측 불가능한 결과

우리 신체의 특징들 중 상당수는 둘 이상의 유전자의
조절을 받는다. 이로 인해 예기치 않은 조합이
일어나기도 한다.

주근깨는 단일 유전자가
조절한다. 이 유전자는
사람마다 조금씩 차이가
있는데, 이 차이가 주근깨
수를 좌우한다

DNA 실타래 풀기

염색체의 독특한 구조 덕분에 DNA가 좁은 핵 속에 모두 들어갈 수 있다. DNA는
실패처럼 생긴 단백질들 주위로 둘둘 감겨 있다. 그 이중나선 구조를 구성하는 두
가닥은 염기쌍에 의해 서로 연결되어 있으며, 염기 외에 당과 인산염도 포함하고
있다. 각 염기들은 항상 정해진 염기와 짝을 맺는데, 각 가닥에서 염기들이 배열되어
있는 순서는 장차 만들게 될 단백질에 따라 정해져 있다.

인간의 유전자가 가장 많을까?

인간은 비교적 유전자 수가 적다.
인간은 닭(1만 6000개)보다 유전자가 많지만
양파(10만 개)나 아메바(20만 개)보다는 적다.
그렇게 된 이유는 인간이 양파나
아메바보다 더 빠른 속도로
불필요한 유전자를 없앤 데 있다.

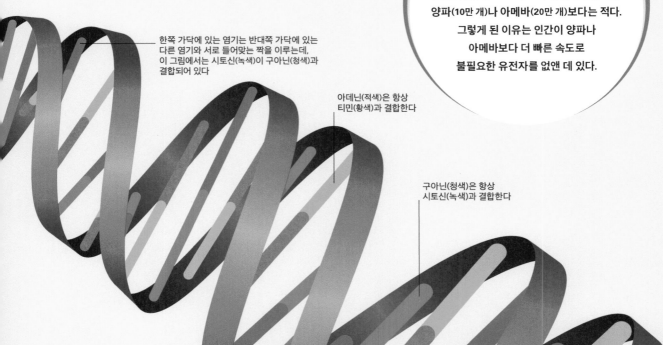

한쪽 가닥에 있는 염기는 반대쪽 가닥에 있는
다른 염기와 서로 들어맞는 짝을 이루는데,
이 그림에서는 시토신(녹색)이 구아닌(청색)과
결합되어 있다

아데닌(적색)은 항상
티민(황색)과 결합한다

구아닌(청색)은 항상
시토신(녹색)과 결합한다

세포는 어떻게 증식하는가

우리 모두는 단 하나의 세포에서 시작해서 살아왔다. 따라서 실제 조직과 기관들이 발생하고 신체가 성장하려면 세포들이 증식해야만 한다. 성인도 세포가 계속 교체되어야 하는데, 왜냐하면 손상을 입거나 수명을 다한 세포들이 있기 때문이다. 세포 증식에는 두 가지 방식, 즉 유사분열과 감수분열이 있다.

통제불능

대다수 암은 돌연변이 세포가 급속히 증식하기 시작할 때 발생한다. 이것은 암세포가 유사분열 과정에서 겪는 통상적인 검문을 이겨낼 수 있게 되어 주위 정상 세포보다 더 빨리 스스로를 복제해서 증식하는 데다가 주어진 산소와 영양소를 더 많이 차지하기 때문이다.

암세포

낡아서 망가진 세포는

유사분열은 새로운 세포가 필요할 때마다 일어난다. 신경세포(뉴런) 같은 일부 세포는 거의 교체되지 않지만, 창자 속면을 덮고 있는 상피세포나 맛봉오리(taste bud) 세포는 며칠에 한 번꼴로 교체된다.

1 휴식
어미세포는 DNA 손상이 있는지 확인하고 필요하면 모두 수선함으로써 유사분열할 준비를 마친다.

세포

핵

이 세포의 46개 염색체 중 네 염색체

유사분열(mitosis)

모든 세포는 유사분열이라는 세포주기 단계를 거친다. 유사분열이 일어나는 동안에 세포의 DNA는 두 배로 복제된 후에 이등분되어 동일한 핵을 두 개 형성하는데, 두 핵은 각각 본래 어미세포와 똑같은 DNA를 갖고 있다. 그 다음에 세포는 세포질과 소기관들을 반분해서 각각 핵이 하나씩 있는 두 개의 딸세포를 만든다. DNA가 복제되고 분할되는 전체 과정에는 수많은 검문 장치가 있어서 손상된 DNA가 있으면 모두 수선한다. DNA가 손상된 채 남아 있다면 영구적 돌연변이와 질병으로 이어질 수 있다.

2 준비
어미세포의 각 염색체는 유사분열 과정에 진입하기 전에 자신을 정확히 복제한다. 복제된 염색체들은 중심절이라 불리는 부위에서 연결되어 있다.

중심절(centromere)

6 쌍둥이 순산
딸세포 두 개가 형성되는데, 각 딸세포에는 어미세포와 똑같이 DNA가 복제된 핵이 하나씩 있다.

5 쪼개짐
각 염색체 집단 주위로 핵막이 형성되고 세포막이 둘로 분할되어 세포 두 개가 만들어진다.

4 분리
염색체는 특수 섬유에 연결된 부분인 중심절에서 절반으로 갈라지고, 이어서 각 절반이 세포의 양쪽 정반대 끝으로 끌려간다.

중심절

3 정렬
복제된 염색체에는 그 절반 부분마다 특수 섬유가 와서 붙는데, 이 섬유는 염색체들이 세포의 중앙 부분에 나란히 정렬하도록 돕는다.

섬유(방추사)

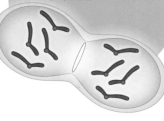

**2 짝짓기와
교차(crossover)**

길이와 중심절의 위치가 비슷한
상동염색체들이 서로 나란히 정렬해서
유전자 교환을 진행한다.

1 준비

세포의 각 염색체들은 둘로
복제되고, 둘은 중심절에서 서로
연결된다.

— 세포
— 핵
— 염색체
— 중심절

3 일차감수분열

염색체들이 나란히
정렬하고, 이어서 유사분열과 비슷한
방식으로 특수 섬유를 따라
세포의 양쪽 정반대 끝으로
끌려간다.

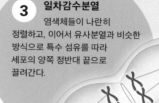

섬유(방추사)

유전자 교환

감수분열의 특징은 DNA를 딸세포에 물려주기 전에 한차례
섞는 독특한 과정에 있다. DNA는 상동염색체들끼리
교환하는데, 그 결과로 새로운 DNA 조합이 만들어진다.
새로운 조합들 중 일부는 장차 이롭게 작용할 수도 있다.

6 손주 넷

모두 네 개의 세포가
만들어지는데, 각 세포가 갖고
있는 염색체 수가 본래 어미세포의
절반이며, 보유하고 있는 유전자도
차이가
있다.

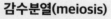

5 이차감수분열

염색체들이 각 세포의
중앙선을 따라 나란히 정렬한 후에
따로따로 끌려가기 때문에 새로
만들어진 세포는 본래 염색체 쌍의
절반만 받게 된다.

4 자식 둘

세포가 분열해서 염색체
수가 본래의 절반인 세포 두 개가
만들어진다. 두 세포는 유전자가 서로
다르고 어미세포와도 다르다.

감수분열(meiosis)

난자와 정자는 특수한 세포분열 방식인 감수분열을
거쳐서 만들어진다. 감수분열의 목적은 염색체 수를
어미세포의 절반으로 줄여서 난자와 정자가 수정
과정에서 합쳐질 때 새로 만들어진 세포가 온전한 46개
염색체를 갖추는 데 있다. 감수분열을 하면 네 개의
딸세포가 만들어지는데, 각 딸세포는 어미세포와
유전자가 다르다. 이렇게 유전자 다양성을 유도해서
저마다 남과 다른 유일무이한 인간으로 태어나도록 돕는
장치가 바로 유전자 교환이다.

다운 증후군(DOWN SYNDROME)

때로는 감수분열 과정에 오류가 발생할 수 있다. 다운 증후군은 인체의 모든 세포
나 일부 세포에 21번 염색체가 하나 더 생김으로 인해 일어난다. 이 오류는 대개
난자나 정자의 감수분열 과정에서 21번 염색체가 제대로 분리되지 않았을 때 일
어나는데, 이 질환을 21 세염색체증(trisomy 21)이라 한다. 염색체가 하나 더 있
으면 특정 유전자들이 그 세포에서 지나치게 많이 발현되고, 이로 인해 세포 기
능에 문제가 생길 수 있다.

유전자가 310개나 더
있음으로 인해 일부
단백질이 지나치게 많이
만들어질 수 있다

세 개의 21번 염색체

유전자는 어떻게 작동하는가

우리 DNA가 인체라는 장치의 제작법을 모은 책이라면, DNA에 포함된 유전자 하나는 그 책에 있는 부품 제조법 하나에 해당된다. 유전자 하나는 화학물질인 단백질 하나를 만드는 제조법이다. 사람은 서로 다른 단백질의 제조법을 부호로 기록한 유전자를 대략 2만 개 보유하고 있다고 추산된다.

유전자 청사진

유전자 하나의 부호들을 해독해서 단백질 하나를 만들려면 먼저 효소를 이용하여 세포 핵에 있는 DNA를 복제(전사)해서 한 가닥의 전령 RNA(mRNA)를 만들어야 한다. 세포는 필요한 유전자들만 복제하고, 전체 DNA 서열을 복제하지는 않는다. 그 다음에 mRNA 는 핵 밖으로 이동하고, 핵 밖에서는 사슬처럼 연결된 아미노산들로 번역(유전자부호해독)되는데, 이 아미노산 사슬은 단백질이라는 입체 구조로 완성된다.

아미노산

전달 RNA(tRNA)

전령 RNA(mRNA)

대응코돈(대응유전자부호, anticodon)

핵막

세포 핵

DNA

복제할 유전자가 있는 곳에서 지퍼를 열듯 DNA 가닥을 분리한다

RNA 중합효소가 mRNA 가닥을 새로 만든다

핵구멍

mRNA는 DNA 가닥과 염기쌍이 들어맞는다

DNA 한 가닥

mRNA

1 **유전자부호해독(translation) 개시**
갓 만들어진 mRNA는 단백질 제작소인 리보솜으로 이동해서 리보솜에 부착된다. 이곳에서 mRNA는 전달 RNA(tRNA) 분자들을 끌어들이는데, 각 tRNA마다 아미노산을 하나씩 붙들고 있다.

mRNA 가닥은 세포질로 나온다

세포질

DNA를 핵 속에서 복제해서
특수한 효소가 DNA에 결합하고, 그곳에서 이 효소는 이중나선 구조의 두 가닥을 지퍼를 열 듯 분리한다. 그 다음에 이 효소는 DNA를 따라 이동하면서 DNA의 한 가닥에 들어맞는 또다른 핵산인 RNA 염기들을 차례대로 첨가함으로써 mRNA 한 가닥을 완성한다.

4 아미노산 사슬이 입체 형태로 접혀서 단백질이 된다

리보솜이 mRNA 가닥의 끝에 있는 정지코돈(stop codon)에 도달하면 긴 아미노산 사슬이 완성된다. 아미노산 사슬이 어떤 입체 형태로 접혀서 단백질이 될지는 아미노산 순서가 결정한다.

아미노산 사슬은 리보솜이 mRNA 가닥을 따라 차근차근 이동하면서 만들어진다

아미노산 사슬이 입체 형태로 접혀서 형성한 단백질

단백질 제작

mRNA에 순서대로 있는 세 염기씩을 코돈(유전자부호, codon)이라 하며, 각 코돈마다 특정 아미노산이 지정되어 있다. 아미노산은 모두 21종류가 있으며, 단백질 하나는 수백 개가 넘는 아미노산이 사슬처럼 연결되어 형성될 수도 있다.

2 리보솜에 아미노산이 차례대로 첨부된다

리보솜이 mRNA 가닥을 따라 차근차근 이동하는 동안에 tRNA 분자들이 정해진 순서대로 mRNA에 부착된다. 이 순서는 서로 들어맞는 코돈과 대응코돈에 의해 결정된다. 코돈은 mRNA 가닥에 차례로 있는 세 핵산 염기 서열이고, tRNA 분자에 있는 대응코돈은 코돈과 짝패를 짓는 상보적인 세 염기들을 가리킨다.

3 사슬 땋기

아미노산은 tRNA 분자에서 떨어져 나온 후에 바로 앞 아미노산과 펩티드 결합을 형성해서 연결됨으로써 사슬을 만든다.

리보솜

코돈

tRNA는 아미노산 배달을 끝내자 마자 떨어져 나와서 세포질 속으로 다시 떠오른다

엉뚱한 유전자부호해독(TRANSLATION)

유전자 돌연변이로 인해 아미노산 서열이 변할 수 있다. 털 단백질인 케라틴(각질)을 합성하는 유전자의 402번 염기 하나에만 점돌연변이 (point mutation)가 일어나면 아미노산인 글루탐산염(glutamate) 대신에 리신(lysine)이 들어가게 된다. 이로 인해 케라틴의 형태가 변해서 머리카락이 염주 모양이 된다.

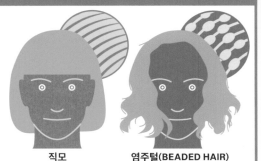

직모   염주털(BEADED HAIR)

유전자부호해독을 마친 mRNA는 어떻게 되는가?

mRNA 한 가닥은 여러 번 반복해서 유전자부호해독을 거침으로써 단백질을 많이 만들고, 그러고는 세포 안에서 분해되어 결국 사라진다.

유전자는 어떻게 세포들을 다양하게 분화시키는가

DNA에는 생명체의 모든 청사진이 포함되어 있지만 실제 세포들은 필요한 도면(유전자)만을 골라 쓴다. 세포는 이 유전자들을 이용해서 세포의 형태뿐 아니라 인체 내에서 수행할 일도 결정할 단백질과 분자들을 만든다.

세포는 자신이 할 일을 어떻게 알게 될까?

세포는 자신을 에워싸고 있는 주위 화학물질이나 다른 세포에서 온 신호물질들을 통해서 자신이 특정한 조직 또는 기관의 일부이거나 발생 과정의 특정 단계에 도달했음을 알게 된다.

유전자 발현(gene expression)

각 세포는 갖고 있는 유전자들 중 일부만을 골라 쓰는데, 이를 '발현'한다고 표현한다. 세포가 더 전문화될수록 더 많은 유전자의 스위치가 꺼진다. 이 과정은 조절 기전이 매우 엄격하고 정해진 순서대로 일어나는데, 대개 DNA가 RNA로 전사될 때 일어난다(20~21쪽 참조).

1 조절
필요한 유전자가 전사(transcription) 되는 과정은 그 앞에 자리잡은 일련의 유전자들이 조절한다. 여기에는 조절유전자(regulator gene), 촉진유전자(promoter gene), 작동유전자(operator gene)가 포함된다. 이 유전자는 상황이 적합하지 않으면 전사되지 않는다.

2 억제단백질
억제단백질(repressor protein)이 유전자를 차단하고 있으면 이 유전자는 전사가 일어나지 못한다. 환경이 변해서 억제단백질이 제거되어야만 이 유전자의 스위치가 켜질 수 있다.

3 활성화
활성화단백질이 조절단백질에 결합하고 이 유전자를 차단하는 억제단백질이 없을 때 비로소 전사가 시작될 수 있다.

조절단백질
촉진유전자
작동유전자
전사될 유전자 (RNA로 복제됨)
조절유전자
RNA 중합효소
유전자 서열
억제단백질
억제단백질이 중합효소가 DNA에 부착되지 못하게 방해하고 있다
활성화단백질
이제 중합효소가 DNA에 결합해서 전사를 시작할 수 있다
RNA 중합효소

켜거나 끄거나

배아 세포는 처음부터 줄기세포로 시작한다. 줄기세포는
다양한 유형의 세포들로 분화할 수 있는 세포이다.
줄기세포들은 초기에는 모두 동일한 유전자들의 스위치가
켜져 있는 상태로 계속 세포분열해서 세포 수가 많아지는
단순 성장을 지속한다. 그리고 배아 발생이
진행됨에 따라 배아 세포들은 전문화되고
조직과 기관들로 체계화될 필요가 생긴다.
그래서 배아 세포들은 신호를 받으면 일부
유전자들의 스위치를 끄고 다른 유전자들의
스위치를 켜서 특정 유형의 세포들로
분화하게 된다.

차별화
배아 발생이 진행되는 과정에서 장차 신경세포가 될 줄기세포는
가지돌기와 축삭을 자라게 하는 데 필요한 유전자의 스위치를 켜고,
이와 달리 또다른 줄기세포는 다른 유전자들을 활성화시켜서 피부 등의
상피세포가 된다.

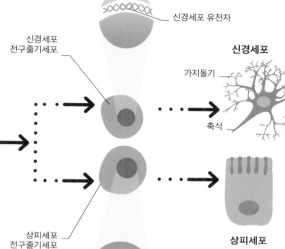

신경세포 유전자

신경세포
전구줄기세포

신경세포

가지돌기

축삭

배아줄기세포
(EMBRYONIC STEM CELL)

상피세포
전구줄기세포

상피세포

상피세포 유전자

살림살이 단백질(housekeeping protein)

DNA를 수선하는 단백질이나 대사에 필요한 효소
등의 일부 단백질을 살림살이 단백질이라 부르는데,
왜냐하면 이 단백질은 모든 세포의 기본적 기능
(살림살이)에 꼭 필요하기 때문이다. 그 대부분은
효소이고, 나머지는 세포 구조를 보강하거나 물질이
세포를 출입하는 과정을 돕는다. 이 단백질들을
합성하는 유전자들은 스위치가 항상 켜져 있다.

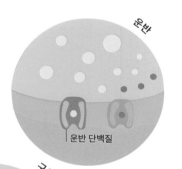

운반

운반 단백질

물질 나르기
세포 근처에서 물질을
움직이거나 이 물질들이
세포막을 통과하도록
돕는 특수한 단백질들이
있다.

구조

구조 단백질

구조 지지
구조 단백질은 모든 세포에
존재한다. 이 단백질은
세포가 형태를 갖추게
하고 소기관들을 제 자리에
잡아둔다.

효소

효소

효소에 의한
화학분해

처리 속도 향상
효소는 화학반응이 더 빨리
진행되도록 돕는 단백질로서,
음식물을 분해하는 소화효소
등이 있다.

아들딸 차별

6주째 배아에는 남성이 되는 데 필요한 내
부생식기관의 원형과 여성이 되는 데 필요
한 내부생식기관의 원형이 모두 존재한다.
유전형이 남성인 배아는 이 시기에 Y 염색
체에 있는 유전자가 작동하기 시작해서 남
성생식기관은 발달시키고 여성생식기관은
퇴화되도록 만드는 몇가지 호르몬을 생산
한다. 남성도 쓸데없는(?) 젖꼭지가 있는데,
그 이유는 젖꼭지가 발생 첫 6주 중에 형성
되지만 나중에 남성호르몬이 풍부한지 또
는 여성호르몬이 풍부한지에 따라 젖꼭지
발달 여부가 결정되기 때문이다.

성체줄기세포(adult stem cell)

성체줄기세포는 뇌, 골수, 혈관, 뼈대근육, 피부, 치아, 심장, 창자, 간, 난소, 고환 등에서 발견된 바 있다. 이 세포들은 오랫동안 비활성 상태로 잠복해 있다가 세포를 교체하거나 손상을 수리하는 데 참여하라는 예비군 동원 명령을 받으면 비로소 세포분열을 시작해서 전문 세포로 분화한다. 현재 연구자들은 이 세포들을 조작해서 특정한 종류의 세포로 분화하도록 만들 수 있으며, 그 다음에는 분화된 세포들을 새로운 조직과 기관들로 키울 수 있다.

성체줄기세포는 어디에서 오는가?

이 주제는 현재 연구 중에 있지만, 한 가지 이론에 따르면 배아 발생이 끝난 후에 일부 배아줄기세포가 다양한 조직에 남아 있다고 한다.

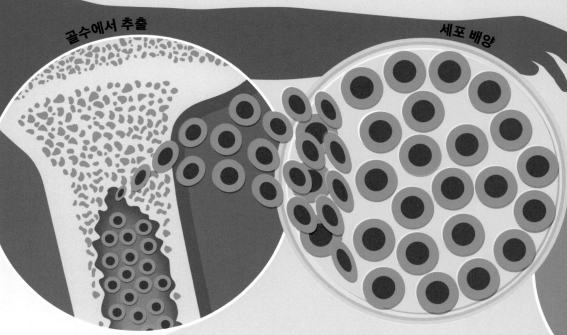

골수에서 추출

세포 배양

1 수확

줄기세포 요법은 심장마비로 인해 손상된 심장조직을 복구하는 데 도움이 되기도 한다. 줄기세포 시료는 환자의 골수를 소량 채취해서 사용하는데, 왜냐하면 줄기세포가 이곳에 더 밀집해 있기 때문이다.

2 배양

채취한 시료는 여과해서 세포 외의 물질을 제거하고, 그 다음에는 실험실로 보내서 줄기세포를 선별한다. 실험실에서 이 세포들을 배양해서 증식하고 분화되도록 한다.

줄기세포(stem cell)

줄기세포는 다양한 종류의 세포들로 전문화될 수 있다는 점에서 다른 세포와 차별화된다. 줄기세포는 인체의 복구 기전의 토대를 이루는데, 그렇기 때문에 신체 손상 복구를 돕는 도구로 유망하다.

성체줄기세포냐 배아줄기세포냐

배아줄기세포는 어떤 세포로든 발생할 수 있지만 실제 연구는 논란이 많다. 기증자의 난자와 정자를 수정시켜서 만든 생명체인 배아를 세포 수확 목적으로만 이용하기 때문이다. 그에 비해 성체줄기세포는 다양한 세포로 분화시키기가 쉽지 않은데, 예를 들어 몇 가지 혈액세포들만을 형성할 수 있었다. 그러나 새로운 처리법이 개발되어 현재는 이 세포들을 보다 광범위한 유형의 세포들로 분화시킬 수 있다.

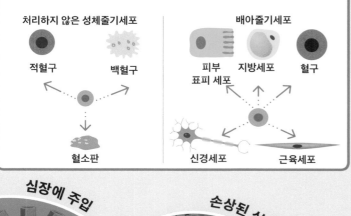

처리하지 않은 성체줄기세포

적혈구   백혈구

혈소판

배아줄기세포

피부 표피 세포   지방세포   혈구

신경세포   근육세포

조직 제작

연구자들은 줄기세포를 자라게 하는 데 이용되는 주형(지지틀)의 물리적 구조가 이 세포들이 자라서 전문 세포로 분화되는 방식을 결정하는 데 매우 중요하다는 사실을 깨달았다.

1 모양 잡기
눈의 각막을 복구하기 위해 건강한 조직(손상되지 않은 눈의 각막)에서 줄기세포를 추출해서 돔처럼 생긴 그물망 위에 얹어서 배양한다.

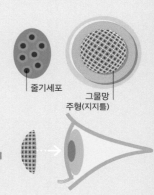

줄기세포

그물망 주형(지지틀)

2 이식
각막에 있던 손상된 세포는 제거하고 이식할 세포가 얹혀 있는 그물망 구조물로 대체한다. 몇 주 뒤에 그물망 구조물이 분해되면 이식된 세포만 남게 되고, 이 세포들 덕분에 환자의 시각 기능이 회복된다.

줄기세포의 유망 용도

인류는 줄기세포 연구 덕분에 배아 발생과 신체의 자연복구 기전에 관해 더 정확히 이해하게 되었다. 가장 활발히 진행되고 있는 줄기세포 연구 분야는 이 세포들을 이용하여 대체 장기를 배양하고 끊어진 척수를 다시 연결해서 마비 환자들이 다시 걸을 수 있게 만드는 것이다.

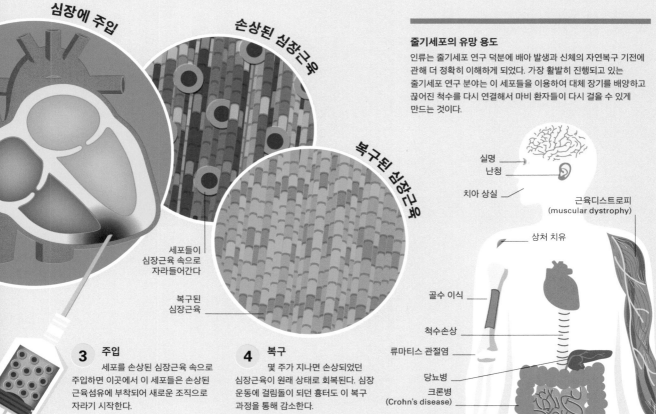

심장에 주입

손상된 심장근육

복구된 심장근육

세포들이 심장근육 속으로 자라들어간다

복구된 심장근육

3 주입
세포를 손상된 심장근육 속으로 주입하면 이곳에서 이 세포들은 손상된 근육섬유에 부착되어 새로운 조직으로 자라기 시작한다.

4 복구
몇 주가 지나면 손상되었던 심장근육이 원래 상태로 회복된다. 심장 운동에 걸림돌이 되던 흉터도 이 복구 과정을 통해 감소한다.

실명
난청
치아 상실
근육디스트로피
(muscular dystrophy)
상처 치유
골수 이식
척수손상
류마티스 관절염
당뇨병
크론병
(Crohn's disease)
뼈관절염(osteoarthritis)

환경이 우리를 공격하면

우리 몸의 세포들은 우리 DNA를 손상시킬 수 있는 화학물질과 에너지의 공격에 매일 시달리고 있다. 태양광선에 포함된 자외선과, 환경독소와, 심지어 우리 자신의 세포의 대사과정에서 생산된 화학물질도 우리 DNA에 변화를 유발해서 DNA의 작동 과정(복제 과정과 단백질 합성 과정 등)에 악영향을 미칠 수 있다. 만일 이 손상이 DNA의 영구적 변화로 귀착된다면 이를 돌연변이 (mutation)라 부른다.

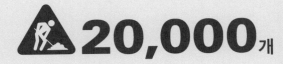

20,000개

매일 각 세포에서 제거되고 교체되는 손상된 염기의 수

손상은 매번 복구될 수 있을까?

우리는 나이가 듦에 따라 **DNA**를 복구하는 능력이 감퇴한다. 그렇게 손상이 누적되기 시작하는데, 이 현상이 노화를 일으키는 주된 이유 중 하나일 것으로 생각된다.

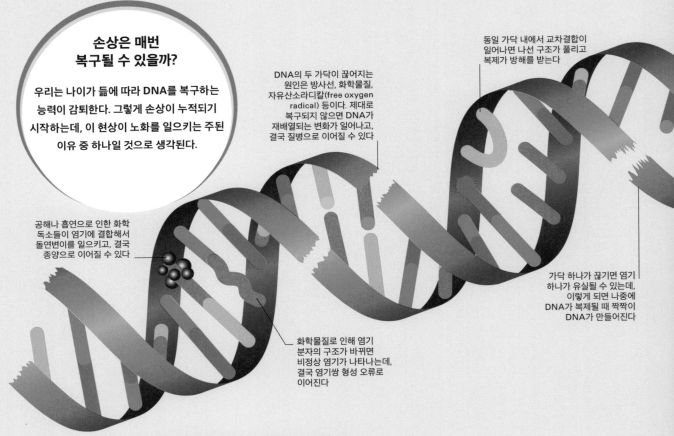

동일 가닥 내에서 교차결합이 일어나면 나선 구조가 풀리고 복제가 방해를 받는다

DNA의 두 가닥이 끊어지는 원인은 방사선, 화학물질, 자유산소라디칼(free oxygen radical) 등이다. 제대로 복구되지 않으면 DNA가 재배열되는 변화가 일어나고, 결국 질병으로 이어질 수 있다

공해나 흡연으로 인한 화학 독소들이 염기에 결합해서 돌연변이를 일으키고, 결국 종양으로 이어질 수 있다

가닥 하나가 끊기면 염기 하나가 유실될 수 있는데, 이렇게 되면 나중에 DNA가 복제될 때 짝짝이 DNA가 만들어진다

화학물질로 인해 염기 분자의 구조가 바뀌면 비정상 염기가 나타나는데, 결국 염기쌍 형성 오류로 이어진다

DNA에 문제가 생기면

세포 속 DNA는 매일 손상을 입는데, 이 손상은 자연발생적 과정일 수도 있지만 환경 요인에 의해서도 일어날 수 있다. 이렇게 손상을 입으면 DNA 복제나 특정 유전자가 작동하는 과정에 악역향이 미칠 수 있고, 만일 손상이 복구되지 못하거나 부정확하게 복구되면 질병으로 이어질 수 있다.

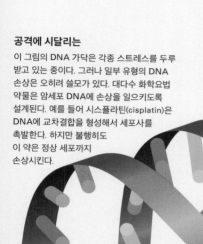

공격에 시달리는

이 그림의 DNA 가닥은 각종 스트레스를 두루 받고 있는 중이다. 그러나 일부 유형의 DNA 손상은 오히려 쓸모가 있다. 대다수 화학요법 약물은 암세포 DNA에 손상을 일으키도록 설계된다. 예를 들어 시스플라틴(cisplatin)은 DNA에 교차결합을 형성해서 세포사를 촉발한다. 하지만 불행히도 이 약은 정상 세포까지 손상시킨다.

양쪽 DNA 가닥에 있는 동일한 염기가 서로 교차결합을 형성하면 DNA 두 가닥이 지퍼가 열리듯 벌어지지 않기 때문에 DNA 복제가 이 지점에서 중단된다

짝짝이 염기쌍은 복제 과정에서 염기 하나가 추가되거나 건너뛰었을 때 만들어진다

엉뚱한 염기가 끼어들거나 있어야 할 염기가 잘려나가면 나중에 유전자부호해독 과정에서 하자가 있는 단백질이 만들어질 수 있다

DNA 수선공

세포는 DNA 손상을 식별하고 복구하는 붙박이 안전장치를 구비하고 있다. 이 장치는 쉴 새 없이 작동하며, 만일 손상을 즉시 고칠 수 없는 상황이면 세포분열 과정을 잠깐 중단시킴으로써 작업 시간을 조금 벌 수 있다. 만일 손상을 복구할 수 없다면 이 장치들은 세포자멸사 (apoptosis)를 촉발하게 된다(15쪽 참조).

유전자요법(gene therapy)

DNA 손상으로 인해 돌연변이가 유발되면 이로 인해 유전자가 올바로 작동하지 못하게 되고 질병이 일어날 수 있다. 약물로는 이 병의 증상에 대처하는 데 도움을 줄 수 있지만, 그 밑바탕에 있는 유전자 문제까지 해결할 수는 없다. 유전자요법은 유전자 결함을 고치는 방법을 모색하고 있는 실험 단계 치료법 중 하나이다.

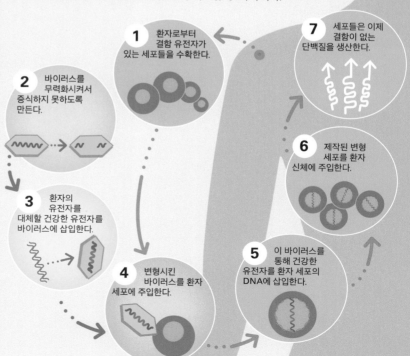

1 환자로부터 결함 유전자가 있는 세포들을 수확한다.

2 바이러스를 무력화시켜서 증식하지 못하도록 만든다.

3 환자의 유전자를 대체할 건강한 유전자를 바이러스에 삽입한다.

4 변형시킨 바이러스를 환자 세포에 주입한다.

5 이 바이러스를 통해 건강한 유전자를 환자 세포의 DNA에 삽입한다.

6 제작된 변형 세포를 환자 신체에 주입한다.

7 세포들은 이제 결함이 없는 단백질을 생산한다.

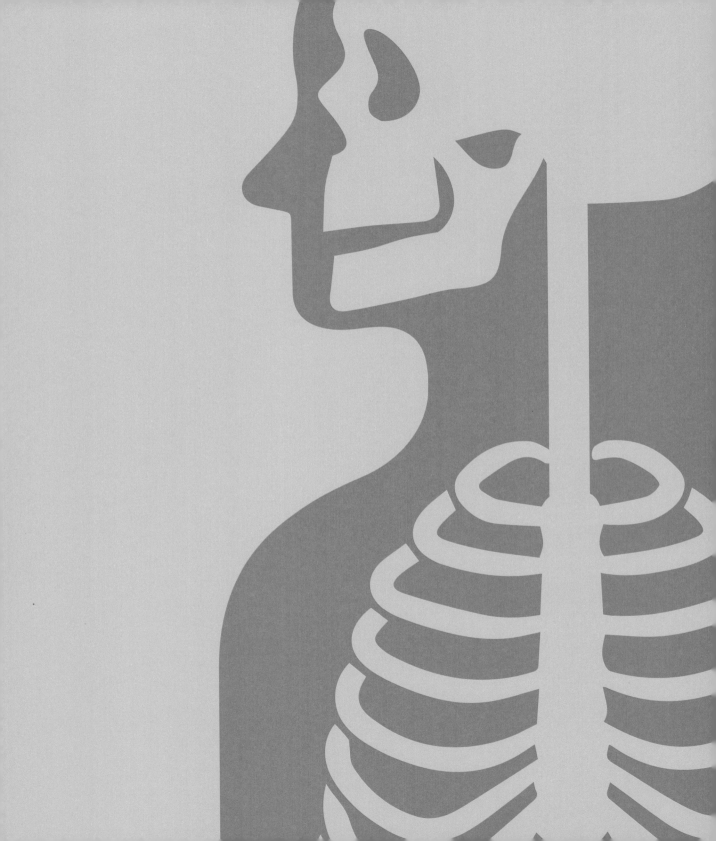

함께
한 몸으로

얄팍하지만 피부는

피부(skin)는 인체에서 가장 큰 기관이다. 피부는 물리적 손상, 탈수, 과다 수분 공급,
감염 등으로부터 우리를 보호할 뿐 아니라 체온을 조절하고 비타민 D도 만들며, 특수한
신경종말들이 매우 많이 깔려 있는 곳이기도 하다(74~75쪽 참조).

더워도 추워도 체온은 일정하게

인간은 열대지방의 열기와, 극지방의 추위와, 그 중간 온도의
기후에서도 생존할 수 있도록 적응해 왔다. 우리는 비록 체모의
대부분을 잃어버리고 옷에 의존해서 체온을 따뜻하게 유지하고

있지만, 가느다란 체모도 체온을 조절하는 데 한몫을 한다. 날씨가
따뜻할 때는 체온이 오르지 않도록 흘린 땀을 보충하기 위해 반드시
물을 많이 마셔야 한다.

더운 날에 피부는

피부에 있는 300만 개나 되는 땀샘은 매일 1리터씩 땀을
분비하는데, 극심한 조건에서는 하루에 최대 10리터에 이른다.
땀은 증발하면서 인체의 열 에너지를 뺏는다. 혈관을 감싸고
있는 가락지처럼 생긴 근육도 혈액이 피부를 향해 방향을
돌리게 만듦으로써 인체 깊은 곳에 있던 열이 방출되도록
돕는다.

추운 날에 피부는

날이 추우면 피부는 열 보유 작전에 돌입한다.
미세한 근육이 체모를 곧추세워서 온기를
피부 가까이에 잡아둔다. 한편으로는 따뜻한
혈액이 피부의 얕은 층으로 흘러가지 않도록
모세혈관망의 근육이 막는다.

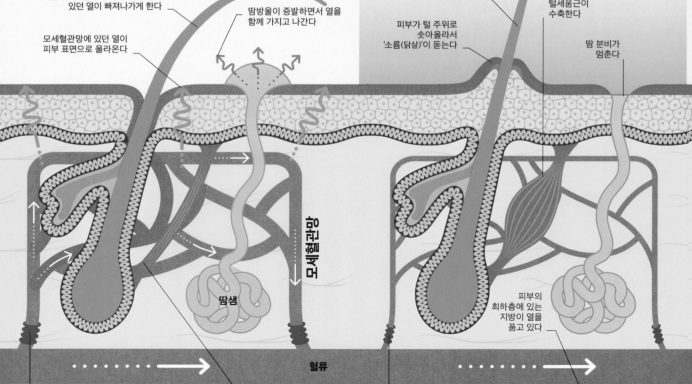

털이 비스듬히 누워서 털 주위에
있던 열이 빠져나가게 한다

땀방울이 증발하면서 열을
함께 가지고 나간다

모세혈관망에 있던 열이
피부 표면으로 올라온다

털이 곧게 서서 그 주위에
열을 잡아둔다

피부가 털 주위로
솟아올라서
'소름(닭살)'이 돋는다

털세움근이
수축한다

땀 분비가
멈춘다

머리혈관

땀샘

피부의
최하층에 있는
지방이 열을
품고 있다

혈류

모세혈관망에 있는 근육이 이완함으로써 혈액이 방향을
돌려 피부의 바깥층으로 흘러가도록 만든다

털세움근이 이완되어 털이 눕게
만든다

모세혈관 근육이 수축해서 피부
바깥층으로 흘러가는 혈액의 양을 줄인다

방어벽

피부는 세 층으로 구성되는데, 세 층 모두 인간 생존에 꼭 필요하다. 최상층인 표피(epidermis)는 끊임없이 재생되는 방어체계이고(32~33쪽 참조), 중간층인 진피(dermis) 위에 놓여 있다. 가장 속층인 피부밑조직 (hypodermis)은 지방을 포함한 쿠션으로서 인체를 따뜻하게 하면서 뼈를 보호하며 인체에 공급할 에너지를 비축한다(158~159쪽 참조).

성인 피부는 평균 면적이 1.9제곱미터나 된다

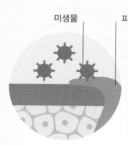

미생물 | 피지(sebum)

항균 오일

피지(피부기름)라 불리는 기름 성분이 피지샘에서 털주머니(모낭)로 분비되어 털을 건강하게 유지하고 피부에 방수 코팅을 한다. 피지는 세균과 곰팡이의 성장을 억제하는 기능도 있다.

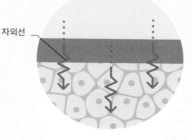

자외선

자외선 방어

피부는 자외선을 이용해서 비타민 D를 합성하지만 과도한 자외선은 오히려 피부암을 일으킬 수 있다. 멜라닌이라 불리는 피부색소는 피부가 이 둘 사이에서 중용을 유지하도록 돕는다(32~33쪽 참조).

소름(닭살)이 무슨 소용이 있냐고?

추운 날씨에 소름이 돋으면 인체가 열을 간직하는 데 도움이 된다. 그러나 소름은 지금보다 수백만 년 전에 훨씬 더 효과가 있었는데, 당시 우리 조상은 온몸이 굵은 털로 뒤덮여 있었다. 털은 굵을수록 똑바로 섰을 때 열을 더 많이 가둔다.

피지샘(sebaceous gland)은 피지를 분비한다

니코틴 패치

끊임없이 재생되는 표피 세포

표피(EPIDERMIS)

진피(DERMIS)

니코틴이 모세혈관에 도달한다

피부에 있는 다양한 유형의 신경종말 중 하나(74~75쪽 참조)

입장 허락

피부는 일종의 장벽이기는 하지만 선별 투과성이 있어서 피부 표면에 부착한 패치에 포함된 니코틴이나 모르핀 같은 약물을 통과시킨다. 자외선 차단 크림, 수분 제공 크림, 소독용 크림 같은 다양한 크림들도 이 장벽을 통과할 수 있다.

털줄기

털망울

표피가 털망울 아래까지 죽 연장된다

피부밑조직(HYPODERMIS)

외곽 방어

피부는 인체와 바깥 세상의 경계로, 적군과 전투를 벌이면서도 우군은 들어오게 하는 국경 같은 곳이다. 이 국경의 주된 방어 장치는 끊임없이 스스로 재생하는 바깥층(표피)과 자외선으로부터 우리를 보호하는 색소이다.

끊임없이 스스로 재생되는 층

표피는 가장 밑에 있는 바닥층에서 세포가 끊임없이 생성된 후에 표면을 향해 위로 이동하는 컨베이어 벨트 같은 상피이다. 이 세포들은 표면으로 올라가는 과정에서 납작해지면서 핵이 사라지고 강인한 케라틴(각질) 단백질로 가득 차게 되는데, 그 결과 인체의 가장 바깥을 덮고 있는 보호막을 형성한다. 이 보호막은 표면이 끊임없이 떨어져 나가는 동시에 떠밀려 올라오는 새로운 세포들로 교체된다. 각 세포들은 표면에 도달할 무렵 죽는다. 죽은 세포들은 피부에서 떨어져 나가서 소위 집먼지의 원인이 된다.

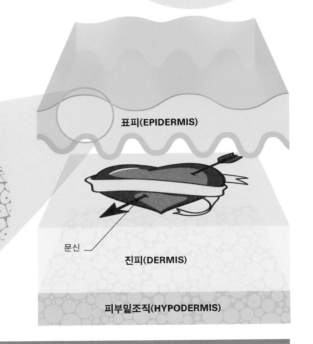

표피(EPIDERMIS)

문신

진피(DERMIS)

피부밑조직(HYPODERMIS)

죽은 세포의 파편이 떨어져 나간다

세포가 표피를 가로질러서 표면으로 올라간다

바닥층(basal layer)

바닥층에서 새 세포들이 만들어진다

투명 방어막

표피는 세포가 계속 떨어져 나가기 때문에 문신은 그 밑에 있는 진피에 새겨야 한다. 표피는 투명하기 때문에 문신이 그 겉으로 드러날 수 있다.

속틀 구성

표피 밑에는 두꺼운 진피 층이 받치고 있는데, 진피는 피부를 강인하고 신축성 있게 만든다. 진피에는 피부신경종말, 땀샘, 털뿌리, 혈관 등이 포함되어 있다. 진피의 주성분은 아교섬유 (콜라겐섬유)와 탄력섬유이다. 이 섬유들은 피부가 압력에 반응해서 늘어났다 줄어들었다 할 수 있게 만드는 일종의 내부골조를 형성한다.

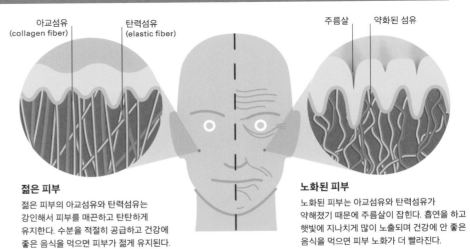

아교섬유 (collagen fiber)

탄력섬유 (elastic fiber)

주름살

약화된 섬유

젊은 피부

젊은 피부의 아교섬유와 탄력섬유는 강인해서 피부를 매끈하고 탄탄하게 유지한다. 수분을 적절히 공급하고 건강에 좋은 음식을 먹으면 피부가 젊게 유지된다.

노화된 피부

노화된 피부는 아교섬유와 탄력섬유가 약해졌기 때문에 주름살이 잡힌다. 흡연을 하고 햇빛에 지나치게 많이 노출되며 건강에 안 좋은 음식을 먹으면 피부 노화가 더 빨라진다.

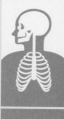

피부색

피부의 여러 가지 기능들 중 하나가 비타민 D 생산이다. 이 비타민은 태양에서 온 자외선(UV)을 이용해서 만든다. 하지만 자외선은 매우 위험하기도 해서 피부암을 일으킬 수 있다. 따라서 자외선으로부터 인체를 보호하는 장치도 필요하다. 피부는 보호 수단으로 멜라닌을 합성하는데, 멜라닌은 색소의 일종으로, 햇볕 가리개로 작용하면서 피부색을 결정한다.

주근깨는 멜라닌세포들이 한데 뭉쳐 있기 때문에 나타난다

거무스름한 피부

적도 지역에서는 태양광선이 거의 수직으로 매우 강하게 지구에 부딪힌다. 이는 적도 근처에서 태어난 사람들은 자외선으로부터 자신을 보호할 필요성이 매우 큼을 뜻한다. 보호 장치를 갖추기 위해 피부에서 멜라닌이 대량 생산되고, 그로 인해 피부가 거무스름해진다.

강력한 자외선

2 가지돌기
멜라닌세포는 손가락처럼 생긴 가지돌기들이 있다. 각 가지돌기는 약 35개나 되는 이웃 세포들과 접촉한다.

1 멜라닌세포
멜라닌은 멜라닌세포라는 특수 세포에서 생산된다. 이 세포들은 표피의 바닥부분에서 다른 세포들 사이에 끼어 있다.

가지돌기(dendrite)

멜라닌세포(melanocyte)

5 자외선 차폐
멜라닌소체들은 뿔뿔이 흩어져서 피부에 널리 퍼진다. 이렇게 자외선을 막는 보호막이 형성된다.

4 흡수
멜라닌소체는 근처에 있는 표피 세포들 속으로 흡수된다.

3 멜라닌소체
멜라닌은 멜라닌소체라는 꾸러미에 포장된 채로 가지돌기를 따라 이동한다.

멜라닌소체(melanosome)

바닥층

창백한 피부

적도에서 북쪽이나 남쪽으로 갈수록 태양광선이 점점 더 완만한 각도로 지구에 부딪힌다. 각도가 완만할수록 빛은 덜 강렬하고, 따라서 자외선으로부터 신체를 보호할 필요성이 줄어든다. 그러면 피부는 멜라닌을 덜 생산하고, 따라서 피부색이 옅어진다.

미약한 자외선

가지돌기

1 멜라닌세포
색이 옅은 피부에 있는 멜라닌세포는 활성이 낮고 가지돌기 수도 적다.

멜라닌세포

3 미약한 자외선 차폐
멜라닌의 자외선 차폐 작용이 더 약해도 그만큼 자외선도 약하기 때문에 충분하다.

2 색이 옅은 멜라닌소체
멜라닌소체 색이 더 옅고 이것을 흡수하는 주위 세포의 수도 적다.

멜라닌소체

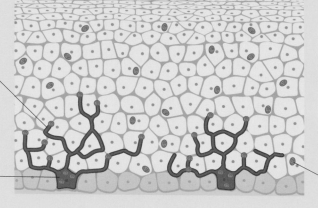

끄트머리

털과 손발톱은 모두 강인한 섬유단백질인 케라틴(각질)으로 구성되어 있다. 손톱과 발톱은 손가락이나 발가락의 끝부분을 강화하고 보호하며, 털은 체열 손실을 줄임으로써 체온이 따뜻하게 유지되도록 돕는다.

털(머리털)의 색깔, 굵기, 곱슬곱슬함

각각의 털은 스펀지 같은 중심부분인 속질(medulla)과, 신축성 있는 단백질 사슬로 이루어져 있는 중간층인 겉질(cortex)을 포함하고 있는데, 겉질의 단백질은 털을 곱슬거리고 찰랑거리게 만든다. 비늘처럼 생긴 바깥층인 껍질(cuticle)은 빛을 반사해서 털을 윤기 있게 만들지만, 손상되면 털의 윤기가 사라진다. 털의 색깔, 곱슬거림, 굵기, 길이는 털이 자라는 털주머니(모낭)의 크기와 형태, 그리고 털주머니가 만드는 색소에 따라 결정된다.

왜!! 털마다 길이가 제각각일까?

머리털은 몇 년에 걸쳐 자랄 수 있지만, 다른 곳에 있는 털은 몇 주나 몇 달만 자란다. 때문에 체모는 대개 짧다. 체모는 매우 길게 자라기 전에 떨어져 나간다.

굵고 곧은 빨강 머리

연한 멜라닌과 짙은 멜라닌이 섞인 머리털은 황금색이나 적갈색이나 빨간색이 된다. 크고 동근 털주머니에서는 굵은 털이 자란다. 털 굵기는 활동 중인 털주머니가 얼마나 있는지에 의해서도 결정된다. 빨강 머리는 털주머니의 수가 비교적 적은 경향이 있다.

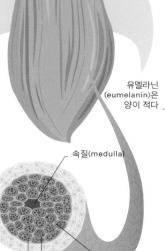

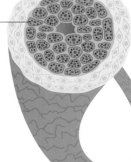

페오멜라닌의 비율이 높다

유멜라닌 (eumelanin)은 양이 적다

가늘고 곧은 금발

털주머니마다 바닥 부분에 있는 세포들이 털뿌리에 멜라닌 색소를 공급한다. 금발에는 털줄기의 중심 부분인 속질에만 연한 멜라닌 색소가 포함되어 있다. 작고 동그란 털주머니에서는 곧고 가는 털이 자란다.

속질(medulla)

껍질(cuticle)

연한 멜라닌 색소인 페오멜라닌(pheomelanin)

털비늘 (scale)

겉질(cortex)

진한 멜라닌인 유멜라닌은 양이 적다

털(머리털) 성장 과정

각각의 털주머니(모낭)는 그 수명이 다할 때까지 약 25 주기의 성장 과정을 거친다. 각 성장 주기는 성장기와 휴식기로 구성된다. 성장기는 털이 길어지는 단계이고, 휴식기는 털이 같은 길이를 유지하다가 헐거워지기 시작하고 떨어져 나가는 단계이다. 휴식기가 끝나면 털주머니가 다시 활성화되고 새로운 털이 자라기 시작한다.

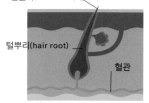

털줄기(hair shaft)

털뿌리(hair root)

혈관

1 이른 성장기
털주머니가 활성화되어 털뿌리에서 새로운 세포들이 만들어진다. 이 세포들은 죽고 위로 밀려 올라가서 털줄기를 형성한다.

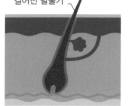

길어진 털줄기

2 늦은 성장기
털줄기는 2~6년에 걸쳐 길어진다. 성장기간이 길수록(여성이 더 흔함) 털이 길어진다.

털망울(hair bu)

3 휴식기
털주머니가 쪼그라들고 털망울이 위로 끌려 올라가면서 털 성장이 멈춘다. 이 단계는 3~6주간 진행된다.

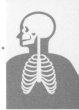

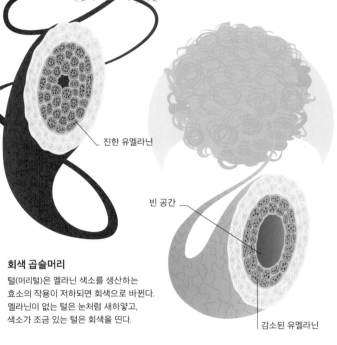

굵고 검은 곱슬머리

검은 머리카락에는 진한 멜라닌 색소가 겉질 및 속질 모두에 포함되어 있기 때문에 색이 더 진해진다. 곱슬머리는 타원형 털주머니에서 자란다. 털주머니가 더 납작해질수록 곱슬머리가 심해진다.

진한 유멜라닌

빈 공간

회색 곱슬머리

털(머리털)은 멜라닌 색소를 생산하는 효소의 작용이 저하되면 회색으로 바뀐다. 멜라닌이 없는 털은 눈처럼 새하얗고, 색소가 조금 있는 털은 회색을 띤다.

감소된 유멜라닌

낮은 털

새 털

4 탈락
헐거워진 털은 저절로 떨어져 나가거나 솔질이나 빗질을 할 때 빠진다. 때로는 새로 자라는 털에 의해 밀려난다.

털망울이 혈관으로부터 떨어져 나온다

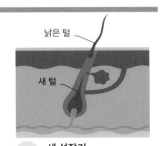

5 새 성장기
털주머니가 다음 주기를 시작한다. 나이가 들면 재활성화되는 털주머니의 수가 적어지고, 따라서 털이 가늘어지면서 감소해서 머리털이 없는 부위들이 나타날 수 있다.

손발톱(nail)

손발톱은 케라틴(각질)으로 구성된 투명한 판이다. 손톱은 손가락 끝에 있는 말랑말랑한 살 부분을 부목처럼 덧대어 안정시키는 기능이 있고, 작은 물체를 더 잘 붙잡을 수 있도록 만든다. 손톱은 손가락 끝을 전체적으로 민감하게 만드는 데에도 기여한다. 그러나 손발톱은 몸 밖으로 튀어나와 있기 때문에 손상을 입기 쉽다.

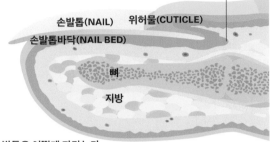

손발톱바탕질(MATRIX, 성장구역)

손발톱(NAIL) 위허물(CUTICLE)

손발톱바닥(NAIL BED)

뼈

지방

손발톱은 어떻게 자라는가

각 손발톱의 시작 부분과 옆부분에 있는 성장구역은 위허물이라 불리는 피부주름이 보호하고 있다. 손발톱바닥에 있는 세포들은 인체 세포들 중에 가장 활발하다. 이 세포들은 끊임없이 분열하고, 손발톱은 한 달에 최대 5밀리미터까지 자란다.

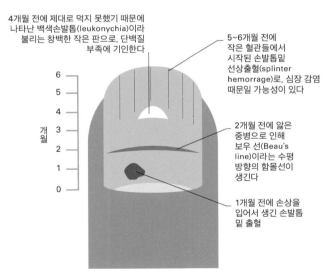

4개월 전에 제대로 먹지 못했기 때문에 나타난 백색손발톱(leukonychia)이라 불리는 창백한 작은 판으로, 단백질 부족에 기인한다

5~6개월 전에 작은 혈관들에서 시작된 손발톱밑 선상출혈(splinter hemorrage)로, 심장 감염 때문일 가능성이 있다

2개월 전에 앓은 중병으로 인해 보우 선(Beau's line)이라는 수평 방향의 함몰선이 생긴다

1개월 전에 손상을 입어서 생긴 손발톱 밑 출혈

개월 6 5 4 3 2 1 0

손발톱 일지

손발톱은 꼭 필요한 구조가 아니다. 때문에 영양 공급이 부족해지면 혈액과 영양소가 손발톱바닥에 공급되지 않고 방향을 돌려서 다른 곳에 전달된다. 그러므로 손발톱은 우리의 전반적 건강과 음식 섭취 상태를 알 수 있는 유용한 지표가 된다. 의사는 환자의 손을 잠깐 살펴보곤 하는데, 수많은 질병의 징조가 손톱에 드러날 수 있기 때문이다.

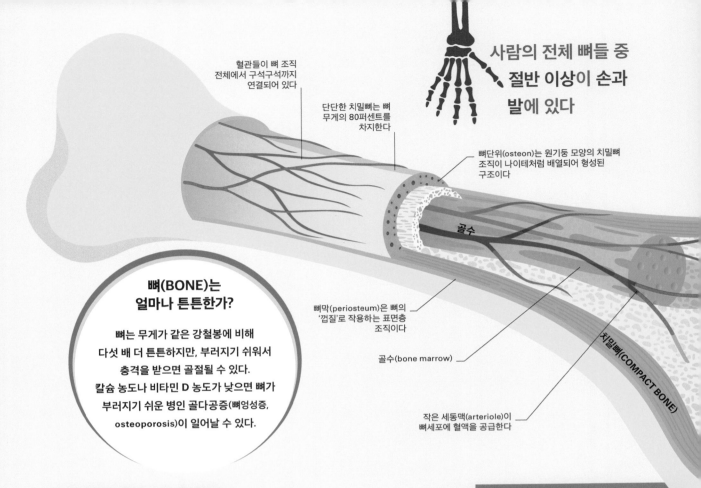

혈관들이 뼈 조직 전체에서 구석구석까지 연결되어 있다

단단한 치밀뼈는 뼈 무게의 80퍼센트를 차지한다

사람의 전체 뼈들 중 절반 이상이 손과 발에 있다

뼈단위(osteon)는 원기둥 모양의 치밀뼈 조직이 나이테처럼 배열되어 형성된 구조이다

골수

뼈(BONE)는 얼마나 튼튼한가?

뼈는 무게가 같은 강철봉에 비해 다섯 배 더 튼튼하지만, 부러지기 쉬워서 충격을 받으면 골절될 수 있다. 칼슘 농도나 비타민 D 농도가 낮으면 뼈가 부러지기 쉬운 병인 골다공증(뼈엉성증, osteoporosis)이 일어날 수 있다.

뼈막(periosteum)은 뼈의 '껍질'로 작용하는 표면층 조직이다

골수(bone marrow)

작은 세동맥(arteriole)이 뼈세포에 혈액을 공급한다

치밀뼈(COMPACT BONE)

육체적 지주

우리 몸의 골격은 살을 옷처럼 걸친 옷걸이와 비슷하다. 뼈는 인체를 지지하고 형태를 잡아 줄 뿐 아니라 인체를 보호하고 근육과의 상호작용을 통해 인체가 움직이고 다양한 자세를 취하게 만든다.

살아 있는 조직

뼈는 살아 있는 조직으로, 미네랄인 칼슘과 인산염이 차 있는 아교섬유(콜라겐섬유) 단백질로 구성되어 있는데, 이 미네랄 덕분에 뼈가 단단해진다. 뼈에는 인체의 칼슘 중 99퍼센트가 포함되어 있다. 뼈세포는 낡고 헤진 뼈조직을 끊임없이 교체한다. 혈관은 이 세포들에 산소와 영양소를 공급한다. 뼈막은 마치 껍질처럼 치밀뼈의 표면을 덮고 있고, 치밀뼈는 뼈에 강인함을 제공한다. 치밀뼈 밑에는 작은 뼈기둥들이 스펀지처럼 엉성하게 모여 있는 해면뼈 조직이 있어서 뼈의 전체적인 무게를 줄여 준다. 갈비뼈, 복장뼈(흉골), 어깨뼈, 골반뼈 등의 특정 뼈에 있는 골수는 중요한 기능이 하나 있는데, 새로운 혈액세포를 만드는 일이 그것이다.

가장 작은 뼈

가운데귀(중이)에 있는 등자뼈는 정식 명칭이 있는 뼈 중에 가장 작다. 또한 긴 힘줄에서 압박이 가해지는 부위에 작은 종자뼈(sesamoid bone)들이 있는데, 이 뼈는 힘줄이 닳아 없어지지 않게 막아 준다. 종자뼈는 모양이 참깨 씨앗을 닮았기 때문에 이런 명칭이 붙었다.

실물 크기

귓속뼈 중 등자뼈(STAPES)

뼈대(골격)는 어떻게 유지되는가

뼈대는 크게 두 부분으로 나눌 수 있다. 몸통뼈대(axial skeleton)는 머리뼈(skull)와 척주(vertebral column, spine)와 갈비뼈우리(ribcage)로 구성되며, 내장과 중추신경계통을 보호한다. 팔다리뼈대(appendicular skeleton)는 팔뼈 및 다리뼈와 이 뼈들을 몸통뼈대에 각각 연결하는 어깨이음뼈(shoulder girdle) 및 다리이음뼈(pelvic girdle)로 구성된다. 이 뼈대들에는 우리 의도대로 움직일 수 있는 근육들이 부착되어 있다.

머리뼈는 뇌를 보호한다 — 머리뼈(SKULL)

아래턱뼈(MANDIBLE)

어깨뼈(SCAPULA)

위팔뼈(HUMERUS)

노뼈(RADIUS)

척주(VERTEBRAL COLUMN)

갈비뼈(RIB)

자뼈(ULNA)

엉치뼈(SACRUM)

골반(PELVIS)

넙다리뼈는 가장 긴 뼈로, 길이가 자기 키의 1/4이다 (성인 기준)

넙다리뼈(대퇴골, FEMUR)

종아리뼈는 발목관절을 안정시킨다

종아리뼈(FIBULA)

정강뼈(TIBIA)

정강뼈는 정강이에 있는 뼈이다

발꿈치뼈는 발꿈치힘줄(아킬레스건)이 부착된다

발꿈치뼈(HEEL BONE)

살아 있는 뼈의 내부

단단한 치밀뼈는 뼈단위(osteon)라는 작은 뼈관들로 구성되어 있다. 해면뼈는 벌집처럼 생긴 구조이며, 뼈를 강인하게 하면서도 상대적으로 가벼운 무게를 유지한다.

해면뼈(SPONGY BONE)

가벼운 해면뼈

팔꿈치는 재미있는 뼈를 뜻하는 영어인 'funny bone'이라고도 하는데, 이곳을 두드리면 자신경(ulnar nerve)이 자극을 받아서 감전된 듯한 느낌이 들기 때문이다

발의 인대들

튼튼하고 신축성 있는 인대

뼈

발을 보호하는 천연 압박붕대

뼈와 뼈는 인대(ligament)라 불리는 질긴 섬유조직 띠에 의해 단단히 연결되어 있다. 인대는 발에 가장 많은데, 발뼈는 모두 26개나 되는 뼈로 구성되어 있다. 발뼈들은 100개가 넘는 강인하고 탄력 있는 인대들이 단단히 묶어 주는 덕분에 어느 정도 유연성이 있으면서 충격을 흡수할 수 있다. 이 인대들은 강인하고 어느 정도는 원래 상태로 돌아가는 성질이 있어서 발뼈 내 각 관절의 운동 범위를 제한한다.

뼈대는 운동 중

팔뼈는 팔이음뼈를 통해 척주에 연결되는데, 팔이음뼈는 빗장뼈(쇄골)와 어깨뼈로 구성된다. 다리뼈는 다리이음뼈를 통해 척주에 연결된다. 골반을 구성하는 좌우 각 볼기뼈(hip bone)는 처음에는 세 뼈로 구성되어 있다가 성인이 되면 하나로 합쳐진다.

뼈 성장

건강한 아기는 태어날 때 몸길이가 45~56센티미터이다. 영아기에는 긴뼈(long bone)가 빨리 길어지기 때문에 성장도 빠르다. 소아기에는 뼈 성장이 느리지만, 그 다음에 사춘기가 되면 성장 속도가 다시 빨라진다. 뼈는 18세 전후에 성장을 멈추는데, 이때 성인 키에 도달한다.

뼈는 어떻게 성장하는가

키 성장은 긴뼈의 양끝에 있는 성장판(growth plate)이라는 특수한 구조에서 일어난다. 뼈 성장은 성장호르몬이 조절하는데, 사춘기에는 성호르몬에 반응해서 다시 한 번 급성장이 일어난다(222~223쪽 참조). 연골로 구성된 성장판은 성인이 되기 전에 뼈로 바뀌어 닫히는데, 그 뒤로는 키가 더 이상 크지 못한다.

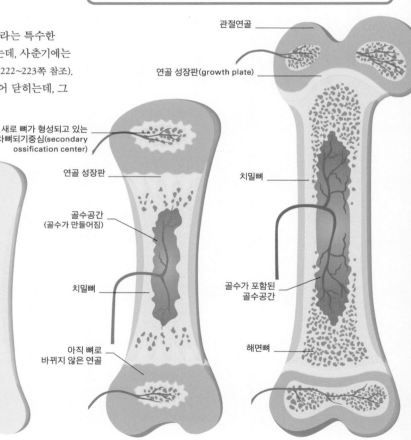

관절연골

연골 성장판(growth plate)

새로 뼈가 형성되고 있는 이차뼈되기중심(secondary ossification center)

연골 성장판

골수공간 (골수가 만들어짐)

치밀뼈

치밀뼈

골수가 포함된 골수공간

해면뼈

아직 뼈로 바뀌지 않은 연골

연골

관절연골

발생 중인 뼈막 (periosteum)

해면뼈로 발생 중인 일차뼈되기중심 (primary ossification center)

1 배아(embryo)
뼈는 처음에는 물렁물렁한 연골에서 출발하고, 이 연골을 기본 틀로 삼아서 미네랄(무기물)이 침착되면 뼈로 바뀐다. 자궁 속 태아가 발생 2~3개월에 도달하면 단단한 뼈조직이 형성되기 시작한다.

2 신생아
출생 당시 뼈는 대부분이 아직도 연골로 구성되어 있지만, 뼈 형성을 뜻하는 뼈되기(골화)가 활발히 일어나고 있는 곳들도 있다. 처음 발생하는 것은 뼈몸통(shaft)에 있는 일차뼈되기중심이고, 그 다음에는 뼈의 양끝에 이차뼈되기중심이 형성된다.

3 어린이(소아)
소아기에는 뼈몸통의 대부분이 단단한 치밀뼈와 해면뼈로 구성되어 있다. 긴뼈의 양끝인 뼈끝(epiphysis)의 밑에 있는 성장판은 점차 길어진다. 아직은 뼈가 물러서 충격을 받으면 휘어지는 소위 생나무골절(greenstick fracture)이 일어날 수 있다.

4 십대
사춘기가 되면 성호르몬 분비가 폭등해서 급성장이 유발된다. 키 성장은 연골 성장판에 뼈조직이 켜켜이 새로 쌓여서 뼈몸통이 길어짐으로써 일어난다.

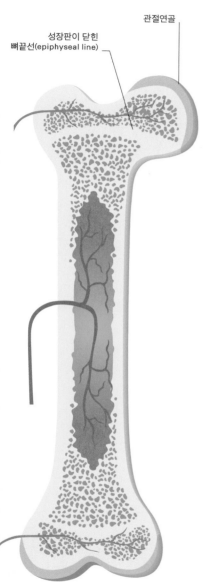

관절연골

성장판이 닫힌
뼈끝선(epiphyseal line)

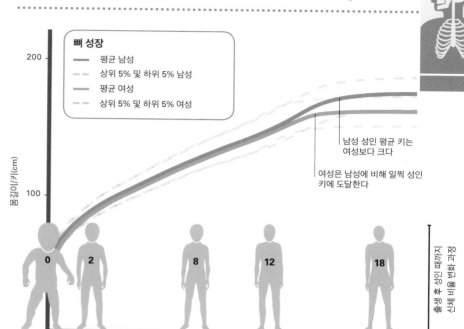

뼈 성장
— 평균 남성
---- 상위 5% 및 하위 5% 남성
— 평균 여성
---- 상위 5% 및 하위 5% 여성

남성 성인 평균 키는
여성보다 크다

여성은 남성에 비해 일찍 성인
키에 도달한다

몸길이/키(cm)

나이(세)

출생 후 성인이 될 때까지
신체 비율 변화 과정

성장 패턴

신생아 머리의 길이는 몸길이의 1/4이다. 신체 부위별로 성장 속도가 다르기 때문에 만 2세에
이르면 머리의 비율이 1/6로 낮아진다. 성인은 머리가 키의 1/8에 불과하다(이 비율은 인종마다
다르다 — 옮긴이). 여성은 남성에 비해 일찍 사춘기로 들어서고 16~17세 전후에 성인 키에
도달한다. 남성은 19~21세가 되어서야 비로소 성인 키에 도달한다.

5 성인
사춘기가 끝난 후에는 연골
성장판이 칼슘이 침착된 뼈로 바뀌어서
주위 뼈와 합쳐진다(성장판이 닫힌다). 그
결과로 뼈끝선이라는 단단해진 부위가
남는다. 성장판이 닫힌 뼈는 굵어질 수는
있지만 더 이상 길어질 수는 없다.

최종 키 계산법

부모 모두 키가 정상이라고 가정하고, 그 자녀의 예상 성인 키는 다음과 같이 계산할 수 있다. 먼저 아
버지 키와 어머니 키를 더한다. 거기에 아들은 13센티미터를 더하고, 딸은 13센티미터를 뺀다. 그 다
음에는 이 값을 2로 나눈다. 대부분의 아이들은 최종 성인 키와 이 예상치의 차이가 10센티미터 이
내이다.

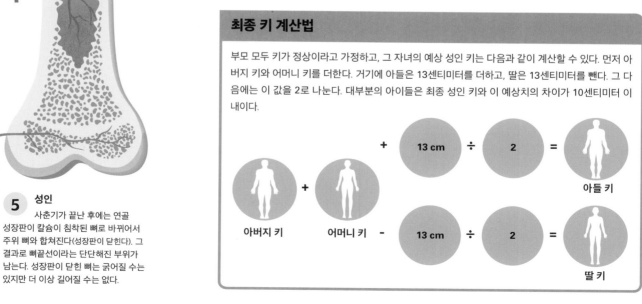

아버지 키   +   어머니 키   +   13 cm   ÷   2   =   아들 키

아버지 키   +   어머니 키   −   13 cm   ÷   2   =   딸 키

유연성

우리는 관절 덕분에 인체를 움직이고 물건을 다룰 수 있다. 글을 쓸 때처럼 작고
세밀하게 조정된 운동도 있고, 공을 던질 때처럼 크고 힘찬 운동도 있다.

관절(joint)의 구조

관절은 두 뼈가 서로 밀접하게 접촉하는 곳에
형성된다. 일부 관절은 뼈와 뼈가 맞물려
있어서 움직이지 못하는데, 그 예로는 성인
머리뼈에 있는 봉합(suture) 관절이 있다. 어떤
관절은 팔꿉관절(elbow joint)처럼 움직일 수
있지만 운동범위가 제한되어 있고, 어깨관절
(shoulder joint) 같은 일부 관절은 훨씬 더
자유롭게 움직일 수 있다.

타원관절(ellipsoidal joint)

이 복잡한 관절은 한쪽 뼈의 끝부분이
둥글고 볼록해서, 오목하게 속이
비어 있는 반대쪽 뼈의 끝부분에 꼭
들어맞는다. 때문에 이 관절은 옆으로
비스듬히 기울어지는 운동을 포함해서
다양한 운동이 일어날 수 있는데, 회전
운동은 일어나지 못한다.

절구관절(ball and socket joint)

어깨관절(shoulder joint)과 엉덩관절(hip
joint)이 속하는 이 관절 유형은 회전 운동을
포함해서 운동범위가 가장 광범위하다.
그 중에서도 어깨관절은 인체에서
운동범위가 가장 큰 관절이다.

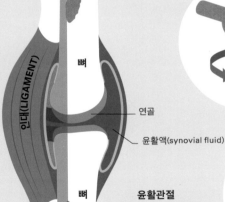

인대(LIGAMENT)
뼈
연골
윤활액(synovial fluid)
뼈

윤활관절
(SYNOVIAL JOINT)

평면관절(gliding joint)

이 관절은 한 뼈가 다른 뼈
위로 한 평면 내에서 어느
방향으로든 미끄럼 운동을
할 수 있다. 허리를 굽힐 때 평면관절 덕분에 한
척추뼈와 다른 척추뼈가 서로 미끄러져 움직일
수 있다. 이 관절은 발과 손에도 존재한다.

관절의 내부 구조

운동성이 높은 관절 내부에 있는
뼈의 끝부분은 매끄러운 연골로 덮여
있고 그 겉에 미끄러운 윤활액이
발라져 있기 때문에 움직일 때 마찰이
감소한다. 이 윤활관절을 구성하는
뼈들은 인대라 불리는 결합조직 띠에
의해 연결되어 있다. 무릎관절 같은
일부 관절은 내부에도 십자인대 등의
인대가 있어서 관절을 굽힐 때 뼈와
뼈가 미끄러지다가 멀리 어긋나지
않도록 막아 준다.

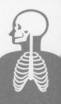

관절 유형

신체는 전체적으로 보면 복잡한 방식으로 움직이지만, 개별 관절에서는 제한된 범위의 운동만 일어난다. 소수의 관절은 운동이 매우 제한되어 있어서 충격을 흡수하는 기능이 있는데, 그 예로는 무릎 아래 종아리(하퇴)에 있는 두 개의 긴뼈인 정강뼈(tibia)와 종아리뼈(fibula)가 결합하는 관절이나 발에 있는 일부 관절들이 있다. 아래턱뼈와 좌우 관자뼈 사이에 있는 턱관절(temporomandibular joint, 44~45쪽 참조)은 내부에 연골판이 포함되어 있어서 음식을 씹고 갈 때 턱이 양옆으로 움직이고 앞뒤로 나왔다 들어갔다 할 수 있다는 점에서 특이하다.

안장관절(saddle joint)
이 관절은 엄지손가락의 밑동 부분에만 존재하고, 타원관절과 비슷하지만 범위가 더 넓은 운동이 가능해서 원운동까지도 가능하다. 단 회전 운동은 아니다.

중쇠관절(pivot joint)
이 관절은 한 뼈가 다른 뼈 주위를 회전할 수 있는데, 예를 들어 아래팔(forearm)을 비틀어서 손바닥을 뒤집고 엎는 운동이 있다. 목에 있는 중쇠관절은 고개를 양옆으로 가로젓게 한다.

가장 작은 관절은 가운데귀 (MIDDLE EAR)에 있는 작은 세 뼈 사이에 있는데, 이 관절들은 음파를 속귀(INNER EAR)에 전달 하는 과정을 돕는다

경첩관절(hinge joint)
이 관절은 경첩을 단 여닫이문이 열리고 닫히는 것처럼 주로 한 평면에서의 운동이 일어날 수 있다. 팔꿉관절과 무릎관절이 좋은 예이다.

이중 관절 인간이 정말로 있나요?

관절 운동이 자유자재로 일어나는 사람을 영어로 이중관절이 있다 (double-jointed)고 표현하지만, 실제로는 관절 수가 보통 사람들과 같으며, 단지 관절의 정상 운동범위가 더 넓을 뿐이다. 이러한 특성은 대개 탄성이 대단히 높은 인대를 물려받았거나 끊어지기 쉬운 유형의 아교질(콜라겐)을 생산하는 유전자로 인해 일어난다(아교질은 인대나 기타 결합조직에 풍부한 단백질이다).

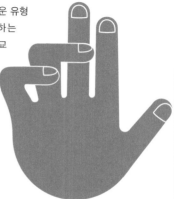

씹고 뜯고 물고

인간은 큰 음식 덩어리를 삼키기가 힘들기 때문에 소화의 첫 단계의 일부로서 음식을 치아(teeth)로 잘게 부순다. 치아는 말을 할 때도 한몫을 한다. 치아가 하나도 없다면 '터트' 같은 발음을 하기가 어려울 것이다.

아기에서 성인으로

출생 당시 치아는 모두 위턱뼈와 아래턱뼈 속에 깊숙이 숨어 있는 작은 싹의 형태로 존재한다. 먼저 돋는 젖니 20개는 영아의 작은 입에 맞을 만큼 작아야 한다. 젖니는 소아기에 모두 빠지고, 입이 점점 더 커져서 크고 많은 간니(영구치) 가 돋을 수 있을 만큼 넓은 공간이 마련된다.

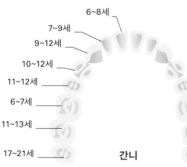

6~12개월
10~19개월
16~23개월
9~18개월
23~33개월

젖니

젖니(milk teeth, baby teeth) 이돋이

젖니는 모두 20개로, 대개 출생 후 6개월에 돋기 시작해서 만 3세경까지 돋지만, 1년이 지나야 돋기 시작하는 아기도 있다.

6~8세
7~9세
9~12세
10~12세
11~12세
6~7세
11~13세
17~21세

간니

간니(영구치) 이돋이

간니는 모두 32개로, 6세에서 20세 사이에 돋으며, 그 후로 평생을 써야 한다. 백세인생일지라도 말이다.

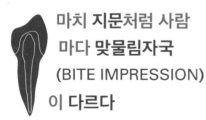

마치 **지문처럼** 사람마다 **맞물림자국**
(BITE IMPRESSION)
이 **다르다**

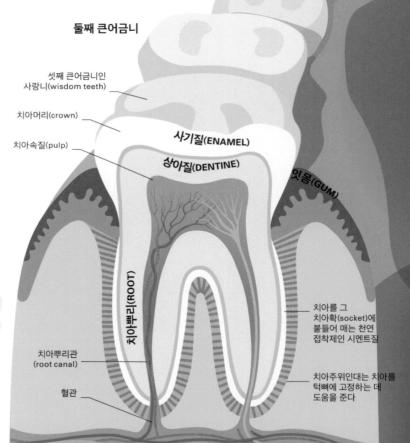

둘째 큰어금니

첫째 작은어금니
(소구치, PREMOLAR)
둘째 작은어금니

송곳니
(견치, CANINE)

둘째 앞니
첫째 앞니
(절치, INCISOR)

첫째 큰어금니
(대구치, MOLAR)
둘째 큰어금니

셋째 큰어금니인
사랑니(wisdom teeth)

치아머리(crown)

치아속질(pulp)

사기질(ENAMEL)

상아질(DENTINE)

잇몸(GUM)

치아뿌리(ROOT)

치아뿌리관
(root canal)

혈관

치아를 그
치아확(socket)에
붙들어 매는 천연
접착제인 시멘트질

치아주위인대는 치아를
턱뼈에 고정하는 데
도움을 준다

치아의 구조

각 치아마다 치아머리가 잇몸 위에 솟아 있고, 단단한 사기질(법랑질)이 치아머리를 덮고 있다. 사기질은 덜 단단한 상아질을 감싸서 보호하는데, 상아질은 치아뿌리까지 뻗어 있다. 중심에 있는 치아속질에는 혈관과 신경이 분포하고 있다.

첫째 앞니
(INCISOR)

둘째 앞니

송곳니(CANINE)

사랑니의 진실

마지막 셋째 큰어금니인 사랑니는 대개 17세에서 25세 사이에 돋는다. 영어로는 이 치아를 지혜를 뜻하는 'wisdom teeth(지치)'라 하는데, 왜냐하면 소아기가 끝나서 철이 든 후에 돋기 때문이다.

치아의 종류

치아는 용도에 따라 형태와 크기가 다르다. 모서리가 날카로운 앞니(incisor)는 음식을 자르고 베어 물며, 송곳니(canine)는 찢고, 큰어금니(molar)와 작은어금니(premolar)는 음식이 닿는 면이 넓고 산등성이 형태로 도드라져 있어서 음식을 씹고 작은 조각들로 갈아 부술 수 있다.

맷돌을 돌리시나요?

열두 명 중 한 명은 잠잘 때 이를 갈며, 다섯 명 중 한 명은 깨어 있는 동안에 이를 악문다. 이 증상을 이갈기(bruxism)라 하는데, 이갈기를 하면 치아가 약해진다. 치아가 마모되어 납작해지고 깨지거나, 치아가 점점 더 민감해지거나, 또는 턱 통증, 턱근육 긴장, 귀 통증이 있거나 머리가 띵하게 아프면, 특히 볼의 속면을 깨무는 증상까지 있으면 그 사람은 이를 갈고 있을 가능성이 있다. 마모된 치아는 크라운을 씌워서 형태를 복구할 수 있다.

납작해진 치아

치료 후

감염

치아의 사기질(enamel)은 인체에서 가장 단단한 물질이지만 산에 쉽게 녹아서 그 속에 있는 상아질과 치아속질이 세균에 노출되어 감염이 일어날 수 있다. 산은 일부 음식이나 주스나 탄산수에 포함되어 있거나, 세균 플라크가 당을 분해해서 젖산을 생성할 수 있다.

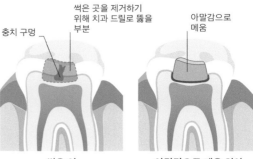

충치 구멍

썩은 곳을 제거하기 위해 치과 드릴로 뚫을 부분

아말감으로 메움

썩은 이　　　　**아말감으로 메운 치아**

충치와 충전(메움)

단단했던 사기질이 용해되면 그 속에 있는 덜 단단한 상아질에 감염이 전파되어 상아질을 부식시킬 수 있다. 약해진 사기질이 위에서 무너지면 충치 구멍이 형성된다.

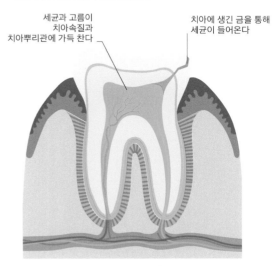

세균과 고름이 치아속질과 치아뿌리관에 가득 찬다

치아에 생긴 금을 통해 세균이 들어온다

고름이 생긴 치아

고름(농양, abscess)

세균이 치아속질(pulp)까지 퍼지면 면역체계만으로는 감당하기 힘든 곳에 감염이 자리잡을 수 있고, 결국 고름이 생겨서 심하면 턱뼈까지 전파될 수 있다.

분쇄기

사람의 턱은 강력한 근육들 덕분에 음식을 치아로 자르고 갈면서 상당히 큰 압력을
가할 수 있다. 아래턱뼈는 인체에서 가장 단단한 뼈이기 때문에 이 힘을 견딜 수 있다.

씹는 방식

씹기(chewing)는 복잡한 운동으로, 관자근
(temporalis muscle)과 깨물근(masseter muscle)이
턱을 앞뒤로, 위아래로, 양옆으로 움직이게
한다. 이렇게 하면 뒤에 있는 큰어금니들이
절구와 절굿공이처럼 윗니와 아랫니 사이에
있는 음식을 갈게 된다. 턱관절은 신축성이
있기 때문에 힘들이지 않고 씹기 운동을
계속할 수 있는데, 이 특성은 먹고 있는
음식물이 무엇인지에 따라 다르다.

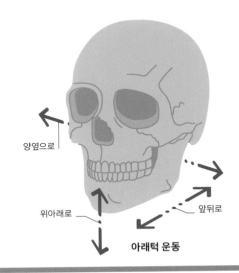

양옆으로

위아래로

앞뒤로

아래턱 운동

잎사귀가 인류의 주식이었을 때

우리 조상인 원시인들은 오늘날의 고릴라와 비슷하게
현대인에 비해 머리뼈가 작고 더 꼭꼭 씹어야 하는 음
식을 먹었다. 고릴라의 강력한 턱근육은 머리뼈 꼭대
기를 따라 높이 솟은 시상능선에 단단히 부착되어 있
다. 시상능선은 새의 가슴에 있는 복장뼈와 비슷한 방
식으로 작용하는데, 이 뼈에는 날갯짓을 할 때 쓰는
거대한 비상근들이 닻을 내리듯 고정되어 있다.

시상능선(sagittal crest)

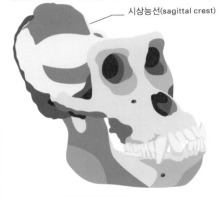

고릴라의 머리뼈

턱 운동은 어떻게 일어나는가

아래턱뼈와 관자뼈 사이에 있는 좌우 두 턱관절
(temporomandibular joint)에는 연골원반이 들어
있는데, 턱관절은 연골원반 덕분에 팔꿈치나 무릎에
있는 다른 경첩관절보다 범위가 넓은 운동을 할 수
있다. 말하거나 음식을 씹거나 하품을 할 때
아래턱뼈가 좌우 양옆으로 미끄러지고 앞뒤로
움직일 수 있는 것은 바로 이 원반 덕분이다.

턱관절에서 딸깍
소리가 나는 이유

보호 기능이 있는 연골원반이 앞으로
밀려나면 턱관절에서 딸깍하는 소리가
날 수 있다. 이 상태에서는 음식을 씹을 때
아래턱뼈가 연골원반이 아니라 광대활의
뼈조직에 부딪히기 때문에
딸깍 소리가 난다.

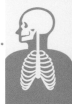

442kg

이를 물 때 깨물근이
가하는 힘의 크기

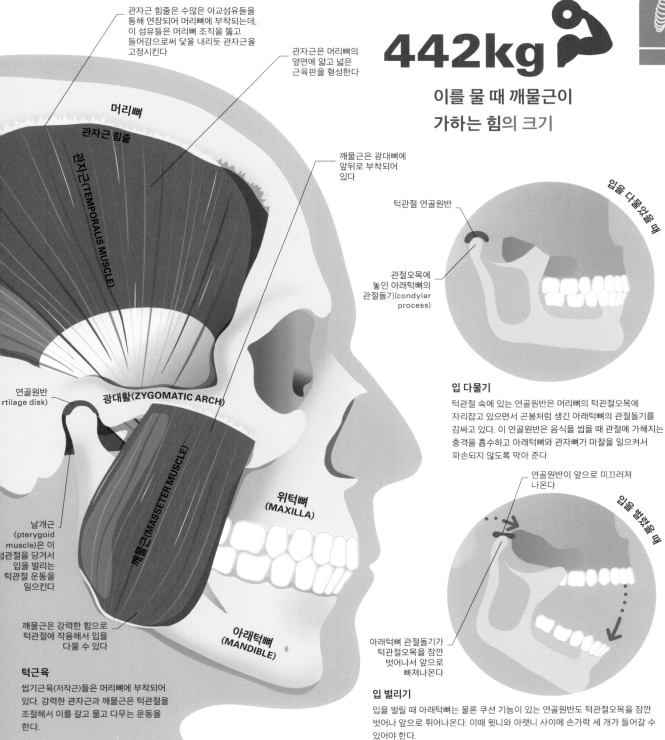

관자근 힘줄은 수많은 아교섬유들을
통해 연장되어 머리뼈에 부착되는데,
이 섬유들은 머리뼈 조직을 뚫고
들어감으로써 닻을 내리듯 관자근을
고정시킨다

관자근은 머리뼈의
옆면에 얇고 넓은
근육판을 형성한다

머리뼈

관자근 힘줄

관자근(TEMPORALIS MUSCLE)

깨물근은 광대뼈에
앞뒤로 부착되어
있다

턱관절 연골원반

관절오목에
놓인 아래턱뼈의
관절돌기(condylar
process)

연골원반
rtilage disk)

광대활(ZYGOMATIC ARCH)

깨물근(MASSETER MUSCLE)

날개근
(pterygoid
muscle)은 이
턱관절을 당겨서
입을 벌리는
턱관절 운동을
일으킨다

위턱뼈
(MAXILLA)

깨물근은 강력한 힘으로
턱관절에 작용해서 입을
다물 수 있다

아래턱뼈
(MANDIBLE)

턱근육
씹기근육(저작근)들은 머리뼈에 부착되어
있다. 강력한 관자근과 깨물근은 턱관절을
조절해서 이를 갈고 물고 다무는 운동을
한다.

입 다물기
턱관절 속에 있는 연골원반은 머리뼈의 턱관절오목에
자리잡고 있으면서 곤봉처럼 생긴 아래턱뼈의 관절돌기를
감싸고 있다. 이 연골원반은 음식을 씹을 때 관절에 가해지는
충격을 흡수하고 아래턱뼈와 관자뼈가 마찰을 일으켜서
파손되지 않도록 막아 준다.

입을 다물었을 때

연골원반이 앞으로 미끄러져
나온다

입을 벌렸을 때

아래턱뼈 관절돌기가
턱관절오목을 잠깐
벗어나서 앞으로
빠져나온다

입 벌리기
입을 벌릴 때 아래턱뼈는 물론 쿠션 기능이 있는 연골원반도 턱관절오목을 잠깐
벗어나 앞으로 튀어나온다. 이때 윗니와 아랫니 사이에 손가락 세 개가 들어갈 수
있어야 한다.

피부 손상

살짝 긁히든 깊이 베이든 피부가 손상되면 몸속으로 감염이 전파될 수 있다. 따라서 감염이 퍼지는 것을 막기 위해서는 치유가 빨리 일어나는 것이 중요하다.

상처 치유

피부 방어선이 뚫렸을 때 순환계통의 중요한 첫 대응은 벤 곳에서 출혈을 멈추고 화상이나 물집에서 흘러나오는 진물을 막는 것이다. 일부 상처는 치료를 요해서, 봉합이나 나비붕대(butterfly bandage)나 생체조직접착제(tissue glue)를 이용해서 상처를 더 확실히 밀봉해야 한다. 상처를 치료 붕대 등으로 덮으면 치유에 도움이 되고 감염 가능성이 감소한다.

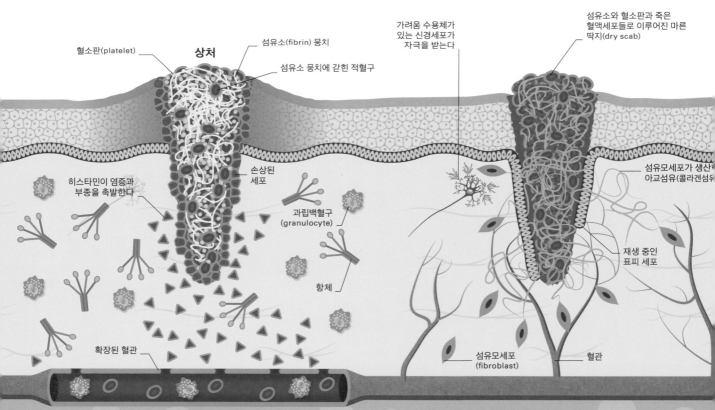

혈소판(platelet)

상처

섬유소(fibrin) 뭉치

섬유소 뭉치에 갇힌 적혈구

가려움 수용체가 있는 신경세포가 자극을 받는다

섬유소와 혈소판과 죽은 혈액세포들로 이루어진 마른 딱지(dry scab)

히스타민이 염증과 부종을 촉발한다

손상된 세포

과립백혈구(granulocyte)

항체

확장된 혈관

섬유모세포가 생산한 아교섬유(콜라겐섬유)

재생 중인 표피 세포

섬유모세포(fibroblast)

혈관

1 혈액 응고(clotting)와 염증(inflammation)

혈액세포의 파편인 혈소판들이 뭉쳐서 피덩이(clot)를 형성한다. 응고인자(clotting factor)들이 섬유소 뭉치를 형성해서 피덩이를 그 자리에 붙들어 맨다. 염증으로 인해 과립백혈구와 면역 단백질들이 이 부위로 밀려들고, 이들은 쳐들어오는 미생물들을 공격한다.

2 표피 세포들이 증식한다

성장인자라 불리는 단백질들이 아교섬유 등을 생산하는 세포인 섬유모세포를 유인해서 이 세포들이 상처 부위로 모인다. 이 세포들이 육아조직(granulation tissue)을 형성하는데, 이 조직에는 새로 만들어진 가느다란 혈관들이 많이 자라 들어온다. 피부의 표피 세포들이 증식해서 상처가 바닥부분과 옆에서부터 치유된다.

습윤 치유와 건조 치유

딱지는 공기에 노출되면 딱딱해지는데, 그러면 새로운 표피 세포들이 그 밑을 파고들어서 딱지를 분해해서 제거한다. 요즘 상처 치료법은 상처를 촉촉하게 유지해서 표피 세포들이 상처의 촉촉한 표면을 넘어서 가로질러 갈 수 있게 한다. 이 방식을 이용하면 상처가 더 빨리 치유되고, 덜 아프면서 감염 위험성이 낮고 흉터가 적게 남는다.

건조 치유(DRY HEALING)

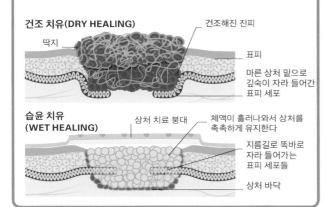

건조해진 진피
딱지
표피
마른 상처 밑으로 깊숙이 자라 들어간 표피 세포

습윤 치유 (WET HEALING)

상처 치료 붕대
체액이 흘러나와서 상처를 촉촉하게 유지한다
지름길로 똑바로 자라 들어가는 표피 세포들
상처 바닥

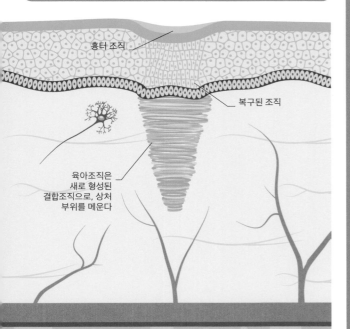

흉터 조직
복구된 조직
육아조직은 새로 형성된 결합조직으로, 상처 부위를 메운다

3 재형성(remodeling)
피부의 표피 세포들은 손상 부위 너머로 자라 들어가서 딱지를 흉터 조직으로 변환하는 임무를 완수한다. 흉터 조직은 쪼그라들어서 붉은 부위로 남는데, 이 부위는 서서히 색이 옅어진다. 육아조직은 한동안 사라지지 않고 남아 있다.

화상(burn)

피부에 49도가 넘는 열이 가해지면 세포들이 손상되어 화상을 입는다. 화상은 화학물질과 전기 접촉으로 인해서도 일어날 수 있다.

표피(EPIDERMIS)
진피(DERMIS)
피부밑조직(HYPODERMIS)

일도화상(1st degree burn)
피부의 최상층만 손상을 입어서 피부가 빨갛게 변색되고 통증이 나타난다. 며칠이 지나면 죽은 세포들이 벗겨져 나가기도 한다.

이도화상(2nd degree burn)
더 깊은 층에 있는 세포들이 파괴되고 큰 물집이 형성된다. 살아남은 세포가 충분히 많으면 흉터가 생기지 않기도 한다.

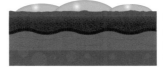

삼도화상(3rd degree burn)
피부의 전체 층이 화상을 입어서 피부이식이 필요할 수 있다. 흉터가 생길 위험성이 있다.

물집(blister)

열과 습기와 마찰이 한꺼번에 가해지면 표피와 진피가 분리되어 액체가 차 있는 물방울 같은 구조가 형성되는데, 이 물집은 손상된 피부를 보호하는 기능이 있다. 물집을 수성콜로이드 겔 물집 붕대(hydrocolloid gel blister bandage)로 감싸면 체액을 빨아들이고 충격을 흡수하며 살균작용을 하기 때문에 더 빨리 치유될 수 있다.

물집

여드름(acne)

피지샘(sebaceous gland)은 기름기가 많은 피지(sebum)를 피부와 털에 분비한다. 피지샘이 피지를 지나치게 많이 생산하면 털주머니(모낭)가 피지와 죽은 세포들로 막혀서 꼭지 부분이 검은 여드름(blackhead)이 만들어진다. 막힌 곳이 피부 세균에 감염되면 뾰루지가 생길 수 있는데, 나중에 치유되었을 때 흉터가 남을 수 있다.

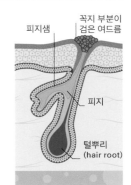

피지샘
꼭지 부분이 검은 여드름
피지
털뿌리 (hair root)

부러지면 붙이리

골절(fracture)은 뼈가 부러지는 것으로, 일반적으로 넘어지거나 교통사고나 운동 중 손상으로 인해 일어난다. 일부 골절은 비교적 심각하지 않을 정도로 살짝 패이거나 실금에 그쳐서 금세 치유되지만, 심한 충격을 받으면 뼈가 세 조각 이상으로 산산이 부서질 수 있다.

개방골절(OPEN FRACTURE)

개방골절은 복합골절(compound fracture)이라고도 하며, 뼈 파편이나 손상을 유발한 충격에 의해 피부가 찢어지는 끔찍한 손상이다. 따라서 감염이 내부로 침입할 수 있기 때문에 대개 항생제를 투여한다.

폐쇄골절(CLOSED FRACTURE)

폐쇄골절에서 피부는 손상되지 않는다. 이 골절은 단순골절(simple fracture)이라고도 한다. 손상 부위는 다른 골절에 비해 무균 상태를 유지해서 감염이 일어나지 않을 가능성이 높다. 석고붕대를 해서 뼈를 움직이지 못하게 막고 바른 자세로 유지하기만 하면 치유되는 경우가 많다.

아직 성숙하지 않은 뼈는 칼슘이 완전히 침착되지 않았기 때문에 꺾였을 때 완전히 부러지지 않고 한쪽으로 갈라질 수 있다. 이를 생나무골절이라 하는데, 어린이들이 나무에서 떨어졌을 때 이 골절이 자주 일어난다는 점을 연상해서 암기할 수 있다.

생나무골절 (GREENSTICK FRACTURE)

나선형골절

나선형골절은 긴뼈의 뼈몸통 부분이 가로 방향이 아니라 나선형으로 휘감듯 부러진다. 이 골절은 비트는 힘으로 인해 일어나는데, 그 예로는 걸음마 단계의 아기가 뛰어올랐다가 다리를 죽 뻗은 채 착지했을 때가 있다.

분쇄골절은 뼈가 세 조각 이상으로 산산이 부서지는 골절이다. 완치되려면 금속판과 나사를 삽입해서 흩어진 뼈 조각들을 제 위치에 고정하는 수술이 필요할 수 있다.

압박골절이 일어나면 골절된 양쪽 끝부분이 서로 눌려서 허물어지기 때문에 뼈가 짧아질 수 있다. 압박골절된 뼈는 부러진 양쪽 부분을 흔들림 없이 조심해서 잡아당겨 분리하는 견인(traction)을 해서 길이를 늘여야 한다.

분쇄골절 (COMMINUTED FRACTURE)

나선형골절 (SPIRAL FRACTURE)

비중유골(鼻中有骨)

두 손가락으로 코를 꼬집어보면 콧마루에는 뼈가 있다가 그 아래로 내려오면 코끝까지 연골로 이어짐을 느끼게 될 것이다. 코가 부러질 때 골절되는 것은 위에 있는 뼈 부분이다.

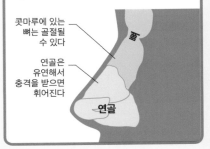

콧마루에 있는 뼈는 골절될 수 있다

연골은 유연해서 충격을 받으면 휘어진다

연골

압박골절 (COMPRESSION FRACTURE)

골절의 유형

뼈는 강한 충격이나 압박에 의해 부러질 수 있지만, 마라톤처럼 작은 충격이 반복해서 가해져도 부러질 수 있다. 젊은 사람들이 가장 자주 골절되는 곳은 놀다가 종종 부러지는 팔꿈치와 위팔(상완)이거나 운동과 기타 신체 활동을 하다가 자주 손상되는 종아리(하퇴)이다. 골다공증(50쪽 참조)으로 인해 뼈가 약해진 노인들은 엉덩관절(hip joint)이나 손목에 골절이 일어날 가능성이 더 높다.

탈구(dislocation)

운동성이 있는 관절이 비틀리는 사고를 당해서 이 관절을
지지하던 인대가 늘어나면 뼈가 미끄러져 나와서
제자리를 이탈하는 관절 탈구가 일어날 수 있다. 탈구는
어깨와 엄지손가락과 손가락의 관절에서 가장 자주
일어난다. 탈구를 치료하려면 뼈를 제자리에 맞추고,
석고붕대나 팔걸이 붕대를 해서 관절이 움직이지 못하게
고정함으로써 인대가 치유될 수 있게 만들어야 한다. 어깨
등의 일부 관절은 인대가 계속 느슨한 상태로 남아 있으면
탈구가 반복해서 일어날 수 있다.

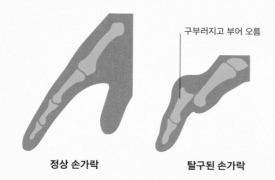

구부러지고 부어 오름

정상 손가락   **탈구된 손가락**

탈구된 관절

야구공을 글러브로 어설프게 잡다가 손가락 관절이 탈구되기도 한다.
탈구된 손가락 관절은 아프고, 붓고, 확연하게 비정상적인 형태로 바뀐다.
탈구된 관절은 X선 촬영을 해서 골절이 없음이 확인되면 본래 자세로
위치복원(reposition)을 한 뒤에 손가락들을 함께 모아서 석고붕대를
하고 치유되도록 기다린다.

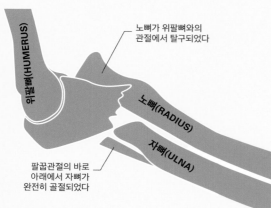

노뼈가 위팔뼈와의
관절에서 탈구되었다

위팔뼈(HUMERUS)

노뼈(RADIUS)

자뼈(ULNA)

팔꿈관절의 바로
아래에서 자뼈가
완전히 골절되었다

골절과 탈구가 동시에

골절이 관절 근처에서 일어나면 인대가 헐거워질 수 있어서
골절과 탈구가 함께 발생하기도 한다. 이를 골절탈구라 한다.
골절탈구는 대개 팔꿈관절에서 일어나는데, 이때 자뼈가 골절되고
노뼈의 머리 부분이 제 위치를 벗어난다.

치유

뼈는 다른 모든 살아 있는 조직들과 마찬가지로 치유될 수 있지만,
미네랄이 침착되어야만 비로소 뼈가 다시 강인해지기 때문에 다른
조직에 비해 치유되는 데 걸리는 시간이 길다. 부러진 뼈는 그 부위에
단단한 석고붕대를 두름으로써 움직이지 못하게 만든다. 더 단단히
지지할 필요가 있다면 나사나 금속판을 삽입해서 보강하는 수술을 할
수도 있다. 골절은 몇 단계를 거쳐 치유된다.

1   **즉각 반응**

골절 부위는 빠른 속도로 혈액이
들어차고 거대한 피덩이(clot)가 형성된다.
손상된 곳 주변의 조직은 멍든 것처럼
붓는다. 이 부위는 아프고 염증이 생기는데,
혈액 공급이 원활하지 않기 때문에 일부
뼈세포가 죽는다.

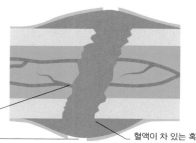

파열된 혈관

뼈의 껍질인
뼈막(periosteum)이 찢어졌다

혈액이 차 있는 혹

2   **3일 후**

모세혈관들이 피덩이 내부로
자라 들어가고 손상된 조직은 청소부
세포들이 서서히 분해하고 흡수해서
제거한다. 특수 세포들이 이 부위로 진입해서
아교섬유(콜라겐섬유)를 분비해서 쌓기
시작하는데, 이 섬유들은 장차 뼈세포가
자리를 잡을 내부 골조 역할을 한다.

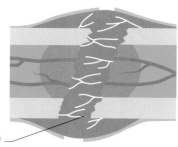

아교섬유(콜라겐섬유)

3   **3주 후**

아교섬유들이 골절 부위를
가로질러 합쳐짐으로써 마주보는 두 골절면
사이를 연결한다. 이 복구 과정에서 혹
같은 애벌뼈(가골)가 형성되는데, 이 뼈는
처음에는 연골로 이루어진다. 애벌뼈는 아직
약해서 너무 일찍 움직이면 다시 부러지기
쉽다.

애벌뼈(callus)

4   **3개월 후**

복구 중인 조직 내에 있던 연골은
튼튼한 해면뼈로 교체되고, 치밀뼈가
골절면의 바깥모서리 주위에 형성된다.
골절이 치유되는 과정에서 뼈에 있는
세포들이 뼈조직을 개조하는데, 과잉 형성된
애벌뼈는 제거되고 부었던 조직은 결국
원래처럼 곧게 복구된다.

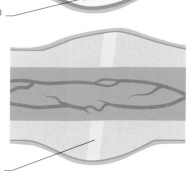

치유된 골절

얇아지는 뼈

우리 뼈에 있는 세포들은 낡은 뼈조직을 해체하고 새 뼈조직을 쌓음으로써 뼈대를 끊임없이 개조한다. 그러나 때로는 이 과정에 균형이 무너져서 다양한 문제가 발생할 수 있는데, 이 문제들 모두가 쉽게 해결되지는 않는다.

뼈가 약해지면

뼈가 부러지기 쉬운 병인 골다공증은 낡은 뼈조직을 대체할 만큼 새 뼈조직이 충분히 생산되지 못했을 때 발병한다. 이러한 불균형은 칼슘이 풍부한 음식을 먹지 않거나 칼슘을 효율적으로 흡수하는 데 필요한 비타민 D를 보충하지 않으면 일어날 수 있다. 비타민 D는 음식을 통해서나 햇빛을 충분히 쪼여서 보충한다(33쪽 참조). 골다공증은 나이가 들었을 때 호르몬 변화로 인해서도 발병할 수 있는데, 여성이 폐경이 된 후에 에스트로겐 농도가 낮아졌을 때가 그러하다. 골다공증은 증상이 거의 없다가 살짝 넘어진 후에 엉덩관절이나 손목에 골절이 일어나서 처음으로 알게 되는 환자가 많다.

얇아진 치밀뼈 바깥층

튼튼한 치밀뼈 바깥층

골다공증에 걸린 뼈

스펀지(해면) 같은 해면뼈로 이루어진 내부

약해져서 부러지기 쉬운 뼈의 내부

건강한 뼈

뼈 운동

규칙적으로 운동하면 새로운 뼈조직 생산이 촉진된다. 에어로빅, 조깅, 라켓 운동같이 격렬한 운동이 가장 좋지만, 격하지 않은 요가나 태극권을 포함해서 체중 부하 운동이면 모두 압박이 가해지는 뼈 부위가 강화되도록 자극하는 데 도움이 된다.

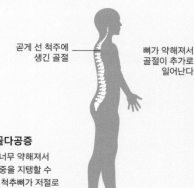

이 요가 자세에서는 정강뼈(tibia)에 압박이 가해지고 있다

건강한 뼈

건강한 뼈는 바깥에 있는 강인하고 굵은 치밀뼈와 그 속에 있는 엉성하지만 튼튼한 해면뼈로 구성되어 있다. 이 구조는 X선 사진에서 명확히 나타나며, 넘어지면서 손을 먼저 뻗어서 땅을 짚을 때 겪는 정도의 사소한 충격은 견딜 수 있을 만큼 튼튼하다.

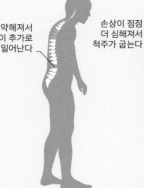

곧게 선 척주에 생긴 골절

뼈가 약해져서 골절이 추가로 일어난다

손상이 점점 더 심해져서 척주가 굽는다

척추뼈 골다공증

척추뼈가 너무 약해져서 상체의 체중을 지탱할 수 없게 되면 척추뼈가 저절로 골절될 수 있다. 이로 인해 통증이 일어나고, 점점 더 척주가 굽게 된다.

초기 단계   **다음 단계**   **많이 진행된 단계**

골다공증 (OSTEOPOROSIS)은 얼마나 흔할까?

전 세계적으로 50세가 넘은 사람은 여성 세 명 중 하나와 남성 다섯 명 중 하나꼴로 골다공증으로 인한 골절을 경험한다. 흡연을 하거나 술을 많이 마시거나 운동이 부족하면 골다공증으로 인해 손상을 입을 가능성이 높아진다.

우유

복숭아

뼈

치즈

브로콜리

칼슘 보충
칼슘이 풍부한 음식을 충분히 공급하는 균형 잡힌 식사를 하는 것이 나이를 불문하고 골다공증 예방을 돕는 데 꼭 필요하다. 칼슘을 섭취할 음식으로 좋은 것은 유제품, 일부 과일과 채소, 견과류, 씨앗, 콩과 식물, 달걀, 생선 통조림(뼈 포함), 강화 밀가루로 만든 빵 등이 있다.

생선

오렌지

콩

골다공증 환자의 뼈
부러지기 쉬운 뼈는 치밀뼈로 이루어진 바깥층이 매우 얇으며, 그 속에 있는 해면뼈 잔기둥의 수가 더 적다. 환자의 뼈는 얇아져서 X선 영상에 희미하게 보이며, 살짝 넘어져도 골절이 일어날 수 있다.

관절이 약해지면

관절은 심하게 마모되기 쉬운데, 그렇게 되면 뼈관절염(osteoarthritis)이라는 염증 질환으로 이어질 수 있다. 뼈관절염은 무릎과 엉덩관절처럼 체중을 지탱하는 관절에 특히 많으며, 관절이 점점 더 아프고 뻣뻣해져서 움직이기가 어려워지는 증상이 나타난다. 관절연골은 약화되어 조각이 떨어져 나가고, 이로 인해 노출된 양쪽 뼈끝이 마찰을 일으키고 뼈조직이 증식해서 튀어나온다.

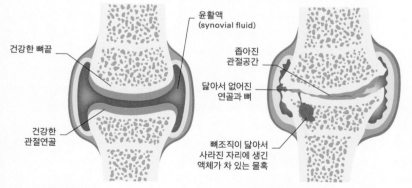

윤활액
(synovial fluid)

건강한 뼈끝

좁아진
관절공간

닳아서 없어진
연골과 뼈

건강한
관절연골

뼈조직이 닳아서
사라진 자리에 생긴
액체가 차 있는 물혹

건강한 관절
건강한 관절은 충격을 흡수하는 연골이 두 뼈의 끝부분에 덧대어 있고, 마찰을 줄여주는 얇은 윤활액 층이 있다.

뼈관절염에 걸린 관절
뼈관절염에 걸린 관절은 관절연골이 침식된다. 양쪽 뼈가 맷돌처럼 갈려서 마모되고, 윤활으로는 관절을 매끄럽게 할 수 없다.

인공관절

뼈관절염은 진통제만으로 치료하지만, 증상이 심해서 삶의 질이 악화된 환자에게는 닳아서 못쓰게 된 관절을 인공관절로 교체하는 것이 더 좋은 치료법이다. 인공관절은 금속이나 플라스틱이나 세라믹으로 만든다. 하지만 인공관절도 결국은 마모되어 못쓰게 되기 때문에 10여 년마다 한 번씩은 교체할 필요가 있다. 흔히 교체하는 관절은 엉덩관절(hip joint)이다.

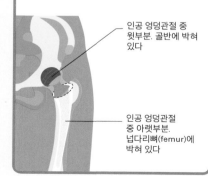

인공 엉덩관절 중
윗부분. 골반에 박혀
있다

인공 엉덩관절
중 아랫부분.
넙다리뼈(femur)에
박혀 있다

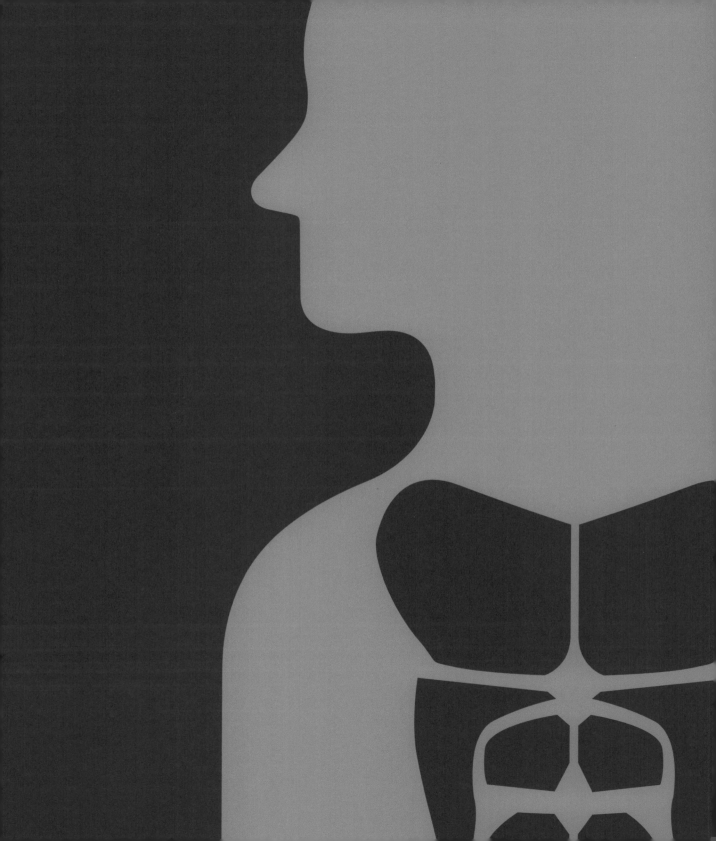

운동에
신경 쓰다

끌어당겨 힘을 쓴다

근육(muscle)은 모든 인체 운동을 실행하고, 힘줄(tendon)을 통해 뼈에 부착되어 있다. 힘줄은 튼튼한 결합조직으로 구성되어 있는데, 이 조직은 어느 정도 늘어날 수 있어서 운동 과정에서 가해지는 힘을 감당하는 데 도움이 된다.

팀워크

근육은 끌어당길 수만 있고 밀지는 못한다. 따라서 근육은 서로 반대로 작용하는 것들끼리 쌍이나 팀을 구성해서 일해야 한다. 한 조의 근육들이 수축해서 관절을 굽힐 때 반대 조는 이완되어야 한다. 이 관절을 다시 곧게 펴려면 이 두 조의 근육들이 역할을 맞바꿔야 한다. 예를 들어 위팔두갈래근이 수축하면 팔꿈관절을 굽히고, 위팔세갈래근이 수축하면서 위팔두갈래근이 이완되면 팔꿈관절이 곧게 펴진다. 근육은 지레장치를 통해서 간접적으로만 '밀' 수 있다.

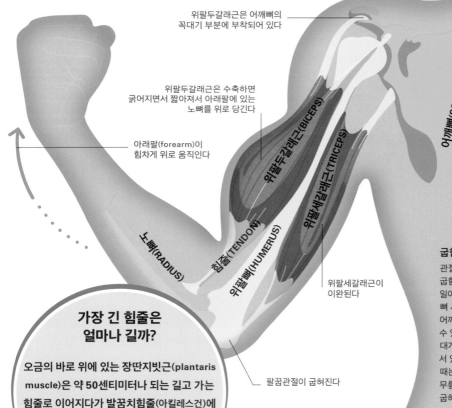

위팔두갈래근은 어깨뼈의 꼭대기 부분에 부착되어 있다

위팔두갈래근은 수축하면 굵어지면서 짧아져서 아래팔에 있는 노뼈를 위로 당긴다

아래팔(forearm)이 힘차게 위로 움직인다

위팔두갈래근(BICEPS)

위팔세갈래근(TRICEPS)

어깨뼈(SCAPULA)

노뼈(RADIUS)

힘줄(TENDON)

위팔뼈(HUMERUS)

위팔세갈래근이 이완된다

팔꿈관절이 굽혀진다

가장 긴 힘줄은 얼마나 길까?

오금의 바로 위에 있는 장딴지빗근(plantaris muscle)은 약 50센티미터나 되는 길고 가는 힘줄로 이어지다가 발꿈치힘줄(아킬레스건)에 합쳐져서 간접적으로 발꿈치뼈에 닿는다. 발꿈치힘줄은 인체에서 가장 튼튼하고 굵은 힘줄이다.

굽힘(flexion)

관절이 굽혀지는 것을 굽힘(굴곡)이라 한다. 굽힘이 일어나면 관절을 이루는 두 뼈 사이의 각도가 줄어든다. 어깨관절처럼 앞뒤로 움직일 수 있는 관절에서 굽힘은 대개 앞으로 움직임을 뜻한다. 서 있다가 의자에 앉을 때는 엉덩관절(hip joint)과 무릎관절(knee joint)이 모두 굽혀진다.

폄(extension)

폄(신전)은 굽힘의 반대 운동으로, 두 뼈 사이의 각도가 커진다. 엉덩관절처럼 앞뒤로 움직임이 가능한 관절에서 폄은 대개 뒤로 움직임을 뜻한다. 의자에 앉았다가 일어설 때는 엉덩관절과 무릎관절이 모두 펴진다.

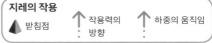

인체 지레

지레는 받침점을 중심으로 운동이 일어나게 한다. 1종 지레는 작용력과 하중의 중간 지점에 받침점이 있다. 2종 지레는 작용력과 받침점 사이에 하중이 놓인다. 3종 지레는 작용력이 하중과 받침점 사이에 가해지는데, 이것은 핀셋을 사용하는 원리와 같다.

지레의 작용
▲ 받침점 ↑ 작용력의 방향 ↑ 하중의 움직임

1종 지레(first-class lever)

목근육은 1종 지레처럼 작용한다. 이 근육들은 수축하면 받침점(머리뼈와 척주 사이의 관절) 너머 반대쪽에 있는 턱끝을 위로 올린다.

목근육

3종 지레(third-class lever)

위팔두갈래근은 3종 지레로 작용한다. 받침점인 팔꿈관절 근처를 당기면 뼈가 조금만 움직이지만 지렛대의 끝에 있는 손은 크게 움직인다. 즉 작은 힘을 들이고도 큰 움직임이 나타나게 한다.

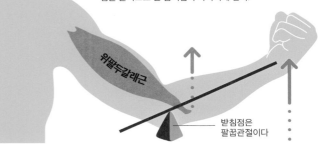

위팔두갈래근

받침점은 팔꿈관절이다

장딴지근육

신체가 조금만 위로 올라가지만 그 힘은 강력하다

2종 지레(second-class lever)

장딴지근육은 발이 지면에 닿아 있을 때 발꿈치를 당김으로써 2종 지레로 작용한다. 그러면 발은 발가락이 시작하는 부분에서 굽혀져서 전체 체중을 발끝에서 들어올리게 된다.

발꿈치힘줄(아킬레스건)은 **매우 강인해서 달릴 때 체중의 열 배가 넘는 힘을 지탱할 수 있다**

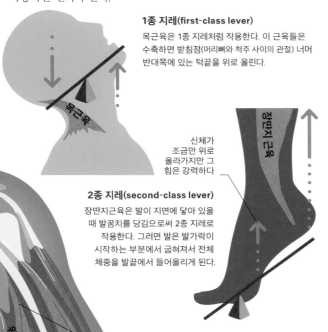

위팔세갈래근(TRICEPS)

위팔두갈래근(BICEPS)

위팔세갈래근은 위끝이 어깨뼈와 위팔뼈에 부착되어 있다

위팔두갈래근이 이완되어 길어지면 팔꿈관절을 펼 수 있게 된다

아래팔(forearm)이 아래로 움직인다

팔꿈관절이 곧게 펴진다

자뼈(ULNA)

위팔세갈래근이 수축하면 아래팔에 있는 자뼈를 잡아당긴다

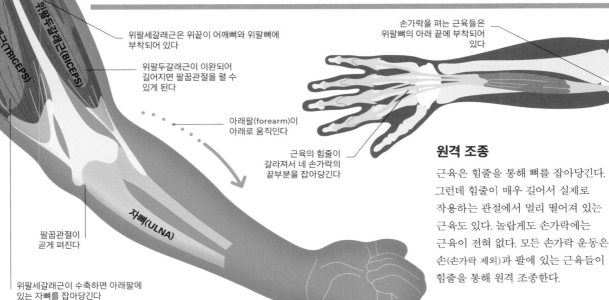

손가락을 펴는 근육들은 위팔뼈의 아래 끝에 부착되어 있다

근육의 힘줄이 갈라져서 네 손가락의 끝부분을 잡아당긴다

원격 조종

근육은 힘줄을 통해 뼈를 잡아당긴다. 그런데 힘줄이 매우 길어서 실제로 작용하는 관절에서 멀리 떨어져 있는 근육도 있다. 놀랍게도 손가락에는 근육이 전혀 없다. 모든 손가락 운동은 손(손가락 제외)과 팔에 있는 근육들이 힘줄을 통해 원격 조종한다.

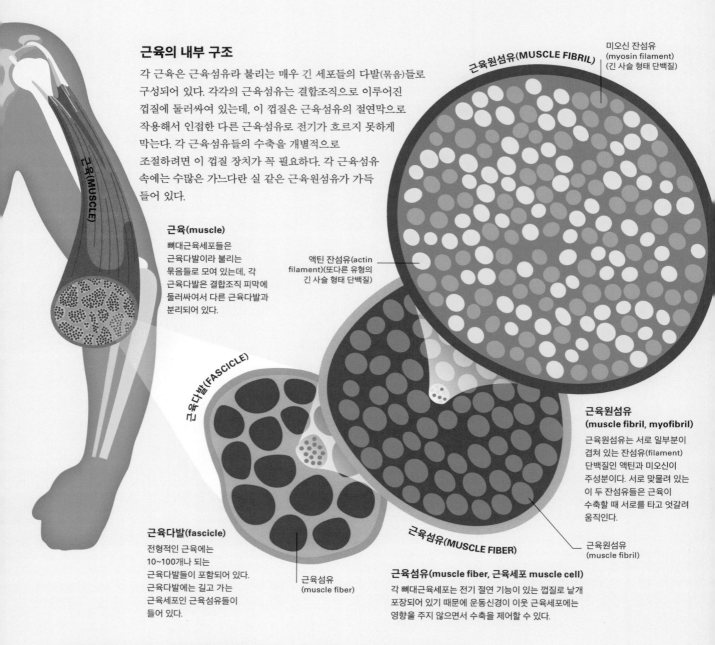

근육의 내부 구조

각 근육은 근육섬유라 불리는 매우 긴 세포들의 다발(묶음)들로
구성되어 있다. 각각의 근육섬유는 결합조직으로 이루어진
껍질에 둘러싸여 있는데, 이 껍질은 근육섬유의 절연막으로
작용해서 인접한 다른 근육섬유로 전기가 흐르지 못하게
막는다. 각 근육섬유들의 수축을 개별적으로
조절하려면 이 껍질 장치가 꼭 필요하다. 각 근육섬유
속에는 수많은 가느다란 실 같은 근육원섬유가 가득
들어 있다.

근육원섬유(MUSCLE FIBRIL)

미오신 잔섬유
(myosin filament)
(긴 사슬 형태 단백질)

근육(muscle)

뼈대근육세포들은
근육다발이라 불리는
묶음들로 모여 있는데, 각
근육다발은 결합조직 피막에
둘러싸여서 다른 근육다발과
분리되어 있다.

액틴 잔섬유(actin
filament)(또다른 유형의
긴 사슬 형태 단백질)

근육(MUSCLE)

근육다발(FASCICLE)

근육원섬유
(muscle fibril, myofibril)

근육원섬유는 서로 일부분이
겹쳐 있는 잔섬유(filament)
단백질인 액틴과 미오신이
주성분이다. 서로 맞물려 있는
이 두 잔섬유들은 근육이
수축할 때 서로를 타고 엇갈려
움직인다.

근육원섬유
(muscle fibril)

근육다발(fascicle)

전형적인 근육에는
10~100개나 되는
근육다발들이 포함되어 있다.
근육다발에는 길고 가는
근육세포인 근육섬유들이
들어 있다.

근육섬유
(muscle fiber)

근육섬유(MUSCLE FIBER)

근육섬유(muscle fiber, 근육세포 muscle cell)

각 뼈대근육세포는 전기 절연 기능이 있는 껍질로 낱개
포장되어 있기 때문에 운동신경이 이웃 근육세포에는
영향을 주지 않으면서 수축을 제어할 수 있다.

근육은 어떻게 수축하는가?

근육세포는 모든 신체 운동을 실행하는 행동대이다. 어떤 근육들은 수의 조절을 받으면서 우리가
의도할 때만 수축한다. 다른 근육들은 자동적으로 수축해서 인체가 계속 매끄럽게 작동하도록
만든다. 근육세포는 액틴과 미오신 분자의 상호작용 덕분에 수축할 수 있다.

기적의 분자들

액틴 잔섬유와 미오신 잔섬유는 근육원섬유마디(sarcomere)라 불리는 작은 단위 내에 배열되어 있다. 근육이 수축하라는 신경 신호를 받으면 미오신 잔섬유는 나란히 있는 액틴 잔섬유를 반복해서 잡아당기고, 그러면 두 잔섬유가 맞당기듯 엇갈리게 미끄러져서 점점 더 가까워진다. 이로써 근육이 짧아지게 된다. 근육이 다시 이완될 때는 두 잔섬유들이 반대방향으로 미끄러져서 서로 멀어진다.

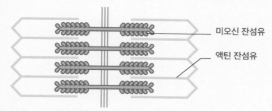

이완된 근육의 근육원섬유마디(SARCOMERE)

— 미오신 잔섬유
— 액틴 잔섬유

1 미오신이 동력 공급을 받는다

미오신의 머리 부분은 ATP 분자로부터 동력(에너지)을 공급받는다(ATP 분자는 당과 산소로부터 생산된다).

2 미오신의 머리 부분이 액틴에 달라붙는다

동력을 공급받은 미오신 머리가 액틴 잔섬유에 달라붙어서 구름다리 구조가 형성된다.

3 머리가 회전한다

미오신 머리가 에너지를 방출하면서 고개를 돌리듯 회전하고, 그 결과로 액틴 잔섬유가 미끄러지며 나아간다. 그리고 구름다리 구조가 힘이 빠진다.

4 동력 재공급

구름다리 구조는 분리되고 미오신 머리에 동력이 다시 공급된다. 이상의 단계들은 근육이 한 번 수축하는 동안 여러 차례 반복된다.

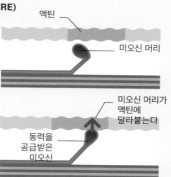

액틴

미오신 머리

미오신 머리가 액틴에 달라붙는다

동력을 공급받은 미오신

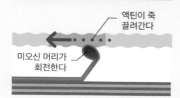

액틴이 죽 끌려간다

미오신 머리가 회전한다

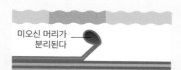

미오신 머리가 분리된다

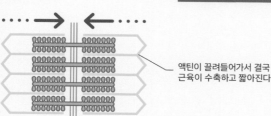

액틴이 끌려들어가서 결국 근육이 수축하고 짧아진다

수축된 근육의 근육원섬유마디

빠른 연축과 느린 연축

근육은 두 종류의 근육섬유를 포함하고 있다. 빠른 연축 근육섬유는 50밀리초 내에 최대 수축에 도달하지만 몇 분이 지나면 지친다. 느린 연축 근육섬유는 최대 수축에 도달하는 데 110밀리초나 걸리지만 대신에 지치지 않는다. 단거리 달리기 선수가 필요로 하는 폭발적 힘은 빠른 연축 근육섬유가 더 많아야 가능해진다. 장거리 달리기 선수는 대개 느린 연축 근육섬유가 더 많은데, 이 근육섬유는 빠른 연축 근육섬유와 달리 금세 지치지 않는다.

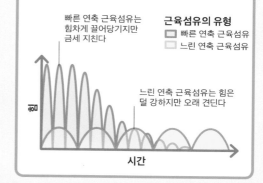

빠른 연축 근육섬유는 힘차게 끌어당기지만 금세 지친다

근육섬유의 유형
☐ 빠른 연축 근육섬유
☐ 느린 연축 근육섬유

느린 연축 근육섬유는 힘은 덜 강하지만 오래 견딘다

힘

시간

경련(CRAMP)

때때로 수의근이 의도하지 않게 수축하면 경련과 통증이 일어날 수 있다. 이 현상은 화학물질 불균형으로 인해 구름다리 구조가 분리되는 데 장애가 생길 때 일어난다. 불균형이 발생하는 예로는 혈액 공급이 부족해서 산소 농도가 낮아지고 젖산이 쌓일 때가 있다. 수축한 근육을 서서히 부드럽게 스트레칭 하고 문지르면 혈액 순환이 촉진되어 근육 이완에 도움이 된다.

빠른 연축 근육섬유는 1초당 30~50회 수축할 수 있다

운동하고, 늘어나고, 끌어당기고, 제동을 걸고

근육은 짧아지면서 뼈를 잡아당겨 관절을 굽히고 운동을 일으킨다. 그러나 근육은 운동을 전혀 일으키지 않고도 수축해서 힘과 장력(tension)을 유발할 수 있는데, 이 힘과 장력이 중량을 지탱해서 흔들리지 않게 할 수 있다. 만일 중량이 너무 커서 지탱할 수 없다면 근육은 이 중량의 움직임에 제동을 거는 과정에서 심지어 수축하면서 길이가 늘어날 수도 있다.

끌어당기고 짧아지고

여러분이 헬스클럽에서 아령을 들고 위팔두갈래근을 수축시켜서 '알통'이 생기는 동작을 하면 이 근육이 길이가 짧아져서 수축하는 방향으로 운동이 일어난다. 이때 근육이 발생시킨 힘은 근육이 당기는 중량이나 힘보다 크다. 근육에는 길이가 짧아지는 수축섬유(근육섬유)와 장력이 증가하면 늘어나는 탄력섬유가 모두 포함되어 있다. 길이가 짧아지는 수축을 할 때 수축섬유는 근육 길이의 변화를 유발하지만 탄력섬유의 장력은 변하지 않은 채로 있다.

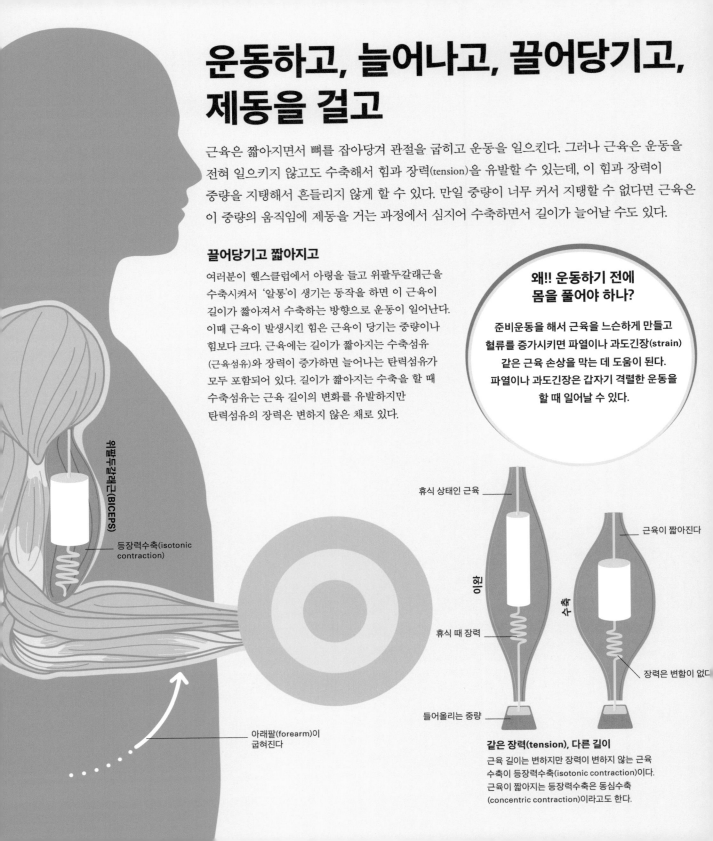

위팔두갈래근(BICEPS)

등장력수축(isotonic contraction)

아래팔(forearm)이 굽혀진다

왜!! 운동하기 전에 몸을 풀어야 하나?

준비운동을 해서 근육을 느슨하게 만들고 혈류를 증가시키면 파열이나 과도긴장(strain) 같은 근육 손상을 막는 데 도움이 된다. 파열이나 과도긴장은 갑자기 격렬한 운동을 할 때 일어날 수 있다.

휴식 상태인 근육

근육이 짧아진다

이완

수축

휴식 때 장력

장력은 변함이 없다

들어올리는 중량

같은 장력(tension), 다른 길이

근육 길이는 변하지만 장력이 변하지 않는 근육 수축이 등장력수축(isotonic contraction)이다. 근육이 짧아지는 등장력수축은 동심수축(concentric contraction)이라고도 한다.

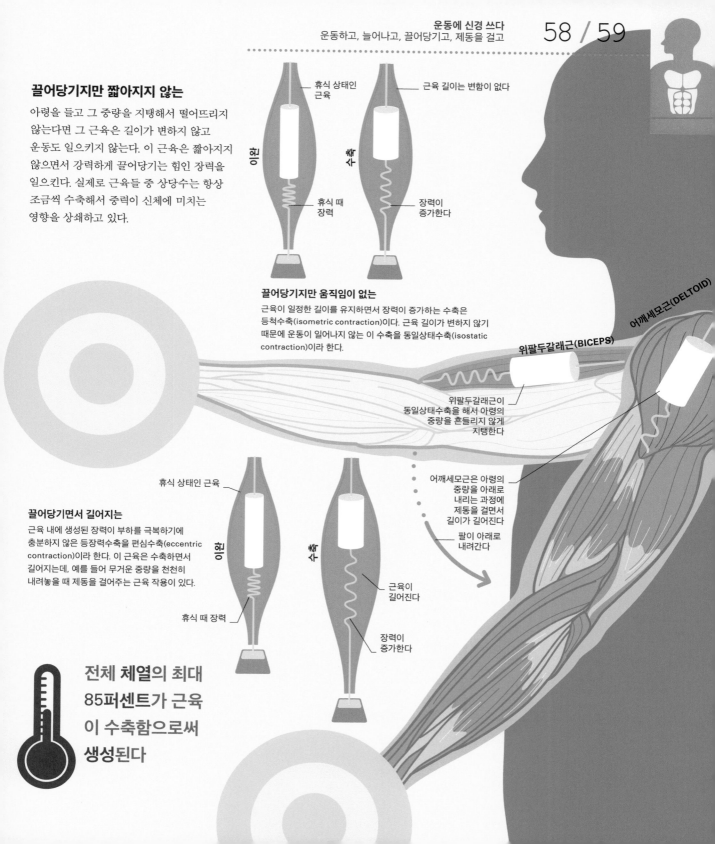

끌어당기지만 짧아지지 않는

아령을 들고 그 중량을 지탱해서 떨어뜨리지
않는다면 그 근육은 길이가 변하지 않고
운동도 일으키지 않는다. 이 근육은 짧아지지
않으면서 강력하게 끌어당기는 힘인 장력을
일으킨다. 실제로 근육들 중 상당수는 항상
조금씩 수축해서 중력이 신체에 미치는
영향을 상쇄하고 있다.

휴식 상태인
근육

근육 길이는 변함이 없다

이완

수축

휴식 때
장력

장력이
증가한다

끌어당기지만 움직임이 없는

근육이 일정한 길이를 유지하면서 장력이 증가하는 수축은
등척수축(isometric contraction)이다. 근육 길이가 변하지 않기
때문에 운동이 일어나지 않는 이 수축을 동일상태수축(isostatic
contraction)이라 한다.

어깨세모근(DELTOID)

위팔두갈래근(BICEPS)

위팔두갈래근이
동일상태수축을 해서 아령의
중량을 흔들리지 않게
지탱한다

끌어당기면서 길어지는

근육 내에 생성된 장력이 부하를 극복하기에
충분하지 않은 등장력수축을 편심수축(eccentric
contraction)이라 한다. 이 근육은 수축하면서
길어지는데, 예를 들어 무거운 중량을 천천히
내려놓을 때 제동을 걸어주는 근육 작용이 있다.

휴식 상태인 근육

이완

수축

휴식 때 장력

근육이
길어진다

장력이
증가한다

어깨세모근은 아령의
중량을 아래로
내리는 과정에
제동을 걸면서
길이가 길어진다

팔이 아래로
내려간다

**전체 체열의 최대
85퍼센트가 근육
이 수축함으로써
생성된다**

감각은 받아들이고 운동은 내보낸다

뇌(brain)와 척수(spinal cord)는 중추신경계통을 구성한다. 이들은 온몸에서 시작된 감각 정보를 광대한 '감각' 신경세포 통신망을 거쳐 전달받는다. 뇌와 척수는 이 감각 정보에 대한 반응으로 '운동' 신경세포에 지시를 내림으로써 우리가 활동하게 된다.

우리 뇌가 **입력된 정보를 처리해서 의식하게 되기 전까지 걸리는 시간** 은 최대 **400밀리초**이다

얼마나 빠른데?

반사(reflex) 반응은 뇌를 경유해서 진행되는 반응에 비해 훨씬 더 빠르다. 이 원칙은 시각이나 청각이나 촉각에 대한 반응에 모두 적용된다.

시각	0.25초
청각	0.17초
촉각	0.15초
반사	0.005초

'브레인(뇌)'과 상의해서

어떤 신체 운동이 의식하고 생각해야만 일어날 수 있다면 출발 총소리에 귀 기울이고 있는 우사인 볼트처럼 그 감각 신호가 말초신경을 거쳐 뇌에 도달해서 처리된 후에 그 운동이 일어나게 된다. 그런데 일부 의식적 행동은 상대적으로 자동적 행동이 되어 숙고하지 않고 '자동 조종장치'에 따라 실행된다. 실제로 단지 신체가 계속 적절하게 작용하도록 만들기 위해 뇌로 전달되거나 뇌에서 시작되는 신경 신호들의 대부분은 잠재의식 수준에서 일어난다.

정보 입력(감각신경)

출발선에 대기 중인 우사인 볼트

총소리가 속귀에서 청각 신호로 변환된다

신호를 예상하고
단거리 달리기 선수가 출발선에서 준비 자세를 취하면서 출발 총소리를 기다리고 있다.

소리 신호
출발 총소리가 울린다. 음파가 귀에 도달하면 속귀에서 감각 정보가 시작되어 뇌에 전달된다.

뇌가 생략된 신경회로

생존하기 위해서는 가끔 뇌를 거치지 않고 자동반사로 일어나는 즉각적 반응이 필요하다. 이 반사 경로는 척수만 지나기 때문에 그 정보가 뇌까지 올라갔다 오는 데 걸리는 시간 지체를 피할 수 있다. 뇌는 반사 작용이 실행된 직후에 정보를 받을 수 있다.

손가락에서 감지된 통증 신호

뜨거운 불꽃에 피부가 화상을 입는다

갑작스러운 신호
실수로 손가락이 불꽃에 닿았을 때 통증 정보가 감각신경을 거쳐 척수에 전달된다.

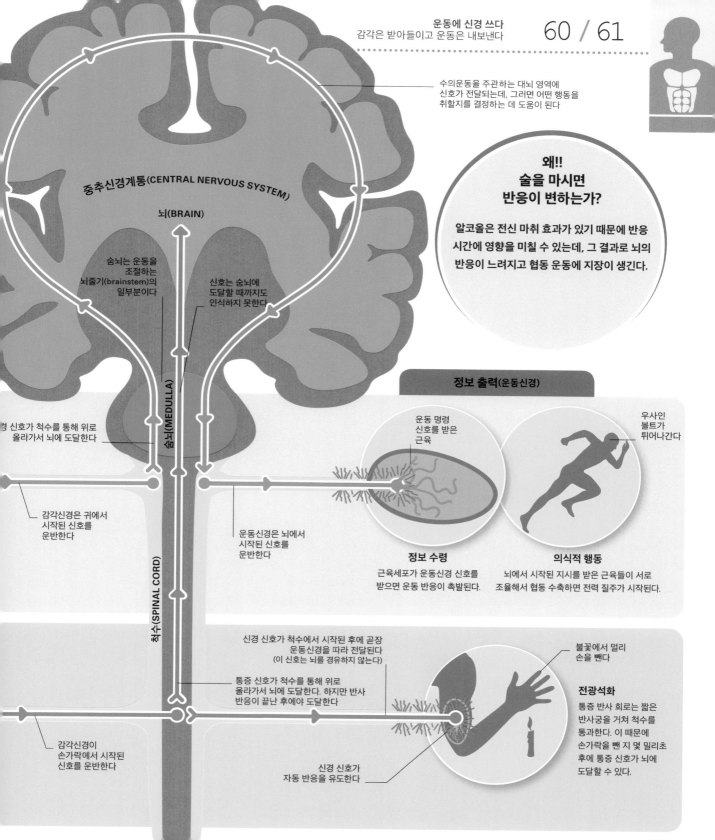

수의운동을 주관하는 대뇌 영역에
신호가 전달되는데, 그러면 어떤 행동을
취할지를 결정하는 데 도움이 된다

중추신경계통(CENTRAL NERVOUS SYSTEM)

뇌(BRAIN)

숨뇌는 운동을
조절하는
뇌줄기(brainstem)의
일부분이다

신호는 숨뇌에
도달할 때까지도
인식하지 못한다

숨뇌(MEDULLA)

**왜!!
술을 마시면
반응이 변하는가?**

알코올은 전신 마취 효과가 있기 때문에 반응
시간에 영향을 미칠 수 있는데, 그 결과로 뇌의
반응이 느려지고 협동 운동에 지장이 생긴다.

경 신호가 척수를 통해 위로
올라가서 뇌에 도달한다

감각신경은 귀에서
시작된 신호를
운반한다

운동신경은 뇌에서
시작된 신호를
운반한다

척수(SPINAL CORD)

정보 출력(운동신경)

운동 명령
신호를 받은
근육

우사인
볼트가
튀어나간다

정보 수령

근육세포가 운동신경 신호를
받으면 운동 반응이 촉발된다.

의식적 행동

뇌에서 시작된 지시를 받은 근육들이 서로
조율해서 협동 수축하면 전력 질주가 시작된다.

신경 신호가 척수에서 시작된 후에 곧장
운동신경을 따라 전달된다
(이 신호는 뇌를 경유하지 않는다)

통증 신호가 척수를 통해 위로
올라가서 뇌에 도달한다. 하지만 반사
반응이 끝난 후에야 도달한다

불꽃에서 멀리
손을 뺀다

전광석화

통증 반사 회로는 짧은
반사궁을 거쳐 척수를
통과한다. 이 때문에
손가락을 뺀 지 몇 밀리초
후에 통증 신호가 뇌에
도달할 수 있다.

감각신경이
손가락에서 시작된
신호를 운반한다

신경 신호가
자동 반응을 유도한다

조절 중추

뇌는 모든 인체 작용을 조정한다. 뇌에는 860억 개나 되는 신경세포가 포함되어 있는데, 이 신경세포들은 서로 연결되어 있음으로써 뇌를 인체의 모든 기관들 중에 가장 복잡한 기관이 되게 한다. 뇌는 사고와 행동과 감정을 동시에 처리할 수 있다. 통념과 달리 우리는 뇌의 모든 부분을 사용하고 있다. 하지만 일부 뇌 부위의 정확한 기능은 여전히 파악하지 못하고 있다.

뇌 계급

뇌는 크게 두 부분, 즉 고등 뇌와 원시 뇌로 나뉜다. 고등 뇌는 가장 커서 대뇌(cerebrum)로 구성되어 있으며, 대뇌는 좌우로 양분되어 좌우 대뇌반구로 구분된다. 고등 뇌는 의식적 사고 과정이 처리되는 부분이다. 보다 원시적인 뇌 부분은 척수의 바로 위에 있는데, 호흡이나 혈압 같은 인체의 자동 기능이 이곳에서 조절된다.

회색질(gray matter)
색이 더 짙은 대뇌의 바깥부분은 주성분이 신경세포체들이다. 뇌 밖에 모여 있는 신경세포체들은 신경절(ganglia)을 형성한다.

신경세포체(NERVE CELL BODY)

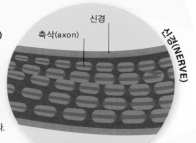

백색질(white matter)
미세한 신경섬유인 축삭(axon)은 신경세포체에서 시작된 전기 흥분을 멀리 다른 곳으로 운반하고, 대뇌의 회색질 밑에 모여서 색이 더 옅은 백색질을 형성한다.

신경
축삭(axon)
신경(NERVE)

회색질(GRAY MATTER)

원시 뇌
소뇌(cerebellum)와 시상(thalamus)과 시상하부(hypothalamus)와 뇌줄기(brainstem)는 체온 조절이나 수면각성 주기 같은 본능적 반응과 자동 기능을 담당한다. 뇌의 이 부분은 분노와 공포 같은 원시 감정도 일으킨다. 소뇌는 근육의 협동 운동과 평형을 조절한다.

근무 중인 뇌

우리가 기술을 한 가지 배울 때는 사용 중인 신경세포들 사이에 새로운 연결이 만들어진다. 그렇게 되면 익숙하지 않던 행동들이 자동적으로 일어나기 시작한다. 골프 선수의 연습량은 골프채를 휘두를 때 활성화되는 뇌 영역의 면적에 반영된다.

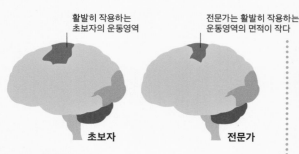

활발히 작용하는 초보자의 운동영역

전문가는 활발히 작용하는 운동영역의 면적이 작다

초보자   전문가

대뇌 표면의 활성
골프 공을 치는 연습을 하는 과정에서 전에는 익숙하지 않았던 운동이 더 정교해지고, 그러면 활발히 작용하는 대뇌 운동 영역의 면적이 줄게 된다. 그러나 협동 운동과 시각 정보 처리를 전담하는 영역의 면적은 초보자 때나 전문가 때나 변함이 없다.

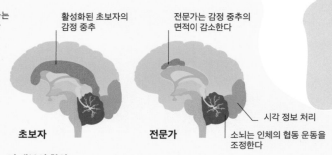

활성화된 초보자의 감정 중추

전문가는 감정 중추의 면적이 감소한다

초보자   전문가

시각 정보 처리

소뇌는 인체의 협동 운동을 조정한다

뇌 내부의 활성
뇌의 단면을 보면 뇌의 감정 중추는 초보자에서 활발히 작용하는데, 초보자는 불안이나 난처함과 싸워야 하기 때문이다. 노련한 골프 선수는 자신의 감정을 통제하는 방법을 습득해서 골프 공을 치는 데에만 집중한다.

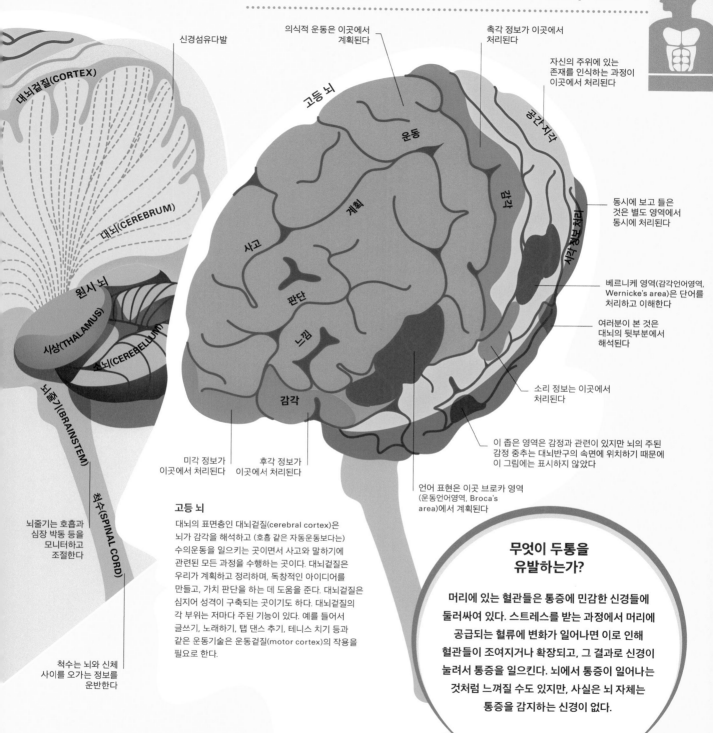

신경섬유다발

대뇌겉질(CORTEX)

대뇌(CEREBRUM)

원시 뇌

시상(THALAMUS)

작은뇌(CEREBELLUM)

뇌줄기(BRAINSTEM)

척수(SPINAL CORD)

고등 뇌

운동

계획

사고

판단

느낌

감각

의식적 운동은 이곳에서
계획된다

촉각 정보가 이곳에서
처리된다

자신의 주위에 있는
존재를 인식하는 과정이
이곳에서 처리된다

공간지각

시각 정보 처리 영역

동시에 보고 들은
것은 별도 영역에서
동시에 처리된다

베르니케 영역(감각언어영역,
Wernicke's area)은 단어를
처리하고 이해한다

여러분이 본 것은
대뇌의 뒷부분에서
해석된다

소리 정보는 이곳에서
처리된다

이 좁은 영역은 감정과 관련이 있지만 뇌의 주된
감정 중추는 대뇌반구의 속면에 위치하기 때문에
이 그림에는 표시하지 않았다

언어 표현은 이곳 브로카 영역
(운동언어영역, Broca's
area)에서 계획된다

미각 정보가
이곳에서 처리된다

후각 정보가
이곳에서 처리된다

뇌줄기는 호흡과
심장 박동 등을
모니터하고
조절한다

척수는 뇌와 신체
사이를 오가는 정보를
운반한다

고등 뇌

대뇌의 표면층인 대뇌겉질(cerebral cortex)은
뇌가 감각을 해석하고 (호흡 같은 자동운동보다는)
수의운동을 일으키는 곳이면서 사고와 말하기에
관련된 모든 과정을 수행하는 곳이다. 대뇌겉질은
우리가 계획하고 정리하며, 독창적인 아이디어를
만들고, 가치 판단을 하는 데 도움을 준다. 대뇌겉질은
심지어 성격이 구축되는 곳이기도 하다. 대뇌겉질의
각 부위는 저마다 주된 기능이 있다. 예를 들어서
글쓰기, 노래하기, 탭 댄스 추기, 테니스 치기 등과
같은 운동기술은 운동겉질(motor cortex)의 작용을
필요로 한다.

무엇이 두통을
유발하는가?

머리에 있는 혈관들은 통증에 민감한 신경들에
둘러싸여 있다. 스트레스를 받는 과정에서 머리에
공급되는 혈류에 변화가 일어나면 이로 인해
혈관들이 조여지거나 확장되고, 그 결과로 신경이
눌려서 통증을 일으킨다. 뇌에서 통증이 일어나는
것처럼 느껴질 수도 있지만, 사실은 뇌 자체는
통증을 감지하는 신경이 없다.

통신 허브

우리가 생각이나 행동을 할 때 뇌는 한 부위만 활성화되지
않고 몇몇 뇌 부위에 걸쳐 이어져 있는 신경세포들의
연결망이 활성화된다. 바로 이같은 활성화 양상이
우리의 정신과 육체를 이끌고 있다.

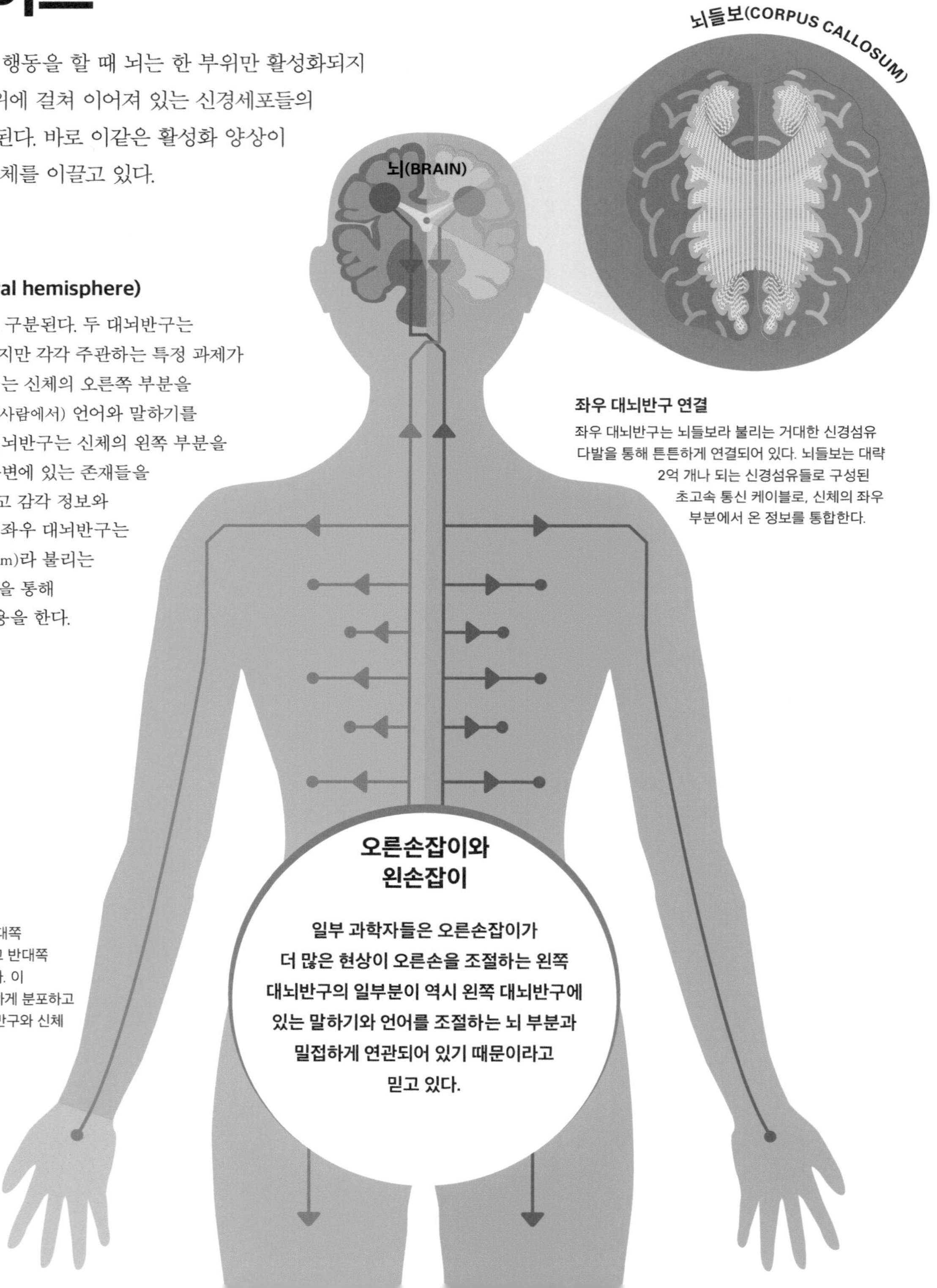

뇌(BRAIN)

뇌들보(CORPUS CALLOSUM)

대뇌반구(cerebral hemisphere)

대뇌는 좌우 반구로 구분된다. 두 대뇌반구는
구조가 거의 동일하지만 각각 주관하는 특정 과제가
있다. 왼쪽 대뇌반구는 신체의 오른쪽 부분을
조절하며, (대부분의 사람에서) 언어와 말하기를
주관한다. 오른쪽 대뇌반구는 신체의 왼쪽 부분을
조절하며, 자신의 주변에 있는 존재들을
인식하는 데 중요하고 감각 정보와
창의성을 주관한다. 좌우 대뇌반구는
뇌들보(corpus callosum)라 불리는
초고속 신경 케이블을 통해
소통하면서 협동작용을 한다.

좌우 대뇌반구 연결

좌우 대뇌반구는 뇌들보라 불리는 거대한 신경섬유
다발을 통해 튼튼하게 연결되어 있다. 뇌들보는 대략
2억 개나 되는 신경섬유들로 구성된
초고속 통신 케이블로, 신체의 좌우
부분에서 온 정보를 통합한다.

반대편 조절

신체의 좌우측은 각각 반대쪽
대뇌반구에 정보를 보내고 반대쪽
대뇌반구의 조절을 받는다. 이
정보들은 온몸에 광범위하게 분포하고
있는 신경망을 통해 대뇌반구와 신체
부위 사이를 오간다.

오른손잡이와 왼손잡이

일부 과학자들은 오른손잡이가
더 많은 현상이 오른손을 조절하는 왼쪽
대뇌반구의 일부분이 역시 왼쪽 대뇌반구에
있는 말하기와 언어를 조절하는 뇌 부분과
밀접하게 연관되어 있기 때문이라고
믿고 있다.

뇌를 구성하는 860억 개의 신경세포들은 무려 100조나 되는 **연결**을 통해 통합되어 있는데, 이 연결의 수는 우리 은하계에 있는 **별**보다 많다

여러 뇌 부위들을 연결하는 신경 경로

체스를 둘 때 활발히 작용하는 대뇌의 여러 교신지점(중계 허브) 중 하나

뇌의 통신망

걷기 같은 가장 단순한 행동이나 춤추기 같은 복잡한 동작을 수행할 때 뇌의 한 부위만을 이용하지는 않는다. 실제로는 우리가 일상적인 일을 할 때에도 뇌의 곳곳에 있는 영역들을 연결하는 신경망이 활발히 작용하고 있다. 연구자들은 어떤 뇌 부위들이 일관되게 함께 활성화되는지를 조사함으로써 뇌에서 정보가 전달되는 경로를 추적할 수 있다. 이 신경망은 살아가는 동안에 새로운 기술과 정보를 익힘에 따라 변할 수 있으며, 그 결과로 새로운 신경 경로가 확립된다. 사용하지 않는 신경 경로는 나이가 들면서 나뭇가지를 솎아내듯 제거되기도 한다.

작동 중인 다수의 뇌 영역

우리는 체스를 둘 때 뇌의 많은 영역들을 활용한다. 우리는 시각 정보를 처리하는 뇌 부위를 활용할 뿐 아니라 기억과 계획을 하는 뇌 부위를 활성화시킴으로써 과거에 치렀던 대국들을 생각해내고 전략을 수립하기도 한다.

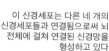

이 신경세포는 다른 네 개의 신경세포들과 연결됨으로써 뇌 전체에 걸쳐 연결된 신경망을 형성하고 있다

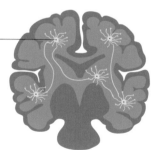

물리적 연결

과학자들은 뇌에 있는 신경세포들 사이의 물리적 연결 회로를 추적할 수 있다. 신경 경로들이 얼마나 조밀하게 모여 있는지를 조사하면 어느 뇌 부위가 가장 활발히 정보를 소통하는지를 알 수 있다.

기본 설정 모드

우리가 주변 환경에 주의를 기울이지 않고 편안하게 있을 때 뇌에는 특유의 활성 패턴이 나타나는데, 이 패턴을 기본 설정 모드 신경망(default mode network)이라 한다. 이 신경망은 우리가 공상을 하면서 아이디어를 떠올리는 데 도움이 되고 창의성이나 자기반성이나 도덕적 추론과 관련이 있을 수 있다.

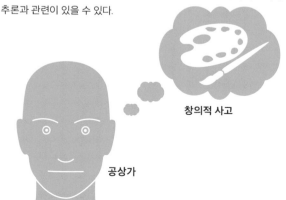

창의적 사고

공상가

특수 뇌 스캔을 하면 신경세포가 활발히 작용하는 부위가 밝은 영상으로 나타난다

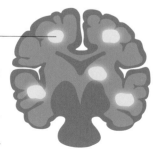

활발히 작용하는 뇌 부위

신경세포가 생성하는 전기 활성은 특정 뇌 스캔 장치로 검사하면 감지할 수 있다. 이 스캔 영상을 조사하면 특정 과제를 수행하는 동안에 어느 뇌 부위가 가장 활발히 작용하는지를 밝혀낼 수 있다.

생명의 전기 스파크

신경(nerve)은 전기 신호를 단 몇 밀리초(1밀리초는 1초의 1/1000)만에 온몸으로 전달한다. 각각의 신경은 절연된 통신선들이 모여서 이루어진 통신 케이블 같은 구조로, 개별 통신선은 신경섬유(nerve fiber) 또는 축삭(axon)이라 칭한다. 축삭은 엄청나게 긴 세포인 신경세포(뉴런)에서도 가장 긴 부분으로, 신호를 다른 곳에 전달하는 일을 한다.

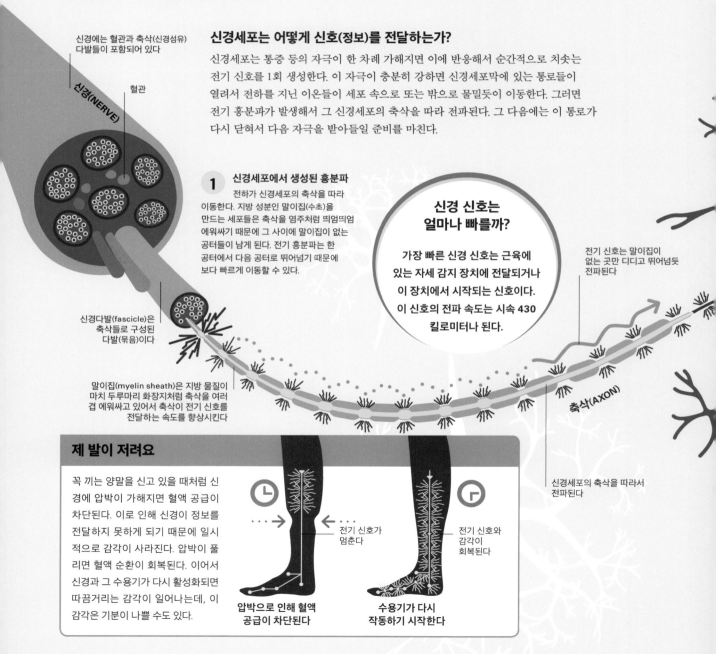

신경에는 혈관과 축삭(신경섬유) 다발들이 포함되어 있다

신경(NERVE)

혈관

신경다발(fascicle)은 축삭들로 구성된 다발(묶음)이다

말이집(myelin sheath)은 지방 물질이 마치 두루마리 화장지처럼 축삭을 여러 겹 에워싸고 있어서 축삭이 전기 신호를 전달하는 속도를 향상시킨다

신경세포는 어떻게 신호(정보)를 전달하는가?

신경세포는 통증 등의 자극이 한 차례 가해지면 이에 반응해서 순간적으로 치솟는 전기 신호를 1회 생성한다. 이 자극이 충분히 강하면 신경세포막에 있는 통로들이 열려서 전하를 지닌 이온들이 세포 속으로 또는 밖으로 물밀듯이 이동한다. 그러면 전기 흥분파가 발생해서 그 신경세포의 축삭을 따라 전파된다. 그 다음에는 이 통로가 다시 닫혀서 다음 자극을 받아들일 준비를 마친다.

1 신경세포에서 생성된 흥분파

전하가 신경세포의 축삭을 따라 이동한다. 지방 성분인 말이집(수초)을 만드는 세포들은 축삭을 염주처럼 띄엄띄엄 에워싸기 때문에 그 사이에 말이집이 없는 공터들이 남게 된다. 전기 흥분파는 한 공터에서 다음 공터로 뛰어넘기 때문에 보다 빠르게 이동할 수 있다.

신경 신호는 얼마나 빠를까?

가장 빠른 신경 신호는 근육에 있는 자세 감지 장치에 전달되거나 이 장치에서 시작되는 신호이다. 이 신호의 전파 속도는 시속 430 킬로미터나 된다.

전기 신호는 말이집이 없는 곳만 디디고 뛰어넘듯 전파된다

축삭(AXON)

신경세포의 축삭을 따라서 전파된다

제 발이 저려요

꼭 끼는 양말을 신고 있을 때처럼 신경에 압박이 가해지면 혈액 공급이 차단된다. 이로 인해 신경이 정보를 전달하지 못하게 되기 때문에 일시적으로 감각이 사라진다. 압박이 풀리면 혈액 순환이 회복된다. 이어서 신경과 그 수용기가 다시 활성화되면 따끔거리는 감각이 일어나는데, 이 감각은 기분이 나쁠 수도 있다.

전기 신호가 멈춘다

전기 신호와 감각이 회복된다

압박으로 인해 혈액 공급이 차단된다

수용기가 다시 작동하기 시작한다

연결된 신경세포들 사이의 간격은 사람 머리카락 굵기의 1조분의 1보다 작다

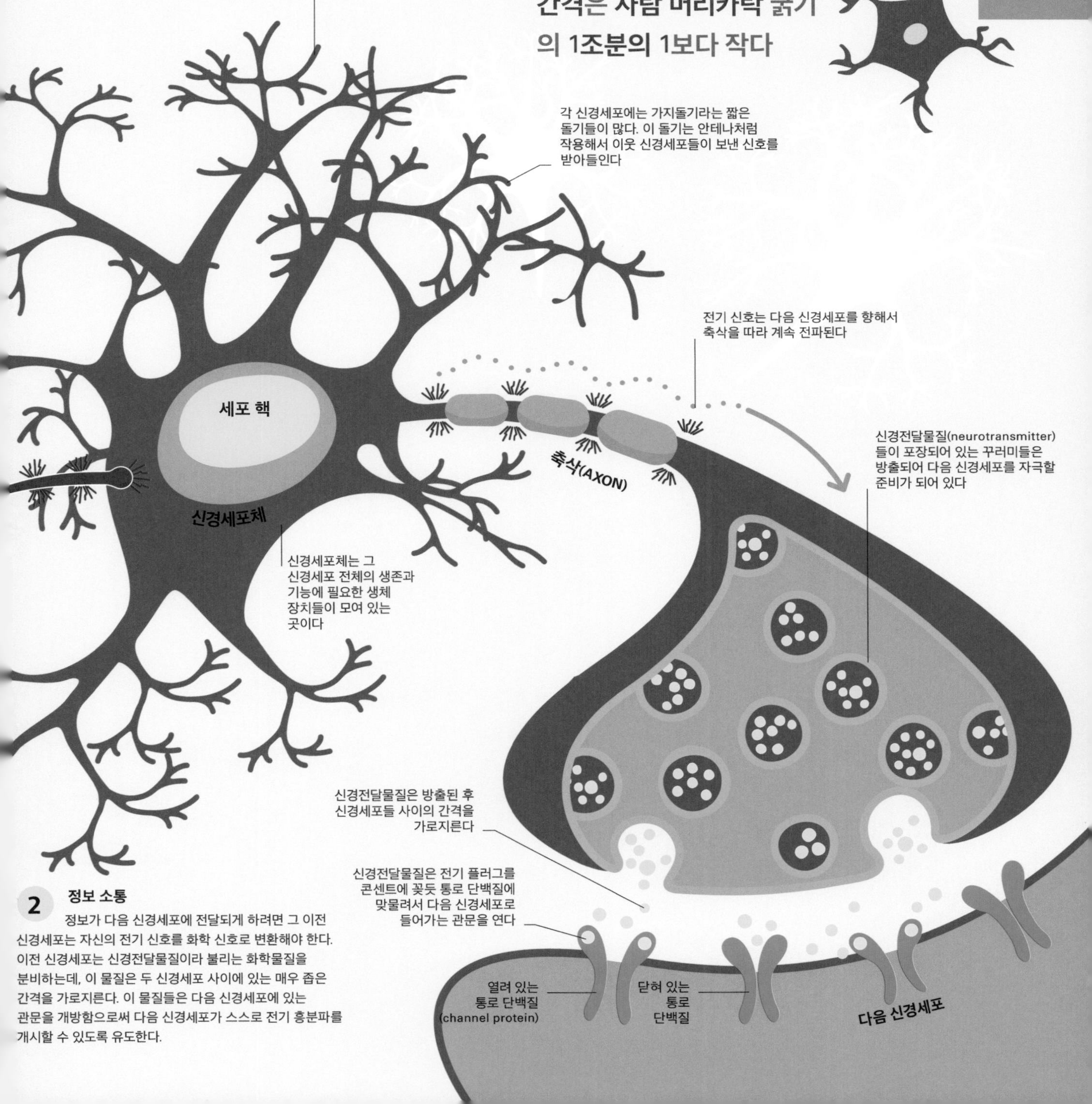

가지돌기(dendrite)들을 통해 다른 신경세포와 연결된다

각 신경세포에는 가지돌기라는 짧은 돌기들이 많다. 이 돌기는 안테나처럼 작용해서 이웃 신경세포들이 보낸 신호를 받아들인다

전기 신호는 다음 신경세포를 향해서 축삭을 따라 계속 전파된다

세포 핵

신경세포체

신경전달물질(neurotransmitter)들이 포장되어 있는 꾸러미들은 방출되어 다음 신경세포를 자극할 준비가 되어 있다

축삭(AXON)

신경세포체는 그 신경세포 전체의 생존과 기능에 필요한 생체 장치들이 모여 있는 곳이다

신경전달물질은 방출된 후 신경세포들 사이의 간격을 가로지른다

신경전달물질은 전기 플러그를 콘센트에 꽂듯 통로 단백질에 맞물려서 다음 신경세포로 들어가는 관문을 연다

열려 있는 통로 단백질 (channel protein)

닫혀 있는 통로 단백질

다음 신경세포

2   정보 소통

정보가 다음 신경세포에 전달되게 하려면 그 이전 신경세포는 자신의 전기 신호를 화학 신호로 변환해야 한다. 이전 신경세포는 신경전달물질이라 불리는 화학물질을 분비하는데, 이 물질은 두 신경세포 사이에 있는 매우 좁은 간격을 가로지른다. 이 물질들은 다음 신경세포에 있는 관문을 개방함으로써 다음 신경세포가 스스로 전기 흥분파를 개시할 수 있도록 유도한다.

휴식

뇌(BRAIN)

뇌줄기(BRAINSTEM)

척수(SPINAL CORD)

활동

동공 수축

정상 동공은 빛에 반응해서 눈 속으로 들어오는 빛의 양을 조절한다. 동공은 빛이 밝으면 수축해서 작아지고 어둠 속에서는 확장된다.

가는 기도들이 좁아진다

휴식을 취하고 있을 때는 허파 내부의 기도들은 본래 굵기로 돌아가서 평소 수준으로 산소가 흡입된다.

혈관들이 좁아진다

휴식을 취하고 있을 때는 동맥이 본래 굵기로 돌아간다. 혈류는 온몸에 골고루 분포된다.

심장박동수가 감소한다

휴식을 취하게 되면 심장박동수는 평소 가만히 있을 때의 수준으로 돌아간다. 그러나 쉬고 있을 때 심장박동수는 개인의 신체 단련 상태에 따라 달라질 수 있다.

간이 포도당을 저장한다

휴식을 취하고 있을 때 간은 에너지를 저축한다. 섭취한 당이 조금이라도 많으면 일종의 압축 저장 형태인 지방으로 변환한 후 별도의 조직에 저장한다.

동공 확장

동공은 어둠 속에서 시각을 향상시키기 위해 확장된다. 그러나 교감신경계통이 신체를 활동할 준비를 갖추게 할 때에도 동공이 확장되는데, 그 이유는 전문가도 알지 못한다.

가는 기도들이 확장된다

허파 속에 있는 가는 기도인 세기관지(bronchiole)가 확장되면 공기를 더 많이 흡입할 수 있다. 그러면 산소도 더 많이 섭취할 수 있는데, 산소는 에듈 들어 격심하게 활동해야 하는 상황이 벌어졌을 때 근육이 연료를 연소시키기 위해 사용한다.

동맥 확장

근육과 뇌에 혈액을 공급하는 동맥은 확장되어 이 기관들에 산소를 더 많이 공급하게 된다. 그러면 우리는 더 빨리 행동할 수 있고 더 신속하게 판단을 내릴 수 있다. 그렇게 되면 피부로 공급되던 혈액이 다른 곳으로 전달되기 때문에 피부가 창백해진다.

심장박동수 상승

매박수가 분당 100회 이상으로 상승해서 허파로 공급되는 혈액이 많아진다. 그러면 허파에서 산소를 더 많이 흡수해서 온몸에 분배하게 된다.

간(liver)에서 포도당이 방출된다

간은 인체의 엔진으로 공급되는, 방출된 포도당을 에너지로 작동한다. 특히 포도당은 에너지로 변환되는데, 근육은 운동하려면 에너지가 필요하다.

활동하느냐 휴식하느냐

인체의 무의식적 자동 기능들을 중추신경계통 중에서 '임시적' 부분인 척수와 뇌줄기가 담당한다. 그러나 척수와 뇌줄기는 우리 몸이 빨리 움직여야 할지, 또는 앉아서 쉬고 있어야 할지에 따라 두 가지 상이한 신경망을 이용해서 우리 몸의 각 부분들을 조절한다.

소화가 촉진된다

스트레스가 없을 때 위는 음식을 마구 휘저어서 소화 과정이 시작된다. 조용한 방에 있을 때 위에서 꾸르륵 소리가 나는 현상이 바로 이 때문일 가능성이 있다.

신경의 조화

자율신경계통은 교감신경계통과 부교감신경계통이라는 두 마리 말이 끄는 마차이다. 둘은 다르지만 서로 협력한다. 부교감신경계통은 활동 속도를 낮추면서 소화를 개시하는 특성이 있다. 하지만 우리는 이 신경의 작용을 인식하지 못하는 경향이 있다.

방광의 출구가 열린다

부교감신경계통은 방광 벽을 수축하게 하는 동시에 방광 출구를 열리게 만든다. 그 결과로 방광이 비워진다(소변이 배출된다).

창자 운동이 빨라진다

영양소는 작은창자에서 주로 흡수되고, 창자 운동이 일어나면 소화되지 않은 노폐물이 항문을 향해서 밀려나간다. 이 과정은 우리가 가만히 쉬고 있을 때 가장 활발하게 일어난다.

활동 준비 완료

우리 신체가 활동할 준비가 되도록 예열하고 자극하는 임무는 교감신경계통이 맡았는데, 이 신경계통은 일반적인 신경과는 조금 다르다. 교감신경계통이 그 목적을 달성하면 부교감신경계통이 즉시 활성화되기 시작해서 교감신경계통의 효과에 반대로 작용하는데, 그 결과로 우리 몸은 휴식 상태로 되돌린다.

소화 속도가 느려진다

위(stomach)는 소화를 멈추라는 지시를 받는다. 극단적 공포를 겪고 있을 때면 아예 구토를 해서 소화를 중단할 수도 있다. 위가 꽉 차면 밀리는 속도가 느려질 수 있다.

창자 운동이 느려진다

평소에 창자로 공급되던 혈액이 방향을 돌려 다른 곳에 공급되느데, 왜냐하면 스트레스를 받고 있는 상황에서는 창자가 중요치 않은 기관이기 때문이다. 따라서 창자 운동이 느려지거나 아예 멈춘다.

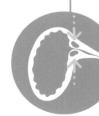

방광의 출구가 좁아진다

교감신경계통은 방광의 출구를 에워싸고 있는 근육을 수축시킴으로써 출구를 차단한다. 스트레스를 받으면 차단이 풀리기도 한다.

위(STOMACH)에 나비가 떼로 날아다닌다?

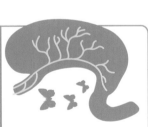

위에 나비가 떼 지어 날아다닌다는 영어 표현은 무슨 공연이나 중요한 면접을 앞두고 가슴이 두근거리는 느낌을 가리킨다. 이 느낌은 우리 몸이 위험에 대비할 때 위로 전달되는 혈액이 감소하기 때문에 위에는 신경이 많이 조밀하게 분포하고 있는데, 혈액 공급이 줄면 신경들 중 일부에서 불안하고 퍼덕거리는 느낌이나 심하면 메스꺼움이 일어난다.

타박상, 삠(sprain), 째짐(열상)

신경, 근육, 힘줄, 인대 같이 단단하지 않은 조직은 손상을 당해서 멍이 들고, 붓고, 염증과 통증이 생기기 쉽다. 일부 손상은 운동으로 인해 일어나고, 나머지 손상은 혹사나 사고로 인해 일어날 수 있다. 노령이거나 신체 단련 상태가 안 좋으면 손상을 더 자주 당한다.

신경 장애

신경은 길게 이어지다가 뼈와 뼈 사이에 있는 좁은 공간을 지나기도 한다. 이 좁은 터널 같은 공간은 신경을 특정 방향으로 인도하면서 보호하지만 한편으로는 신경을 옥죄여서 통증, 무감각, 따끔거리는 느낌을 일으킬 수 있다. 반복적인 운동으로 인해 조직이 붓거나, 팔꿈치를 접은 상태로 잠들었을 때 같이 불편한 자세를 계속 유지하거나, 척추사이원반(디스크)이 탈출되었을 때처럼 주위 조직이 제 위치를 벗어나 있을 때에는 신경이 조여질 수 있다.

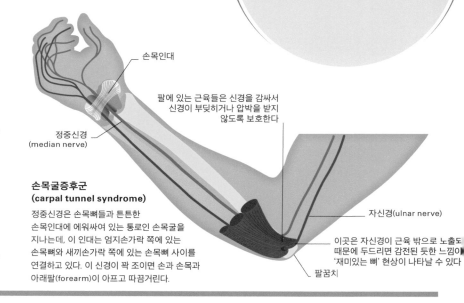

손목인대

정중신경 (median nerve)

팔에 있는 근육들은 신경을 감싸서 신경이 부딪히거나 압박을 받지 않도록 보호한다

자신경(ulnar nerve)

이곳은 자신경이 근육 밖으로 노출되기 때문에 두드리면 감전된 듯한 느낌인 '재미있는 뼈' 현상이 나타날 수 있다

팔꿈치

손목굴증후군 (carpal tunnel syndrome)

정중신경은 손목뼈들과 튼튼한 손목인대에 에워싸여 있는 통로인 손목굴을 지나는데, 이 인대는 엄지손가락 쪽에 있는 손목뼈와 새끼손가락 쪽에 있는 손목뼈 사이를 연결하고 있다. 이 신경이 꽉 조이면 손과 손목과 아래팔(forearm)이 아프고 따끔거린다.

채찍질 손상(whiplash)

이 손상은 머리가 갑자기 채찍처럼 뒤로 꺾였다가 이어서 앞으로 꺾이거나 그 반대 순서로 움직였을 때 목에 일어날 수 있다. 이 손상은 차를 타고 가다가 뒤따라오던 차에 추돌을 당했을 때 자주 일어난다.

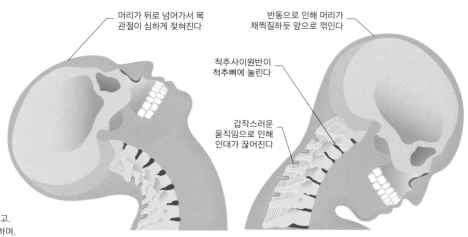

머리가 뒤로 넘어가서 목 관절이 심하게 젖혀진다

반동으로 인해 머리가 채찍질하듯 앞으로 꺾인다

척추사이원반이 척추뼈에 눌린다

갑작스러운 움직임으로 인해 인대가 끊어진다

젖힘(과다폄, HYPEREXTENSION)

굽힘(FLEXION)

척추사이원반(디스크)이 짓눌리고 인대가 파열된다

갑자기 채찍질 같은 운동이 일어나면 목이 덜컹덜컹 흔들린다. 이 움직임은 목에 있는 척추뼈를 손상시키고, 척추뼈와 척추뼈 사이에 있는 척추사이원반을 압박하며, 인대와 근육을 파열시키고, 신경을 잡아당길 수 있다.

요통(back pain)

요통은 하위 척추에서 가장 자주
일어나는데, 이 부위는 체중의 대부분을
지탱하기 때문에 취약하다. 요통 중
대부분은 등을 곧게 유지하는 보호 자세를
취하지 않은 채 무거운 물건을 듦으로 인해
일어난다. 과도한 긴장이 가해지면 근육
파열과 경련이 일어나고, 인대가 늘어나며,
심하면 위아래 척추뼈 사이에 있는 작은
평면관절(40쪽 참조)들 중 하나가 탈구될 수
있다. 압박으로 인해 척추사이원반
(intervertebral disk)의 중심에 있는
말랑말랑한 젤리 같은 물질이 그 겉을
에워싸고 있는 섬유질 껍질을 뚫고
삐져나와서 근처를 지나는 신경을
압박하기도 한다. 치료법은 진통제,
물리치료, 가능한 자유로이 거동할 수 있게
두는 것 등이 있다.

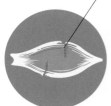

등은 혈액 공급이 많지 않기
때문에 근육이 파열되면
치유되기 힘들다.

근육 과도긴장

신체단련 상태가 안 좋으면
근육들의 긴장도가 낮아진다.
물건을 들거나 운반하거나, 불편한
자세로 구부리고 있거나, 심지어
한 자세로 계속 앉아 있을 때에도
이 근육들이 무리하게 수축해서
손상을 입기 쉽다.

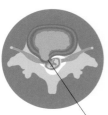

척추사이원반탈출

손상된 척추사이원반은
신경뿌리를 압박해서 저리는
느낌이 들게 하거나 경련과 요통을
유발한다. 궁둥신경이 자극을
받으면 한쪽 다리를 따라 쑤시듯
아픈 통증이 아래로 뻗쳐 내려간다.

탈출된 척추사이원반

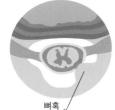

뼈돌기(bone spur)

척추뼈는 나이가 듦에 따라
마모되기 시작하고, 경미한
염증이 일어나면서 뼈조직이
복구하려는 시도를 하기 때문에
돌기가 자라날 수 있다. 돌기로
인해 신경뿌리가 눌리면 통증이
발생한다.

뼈혹

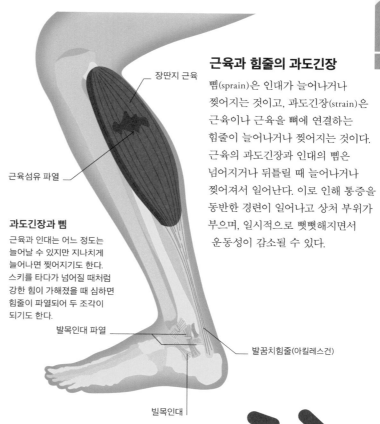

장딴지 근육

근육섬유 파열

과도긴장과 삠

근육과 인대는 어느 정도는
늘어날 수 있지만 지나치게
늘어나면 찢어지기도 한다.
스키를 타다가 넘어질 때처럼
강한 힘이 가해졌을 때 심하면
힘줄이 파열되어 두 조각이
되기도 한다.

발목인대 파열

발꿈치힘줄(아킬레스건)

빌목인대

근육과 힘줄의 과도긴장

삠(sprain)은 인대가 늘어나거나
찢어지는 것이고, 과도긴장(strain)은
근육이나 근육을 뼈에 연결하는
힘줄이 늘어나거나 찢어지는 것이다.
근육의 과도긴장과 인대의 삠은
넘어지거나 뒤틀릴 때 늘어나거나
찢어져서 일어난다. 이로 인해 통증을
동반한 경련이 일어나고 상처 부위가
부으며, 일시적으로 뻣뻣해지면서
운동성이 감소될 수 있다.

발목은 우리 몸에서 가장 자주 삐는 곳이다

'PRICE' 기법

PRICE 기법은 과도긴장이나 삠을 효과적으로 치료
하는 대표적인 방식이다. 보호(Protection) - 부목이
나 목발이나 팔걸이 붕대를 이용해서 압박을 줄인다.
휴식(Rest) - 손상된 부위를 움직이지 않는 상
태로 유지한다. 얼음(Ice) - 얼음 주머니를 대
서 부기와 출혈을 최소화한다. 압박(Com-
pression) - 탄력붕대를 감아서 부기를 줄
인다. 들어올림(Elevation) - 손상 부위를
위로 올려서 부기를 줄인다.

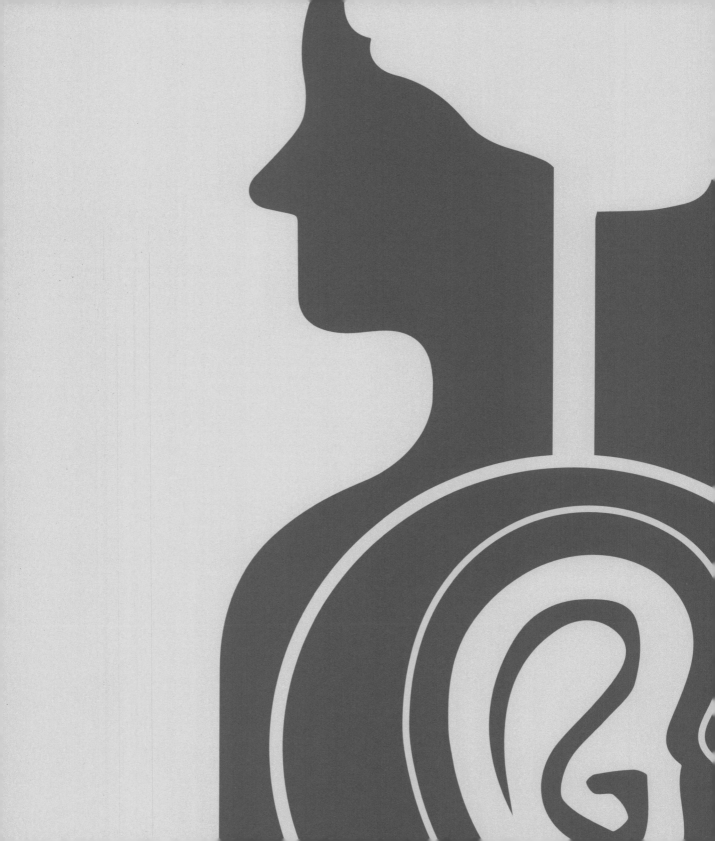

감각의

왕국

털의 움직임

우리는 피부에 닿지 않은 것도 감지할 수 있다. 바람이 살며시 닿거나 털로 물체를 솔질하듯 문지르면 털의 뿌리 부분을 휘감고 있는 신경섬유가 비틀려서 자극을 받게 된다.

남실바람

표피(EPIDERMIS)

진피(DERMIS)

피부의 얕은 층인 표피

털줄기

신경섬유망이 털의 뿌리 부분을 휘감고 있다

신경섬유가 흥분한다

온도 변화

표피의 표면에 있는 죽은 세포들 층

맨신경종말(free nerve ending)이 표피 속으로 연장된다

온도와 통증 감각

특별한 구조가 전혀 없는 신경종말은 추위나 열이나 통증을 감지한다. 이 신경종말은 가장 얕은 곳에 있는 수용기로, 죽 이어져서 표피 속까지 연장된다.

깃털로 문지름

매우 미세한 촉각을 감지하는 수용기는 표피의 바닥 부분에 닿아 있다

매우 미세한 촉각

맨신경종말보다 약간 아래에 촉각세포(Merkel's cell)들이 있는데, 이 세포는 가장 미세한 접촉을 감지한다. 이 세포는 특히 손가락 끝에 조밀하게 분포한다.

압력 감지

우리가 촉각이라고 생각하는 것은 실제로는 피부에 있는 몇 가지 서로 다른 수용기에서 시작된 신호들로 구성된다. 일부 수용기들은 민감한 손가락 끝 같은 특정 부위에 집중 분포한다.

피부가 느끼는 방식

우리 피부에는 현미경으로나 볼 수 있는 작은 감지장치인 수용기(receptor)들이 빽빽이 분포하고 있는데, 이 수용기들은 종류마다 묻혀 있는 깊이가 다르고 잠깐 가해지는 약한 접촉에서부터 지속적인 압박에 이르기까지 다양한 유형의 접촉 자극에 반응한다. 실제로 이 수용기들이 일으키는 감각은 미세한 차이만을 보인다. 수용기들은 뒤틀리거나 변형되었을 때 반응해서 신경 흥분파를 일으킨다.

몸속 깊숙한 곳의 감각은 어떻게 느끼는가?

촉각은 거의 모두 피부와 관절에서 비롯된다. 그러나 우리는 창자에서도 거북함을 느낀다. 이 감각은 창자 속이나 창자 주위에 있는 신장수용기와 화학수용기에서 시작된다.

가벼운 접촉

가벼운 접촉을 감지하는 수용기는 점자를 읽는 데 적합하다. 이 수용기들은 조밀하게 분포하고 있으면서 신경 흥분이 발사되었다가 금세 사그라들기 때문이다. 덕분에 정보가 정확하면서도 신속히 갱신될 수 있다.

압력과 늘임(신장)

피부가 팽팽하게 늘어나거나 압력을 받아서 뒤틀리면 깊이 위치한 수용기들이 흥분을 발사한다. 이 수용기들은 몇 초가 지나면 흥분 발사를 멈추기 때문에 빠른 변화를 감지해서 그 정보를 전달하고 지속적 압력은 감지하지 않는다.

진동과 압력

가장 깊이 위치한 촉각 수용기는 피부는 물론 관절에도 분포한다. 이 수용기들은 자극을 받으면 흥분 발사를 멈추지 않기 때문에 지속적 압력과 진동에 반응한다.

손바닥에서 손가락 끝까지

손바닥과 손가락은 매우 민감하지만 특히 손가락 끝부분은 다른 어떤 피부 부위보다 신경종말들이 많다. 가벼운 접촉을 감지하는 장치들은 손가락 끝에 살집이 있는 도톰한 부분에 수천 개 이상 모여 있다. 이 수용기들이 흥분을 발사하는 패턴에는 우리가 만진 표면의 감촉에 관한 정보가 담겨 있다.

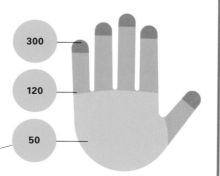

1제곱센티미터당 신경종말의 수

각 손가락의 끝부분은 머리카락 굵기의 1만 분의 1만큼 작은 질감 차이도 감지할 수 있다

감각은 어떻게 느끼는가?

피부, 혀, 목구멍, 관절과 기타 여러 신체 부분에 있는 아주 작은 감지장치에서 시작된 촉각 정보는 감각신경을 따라 뇌로 전달된다. 이 신경 흥분파의 최종 도착지는 대뇌겉질의 일부인 감각겉질(sensory cortex)인데, 이 겉질에서 촉각 정보가 완성되고 분석된다.

뇌가 느끼는 방식

우리는 어느 신체 부위에서 접촉이 일어났는지를 알 수 있는데, 왜냐하면 일종의 신체 약도가 뇌에 있기 때문이다. 이 약도는 감각겉질이라 불리는, 과도로 벗겨낸 사과껍질 같은 대뇌 바깥층에 새겨져 있는데, 신체 비율이 우스꽝스럽게 왜곡되어 있다. 일부 신체 부위는 다른 부위에 비해 신경종말이 빽빽이 들어차 있어서 훨씬 더 민감하기 때문에 이 약도에서 엄청나게 과장된 면적을 차지하고 있다. 감각겉질은 세밀한 접촉 자극을 정확히 기록하려면 면적이 넓어야 한다. 감각겉질은 정보들을 통합해서 어떤 물체가 단단한지 물렁물렁한지, 따뜻한지 차가운지, 뻣뻣한지 유연한지, 젖었는지 건조한지, 기타 등등을 판단한다.

축소인간(homunculus)

감각축소인간(sensory homunculus)은 각 신체 부위를 담당하는 감각겉질의 면적에 비례해서 재구성한 인체 그림이다. 이 그림에서 신체 부위별로 표시한 다양한 색깔은 아래에 있는 큰 뇌 그림에 있는 신체 명칭의 색깔 띠와 일치한다.

대뇌의 촉각 인식 영역

대뇌를 옆에서 보면 촉각 정보를 받는 대뇌겉질 부분은 과도로 깎아낸 사과껍질처럼 생겼다. 이 감각겉질은 좌우 대뇌반구 사이에 있는 협곡으로도 깊숙이 연장되어 내려간다.

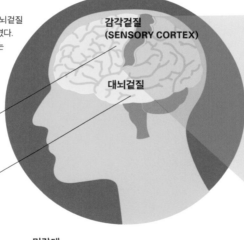

**감각겉질
(SENSORY CORTEX)**

대뇌겉질

이 분홍색 띠가 촉각 정보를 받는 대뇌겉질 부분인 감각겉질이다

노란색으로 표시한 대뇌겉질은 대뇌의 가장 바깥에 위치한 층인데, 사람은 대뇌가 뇌의 대부분을 차지하고 있으면서 겉이 구겨져 있는 듯한 형태이다

민감대

입술, 손바닥, 혀, 엄지손가락, 손가락 끝처럼 가장 세밀한 촉각 정보를 보내는 신체 부분은 그 신체 비율에 맞지 않게 넓은 면적이 대뇌겉질에 할당되어 있다.

500만 개

피부에 있는
감각신경종말의 총수

왼쪽 대뇌반구는
오른쪽 신체에서 온
촉각 정보를 받는다.

우리는 어떻게 온도를 감지하는가?

피부에는 뜨거움을 감지하는 신경종말과 차가움을 감지하는 신경종말이 있다. 온도 범위가 5~45도인 자극이 가해지면 이 두 신경종말들이 모두 계속해서 흥분을 발사하지만 그 발사 속도는 다르다. 뇌는 이 차이를 바탕으로 얼마나 뜨거운지 또는 차가운지를 인식하게 된다. 이 온도 범위 밖에서는 다른 신경종말들이 흥분을 발사한다. 이 신경종말들은 온도가 아니라 통증을 일으킨다.

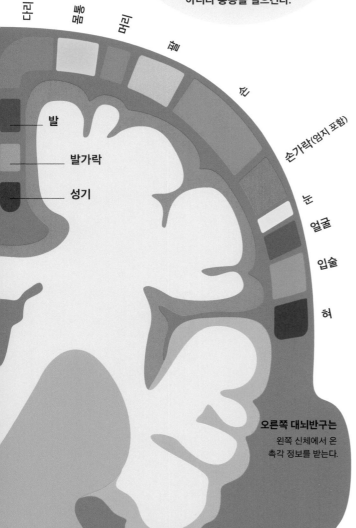

다리
몸통
머리
팔
손

발
발가락
성기

손가락(엄지 포함)
눈
얼굴
입술
혀

오른쪽 대뇌반구는
왼쪽 신체에서 온 촉각 정보를 받는다.

왜 내가 날 간지럽히지 못할까?

우리가 우리 자신을 직접 간지럽히려고 시도할 때 우리 뇌는 손가락이 행할 운동 패턴을 복제해서 막 간지럽히려 하는 부위로 그 정보를 보냄으로써 미리 대비하게 한다. 그러면 뇌는 간지럼에 대한 반응을 약화시킨다. 이렇게 될 수 있는 이유는 남이 우리를 간지럽힐 때와 달리 우리 뇌는 우리 자신의 손이 어떻게 움직일지를 예측할 수 있어서 이 정보를 걸러낼 수 있다는 데 있다. 이 현상은 불필요한 감각 정보를 걸러내는 중요한 능력이 뇌에 있음을 보여 주는 한 예이다.

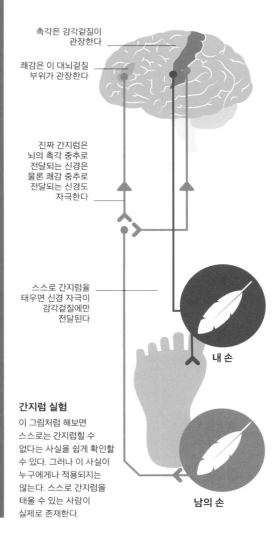

촉각은 감각겉질이 관장한다

쾌감은 이 대뇌겉질 부위가 관장한다

진짜 간지럼은 뇌의 촉각 중추로 전달되는 신경은 물론 쾌감 중추로 전달되는 신경도 자극한다

스스로 간지럼을 태우면 신경 자극이 감각겉질에만 전달된다

내 손

간지럼 실험
이 그림처럼 해보면 스스로는 간지럽힐 수 없다는 사실을 쉽게 확인할 수 있다. 그러나 이 사실이 누구에게나 적용되지는 않는다. 스스로 간지럼을 태울 수 있는 사람이 실제로 존재한다.

남의 손

통증이 전달되는 경로

통증은 불쾌하긴 하지만 실제로는 믿을 수 없을 정도로 큰 도움이 된다.
통증은 우리 몸이 손상을 입었을 때 알려 주고, 느끼는 통증의 강도에 맞춰
우리가 행동하도록 돕는다.

통증을 느끼기까지

통증 신호는 손상 부위에 있는 수용기에서 시작해서 신경을 따라 척수에
전달되고, 그 다음에 뇌에 도달하는데, 대뇌 단계에 이르면 우리가 통증을
겪고 있음을 알게 된다. 진통제는 인공 화합물이든 천연
화학물질이든 통증 정보 전달 과정을
차단함으로써 효능을 나타낸다.

연관통증(REFERRED PAIN)

내장에서 시작된 신경 경로는 피부와 근
육에서 시작된 신경 경로와 나란히 진행
하다가 뇌에 도달한다. 따라서 내장에서
시작된 통증을 그 근처에 있는 근육이나
피부에서 일어났다고 뇌가 오판할 가능
성이 있는데, 실제 통증은
근육이나 피부에서 더
흔하며 일어날 가능성
도 높기 때문이다.

심장
통증
신호

통증이 왼팔과
왼쪽 가슴에서
느껴진다

전도 속도가 느린
C형 신경섬유

전도 속도가 빠른
A형 신경섬유

말이집
(myelin sheath)

신경섬유다발(NERVE BUNDLE)

신경 차단

국소마취제는 A형 및 C형
신경섬유를 통한 전기 흥분파
전달을 차단하고, 따라서 이
흥분파가 척수까지 도달하지
못한다.

3 빠르거나 느리거나

A형 신경섬유는 말이집이 있기 때문에
C형 신경섬유보다 빠르게 전기 신호를 전달할 수
있다. 피부에 빽빽이 분포한 A형 신경섬유 수용기는
예리하고 한 곳에 국한된 통증을 일으킨다.
속도가 느린 C형 신경섬유는 둔하고
화끈거리며 쑤시는 통증을 일으킨다.

둔하고 쑤시는
전신 통증

예리하고 한 곳에
국한된 통증

신경세포

축삭(axon)

**A형 신경섬유는
C형 신경섬유에 비해
최대 15배 빠른 속도
로 통증 신호를 전달한다**

2 자극을 받은 신경세포

피부에 있는 맨신경종말은
프로스타글란딘에 반응해서 흥분하기
시작한다. 통증 정보를 담고 있는
전기 신호는 신경세포의 축삭을 통해
운반되는데, 이 축삭들은 모여서
신경섬유다발을 형성한다.

상처 부위에서의 차단

아스피린은 손상
부위에서 프로스타글란딘
생성을 차단해서 신경이
민감해지는 것을 막는다.

1 프로스타글란딘
(prostaglandin)

다치면 피부 세포가 손상을 입는다. 손상된
세포는 프로스타글란딘이라는 화학물질을
방출하는데, 이 물질은 근처에 있는
신경세포들을 민감하게 만든다.

손상된 세포에서
방출된
프로스타글란딘
분자

손상된 세포

물리적 손상이 통증
수용기를 직접 자극하기
때문에 상처가 생기면
통증을 먼저 느끼게 된다

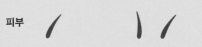

피부

멍

벤 상처

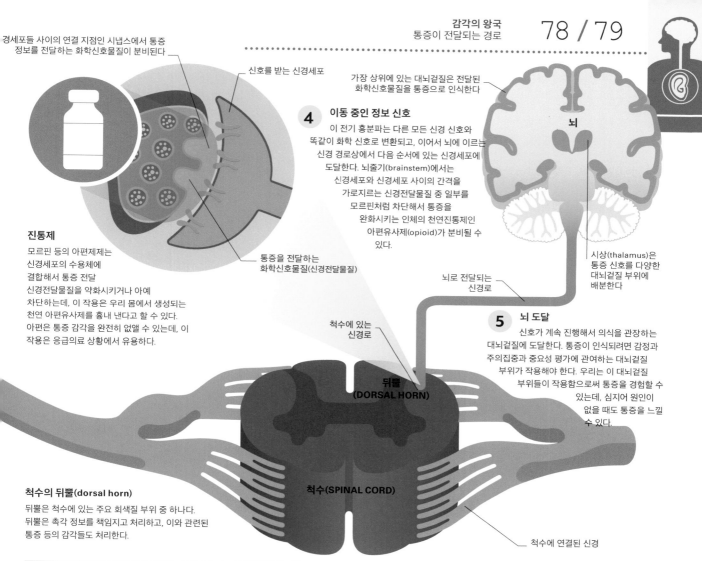

경세포들 사이의 연결 지점인 시냅스에서 통증 정보를 전달하는 화학신호물질이 분비된다

신호를 받는 신경세포

가장 상위에 있는 대뇌겉질은 전달된 화학신호물질을 통증으로 인식한다

뇌

4 **이동 중인 정보 신호**

이 전기 흥분파는 다른 모든 신경 신호와 똑같이 화학 신호로 변환되고, 이어서 뇌에 이르는 신경 경로상에서 다음 순서에 있는 신경세포에 도달한다. 뇌줄기(brainstem)에서는 신경세포와 신경세포 사이의 간격을 가로지르는 신경전달물질 중 일부를 모르핀처럼 차단해서 통증을 완화시키는 인체의 천연진통제인 아편유사제(opioid)가 분비될 수 있다.

진통제

모르핀 등의 아편제제는 신경세포의 수용체에 결합해서 통증 전달 신경전달물질을 약화시키거나 아예 차단하는데, 이 작용은 우리 몸에서 생성되는 천연 아편유사제를 흉내 낸다고 할 수 있다. 아편은 통증 감각을 완전히 없앨 수 있는데, 이 작용은 응급의료 상황에서 유용하다.

통증을 전달하는 화학신호물질(신경전달물질)

뇌로 전달되는 신경로

시상(thalamus)은 통증 신호를 다양한 대뇌겉질 부위에 배분한다

척수에 있는 신경로

5 **뇌 도달**

신호가 계속 진행해서 의식을 관장하는 대뇌겉질에 도달한다. 통증이 인식되려면 감정과 주의집중과 중요성 평가에 관여하는 대뇌겉질 부위가 작용해야 한다. 우리는 이 대뇌겉질 부위들이 작용함으로써 통증을 경험할 수 있는데, 심지어 원인이 없을 때도 통증을 느낄 수 있다.

뒤뿔
(DORSAL HORN)

척수(SPINAL CORD)

척수의 뒤뿔(dorsal horn)

뒤뿔은 척수에 있는 주요 회색질 부위 중 하나다. 뒤뿔은 촉각 정보를 책임지고 처리하고, 이와 관련된 통증 등의 감각들도 처리한다.

척수에 연결된 신경

왜 가려움을 느낄까?

가려움은 우리 피부가 그 표면에 붙어 있는 무언가에 의해 자극을 받을 때 일어나거나 질병으로 인해 피부의 일부분에 염증이 생겼을 때 분비되는 화학물질에 의해 일어난다. 가려움은 벌레에 물리는 것을 막음으로써 우리를 보호하기 위해 진화했을 가능성이 있다. 가려움 수용기는 촉각 수용기나 통증 수용기와 별도로 존재한다. 가려움 수용기가 자극을 받으면 신호가 척수를 거쳐 뇌에 도달하고, 뇌는 피부를 긁는 반응을 하도록 지시하는 명령을 하달한다. 가려운 곳을 긁으면 촉각 수용기와 통증 수용기가 모두 자극을 받아서 가려움 수용기에서 시작된 신호를 차단하는 동시에 긁고자 하는 욕구로부터 벗어나게 한다.

가려움(ITCH)

가려운 곳을 긁음

가려움의 악순환

피부를 긁으면 피부가 더 자극을 받을 수 있고, 이로 인해 가려움 신호가 훨씬 더 오래 지속된다. 한편으로 피부를 긁으면 이로 인해 뇌에서 세로토닌이 분비되어 통증이 약화되기 때문에 가려움이 일시적으로 완화될 수 있다. 그러나 세로토닌이 사라지자마자 긁으려는 충동이 전보다 더 강하게 되살아난다.

눈이 일하는 방식

인간의 시각 능력은 놀랍기 그지없다. 우리는 세밀하게 볼 수 있고, 색을 구별할 수 있으며, 가까운 물체와 멀리 있는 물체를 또렷하게 볼 수 있고, 속도와 거리를 판단할 수 있다. 시각 처리 과정의 첫 단계는 영상 포착으로, 우리 눈의 빛 수용세포에 선명한 영상이 형성된다. 그 다음에는 영상이 뇌에서 처리될 수 있도록(84~85쪽 참조) 신경 신호로 변환되어야 한다(82~83쪽 참조).

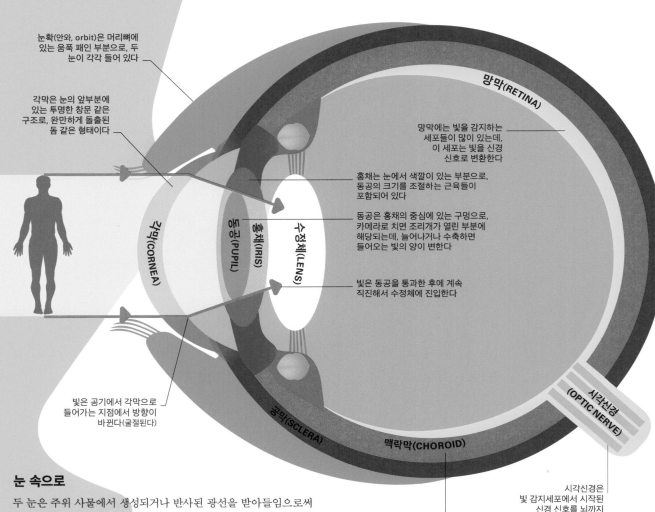

눈확(안와, orbit)은 머리뼈에 있는 움푹 패인 부분으로, 두 눈이 각각 들어 있다

각막은 눈의 앞부분에 있는 투명한 창문 같은 구조로, 완만하게 돌출된 돔 같은 형태이다

망막(RETINA)

망막에는 빛을 감지하는 세포들이 많이 있는데, 이 세포는 빛을 신경 신호로 변환한다

홍채는 눈에서 색깔이 있는 부분으로, 동공의 크기를 조절하는 근육들이 포함되어 있다

동공은 홍채의 중심에 있는 구멍으로, 카메라로 치면 조리개가 열린 부분에 해당되는데, 늘어나거나 수축하면 들어오는 빛의 양이 변한다

빛은 동공을 통과한 후에 계속 직진해서 수정체에 진입한다

각막(CORNEA)

동공(PUPIL)

홍채(IRIS)

수정체(LENS)

빛은 공기에서 각막으로 들어가는 지점에서 방향이 바뀐다(굴절된다)

공막(SCLERA)

맥락막(CHOROID)

시각신경(OPTIC NERVE)

시각신경은 빛 감지세포에서 시작된 신경 신호를 뇌까지 운반한다

눈 속으로

두 눈은 주위 사물에서 생성되거나 반사된 광선을 받아들임으로써 주위 환경을 끊임없이 살핀다. 빛은 눈으로 진입할 때 투명하고 볼록한 각막이라는 창문을 먼저 통과한다. 빛은 각막에서 방향이 구부러지고, 빛의 강도를 조절하는 동공을 통과한 후에 수정체에 도달하는데, 두께를 조절할 수 있는 볼록렌즈인 수정체는 초점을 정밀하게 조절해서 선명한 영상이 망막에 형성되게 한다. 망막에 있는 수억 개의 빛수용세포들은 영상을 형성한 후에 뇌로 보낸다.

맥락막에는 망막과 공막에 혈액을 공급하는 혈관이 많이 분포하고 있다

1 빛 굴절

각막은 돔 형태이기 때문에 각막을 통과하는 빛은 동공 쪽으로 방향이 꺾인다. 동공을 통과한 빛은 초점을 조절하는 수정체를 향해 진행한다. 동공은 홍채의 중심에 뚫린 구멍으로, 필요한 양만큼만 빛이 통과하게 한다.

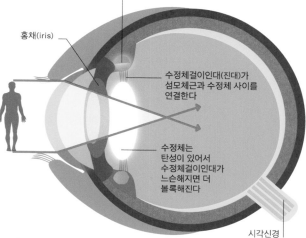

섬모체근(ciliary muscle)이 수축하면 수정체가 더 두꺼워져서 가까운 곳에 초점이 맞고, 섬모체근이 이완되면 수정체가 더 얇아져서 멀리 있는 물체에 초점이 맞는다

홍채(iris)

수정체걸이인대(진대)가 섬모체근과 수정체 사이를 연결한다

수정체는 탄성이 있어서 수정체걸이인대가 느슨해지면 더 볼록해진다

시각신경

2 자동 초점 조절
우리는 가깝거나 먼 물체를 볼 때 무의식적으로 두 눈의 초점을 조절한다. 가까운 곳을 볼 때는 수정체를 조절하는 근육이 수축하고, 이어서 수정체걸이인대가 느슨해지면 수정체가 더 볼록해져서 굴절력이 상승한다.

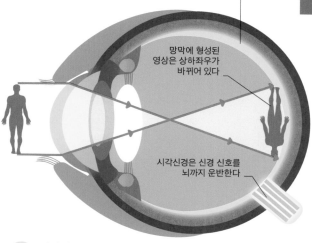

망막에 있는 빛 감지세포들은 영상이 형성되면 이에 반응해서 신경 신호를 뇌로 송신한다

망막에 형성된 영상은 상하좌우가 바뀌어 있다

시각신경은 신경 신호를 뇌까지 운반한다

3 망막에 맺힌 영상
빛이 망막에 도달하면 수억 개에 이르는 빛수용세포가 자극을 받는데, 이 세포는 디지털 카메라의 감지기에 있는 화소와 같다. 영상의 광도와 색채에 관한 종합 정보는 시각신경을 통해 뇌로 전달되는 전기 신호에 고스란히 담긴다.

밝은 빛

홍채는 눈에서 색깔이 있는 부분인 검은자위에 해당되며, 그 한가운데에 동공이라는 구멍이 있다. 홍채에는 동공의 크기를 키우거나 줄여서 빛이 더 많거나 적게 눈 속으로 들어오게 하는 두 가지 근육이 있다.

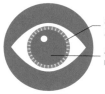

홍채 - 색깔이 있는 둥근 고리로, 근육이 있다

동공이 확장되어 빛이 더 많이 들어오게 한다

희미한 빛

동공이 작아져서 빛이 덜 들어오게 한다

밝은 빛

윗눈꺼풀은 눈을 깜박일 때 아래로 내려온다

아랫눈꺼풀은 눈을 깜박이거나 눈을 감을 때 움직이지 않는다

셔터를 내리다
우리 눈은 극도로 섬세하다. 눈에 무언가가 들어올 위험에 처하면 눈꺼풀이 반사작용으로 닫힌다(눈이 감긴다).

1차 방어선

속눈썹과 눈꺼풀은 우리 눈을 보호하는 데 도움이 된다. 속눈썹은 먼지와 기타 작은 입자들이 눈으로 들어오지 못하게 막아 준다. 눈꺼풀은 좀 더 큰 물체와 대기 중에 있는 자극성 물질들로부터 눈을 보호하는 데 도움이 된다. 눈꺼풀은 안구의 표면에 눈물을 골고루 퍼뜨리는 작용도 한다.

윤활 작용
눈물은 윗눈꺼풀 뒤에 숨어 있는 눈물샘에서 만들어지며, 눈을 촉촉하게 적시면서 매끄럽게 하고 눈의 표면에 묻어 있는 작은 입자들을 씻어낸다. 눈물은 끊임없이 생산되고 있지만 울거나 눈물이 날 때만 눈물의 존재를 깨닫게 된다.

눈물샘은 눈물을 생산하고, 생산된 눈물은 눈물배출관을 통해 눈으로 졸졸 흘러내린다

눈물샘이 눈물을 너무 많이 생산해서 코로 모두 배출되지 못했을 때 눈물방울이 뚝뚝 떨어진다

눈물이 코눈물관을 통해 콧속으로 배출된다

영상 형성

눈에서 영상이 만들어지는 부분인 망막(retina)은 엄지손톱 크기에 불과하지만 믿을 수 없을 만큼 선명하고 세밀한 영상을 형성할 수 있다. 빛이 영상으로 변환되려면 망막에 있는 세포들이 꼭 필요하다.

시각이 형성되는 과정

영상은 눈의 뒷부분에 있는 망막이라는 층에서 형성된다. 망막에 있는 세포들은 빛을 감지한다. 광선이 이 세포들에 부딪힐 때 신경 신호가 생성되고, 이어서 이 신호가 뇌로 전달되어 영상으로 인식된다. 망막에는 두 가지 빛수용세포가 있는데, 원뿔세포는 빛의 파장에 따라 색을 감지하지만 막대세포는 그렇지 않다.

눈에 보이는 깜박거리는 점의 정체

눈의 내부에 차 있는 투명하고 묽은 젤 같은 유리체는 바스러질 수 있는데, 그렇게 되면 눈으로 들어온 빛을 작은 유리체 파편들이 차단해서 망막에 그림자를 드리울 수 있다. 이 그림자는 깜박거리는 점이나 형상으로 인식된다.

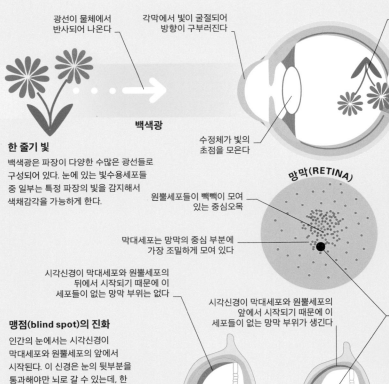

광선이 물체에서 반사되어 나온다

각막에서 빛이 굴절되어 방향이 구부러진다

상하좌우가 바뀐 영상

수정체가 빛의 초점을 모은다

한 줄기 빛
백색광은 파장이 다양한 수많은 광선들로 구성되어 있다. 눈에 있는 빛수용세포들 중 일부는 특정 파장의 빛을 감지해서 색채감각을 가능하게 한다.

백색광

망막(RETINA)

원뿔세포들이 빽빽이 모여 있는 중심오목

막대세포는 망막의 중심 부분에 가장 조밀하게 모여 있다

막대세포(rod)와 원뿔세포(cone)
막대세포는 망막의 중심인 중심오목(fovea)의 주위에 가장 빽빽하게 분포하지만 중심오목에는 하나도 없다. 중심오목은 원뿔세포들만으로 채워져 있으며, 혈관도 없어서 선명하고 세밀한 영상이 만들어진다. 중심오목의 한가운데에는 적색 원뿔세포와 녹색 원뿔세포만 있다.

시각신경이 막대세포와 원뿔세포의 뒤에서 시작되기 때문에 이 세포들이 없는 망막 부위는 없다

시각신경이 막대세포와 원뿔세포의 앞에서 시작되기 때문에 이 세포들이 없는 망막 부위가 생긴다

맹점은 눈의 뒷부분에서 시각신경이 시작되는 지점이다

맹점(blind spot)의 진화
인간의 눈에서는 시각신경이 막대세포와 원뿔세포의 앞에서 시작된다. 이 신경은 눈의 뒷부분을 통과해야만 뇌로 갈 수 있는데, 한 지점에 모여서 통과하기 때문에 막대세포나 원뿔세포가 없는 맹점이 하나 만들어진다. 우리 뇌는 맹점 부위에 있어야 할 영상을 추측해서 채워 넣음으로써 이를 보정한다. 반면에 오징어 눈은 시각신경이 막대세포와 원뿔세포의 뒤에서 시작되기 때문에 맹점이 없다.

오징어 눈

사람 눈

20~100

밀리초 - 속독할 때
우리 눈이 한 번 움직이는 데
걸리는 시간

원뿔세포는 녹색이나
적색이나 청색 빛에 반응해서
신경 신호를 보낸다

연결 신경세포

막대세포는 모든 색깔의 빛에
반응해서 신경 신호를 보낸다. 이
세포는 희미한 빛에서 작동한다

망막에 도달하기까지

광선은 일단 수정체에서 초점이 모아지면 눈 속을 통과해서 망막에
도달하는데, 이곳에는 빛수용세포인 막대세포와 원뿔세포들이
위치하고 있다. 그리고 광선이 막대세포와 원뿔세포를 자극하면 그
다음 차례에 있는 신경세포들로 신경 신호가 전달된다. 이 신호는
신경섬유를 따라 반대 방향으로 유턴한 후 눈 밖으로 나와서 뇌를
향해 나아간다.

신경 신호

신경 신호가 신경섬유를
따라 이동한다

점(blind spot)

빛이 희미하면 꽃이
흑백으로 보일 수
있다

흑백 영상

흑백 시각

막대세포는 빛에 매우 민감하기
때문에 우리는 희미한
환경에서도 볼 수 있지만,
이 세포는 색을 구별할 수
없다. 원뿔세포는 빛이 약할
때 자극을 받지 않기 때문에
사물이 흑백으로 보이기도 한다.

신경 신호

꽃을 총천연색으로 보려면
원뿔세포가 작동해야 한다

총천연색 영상

색채 시각(색각)

원뿔세포는 색채 시각을
일으키지만 빛이 밝을 때만
작동한다. 원뿔세포는 세 종류가
있는데, 각각 적색 빛과 청색
빛과 녹색 빛을 감지한다. 이 세
가지 색을 조합하면 수백만 가지
이상의 색을 볼 수 있다.

신경세포

광선이 눈 속을
통과해서 눈의
뒷부분에 있는 망막에
도달한다

빛수용세포

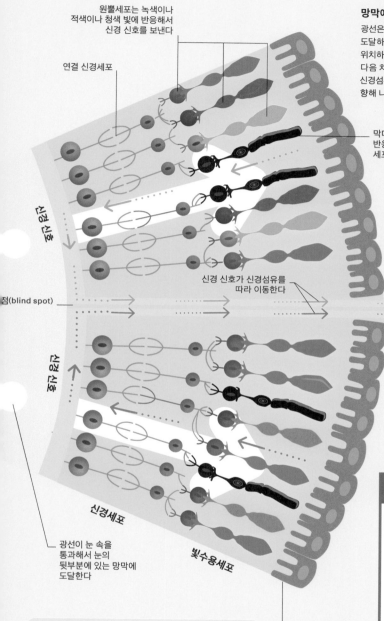

잔상

한 영상을 계속 응시하면 이 영상에 자극을 받는 막대세포와
원뿔세포들이 '피로해지기' 시작해서 이 세포의 흥분 발사
빈도가 감소한다. 이어서 시선을 돌리면 이 막대세포와 원
뿔세포들은 여전히 피로한 상태로 남아 있지만 다른 파장의
빛을 감지하는 세포들은 아직 생생하기 때문에
빠른 속도로 흥분을 발사하기 시작한다.
이로 인해 망막에 보색 잔상
이 형성된다. 옆 그림의
새를 30초간 응시한 후
에 새장을 보면 이 현상
을 실감할 수 있다.

빛과 신경 신호

흰색 화살표는 광선이 진행하는
방향을 가리킨다. 녹색 화살표와
청색 화살표는 망막을 통과하는
신경 신호를 가리킨다.

····→ 광선

···→ 흑백 시각

···→ 색채 시각

망막의 뒷벽을
형성하는 세포들

뇌의 시각 처리

우리 눈은 주위 세상에 관한 기초적 시각 자료를 제공하지만 이 자료에서 유용한 정보를 추출하는 일은 뇌가 한다. 이 기능은 정보를 선별해서 수정함으로써 이루어지는데, 움직임과 입체감을 추정하고 조명 조건을 고려해서 주위 세상을 시각으로 인식하게 된다.

두 눈 보기(양안시, binocular vision)

우리가 삼차원으로 볼 수 있는 것은 두 눈의 위치 관계 덕분이다. 두 눈은 향하는 방향이 같지만, 약간 간격을 두고 떨어져 있어서 한 물체를 바라볼 때 두 눈이 보는 영상은 약간 다르다. 두 영상이 얼마나 다른지는 응시하는 물체까지의 거리에 달려 있기 때문에 우리는 두 영상의 차이를 이용해서 그 물체가 얼마나 멀리 떨어져 있는지를 판단한다.

시각 경로

두 눈에서 시작된 정보는 대뇌의 뒷부분으로 전달되고, 이곳에서 정보 처리가 일어나서 시각으로 인식된다. 눈에서 시작된 신호는 도중에 시각교차(optic chiasm)에서 한데 모이는데, 전체 시각 신호 중 절반은 시각교차에서 반대편으로 넘어가서 결국 반대쪽 대뇌반구에 도달하게 된다.

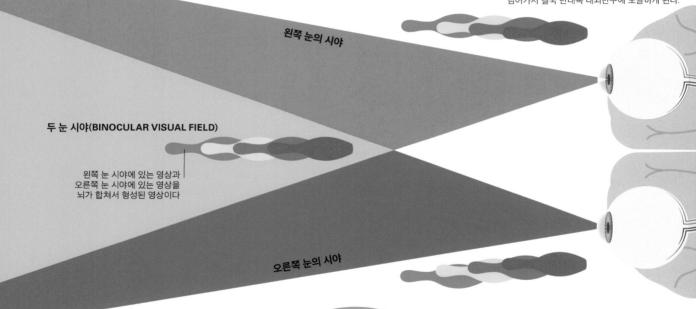

왼쪽 눈의 시야

두 눈 시야(BINOCULAR VISUAL FIELD)

왼쪽 눈 시야에 있는 영상과 오른쪽 눈 시야에 있는 영상을 뇌가 합쳐서 형성된 영상이다

오른쪽 눈의 시야

입체영화 시청

우리 뇌가 입체감을 인식하는 방식을 응용해서 입체영화(3D 영화)를 제작할 수 있다. 영화 제작자들은 입체영화를 제작할 때 한 영상은 위아래로 진동하는 편광 파동으로 촬영하고, 다른 영상은 다른 각도에서 좌우로 진동하는 편광으로 촬영한다. 그리고 이 약간 다른 두 영상을 관객의 두 눈에 따로따로 비춤으로써 관객의 뇌를 속여서 마치 3차원으로 보고 있는 것처럼 착각하게 만든다.

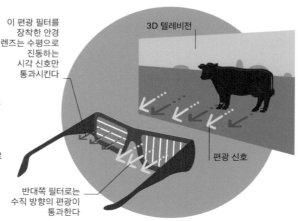

이 편광 필터를 장착한 안경 렌즈는 수평으로 진동하는 시각 신호만 통과시킨다

3D 텔레비전

편광 신호

반대쪽 필터로는 수직 방향의 편광이 통과한다

24

영화를 찍을 때 1초 동안 촬영하는 장면의 수

원근감

철로처럼 나란히 진행하는 두 직선은 멀리 있을수록 서로 가깝게 보인다는 것을 우리는 경험을 통해 알고 있다. 우리는 이 현상을 이용해서 영상의 입체감을 추정하는데, 여기에 표면 구조 변화나 이미 크기를 알고 있는 물체와의 비교 같은 다른 단서들을 합침으로써 거리를 추정할 수 있다. 오른쪽 그림을 보면 착시 현상이 일어나는데, 왜냐하면 우리는 두 선이 서로 가까워질수록 멀리 있다고 해석하고 차의 크기를 차로의 폭과 비교해서 추정하기 때문이다.

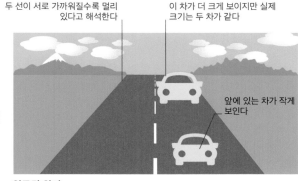

두 선이 서로 가까워질수록 멀리 있다고 해석한다

이 차가 더 크게 보이지만 실제 크기는 두 차가 같다

앞에 있는 차가 작게 보인다

원근감 착시

왼쪽 대뇌반구

왼쪽 시각로(OPTIC TRACT)

시상(THALAMUS)

시각교차(OPTIC CHIASM)

왼쪽 시각겉질(VISUAL CORTEX)

오른쪽 시각로

시상

오른쪽 시각겉질

오른쪽 대뇌반구

왼쪽 시각겉질은 각 안구의 망막 중 왼쪽 부분에서 온 신호를 받는다

오른쪽 시각겉질은 각 안구의 망막 중 오른쪽 부분에서 온 신호를 받는다

오른쪽 시각부챗살(optic radiation)은 신경섬유들이 띠처럼 모여 있는 구조로, 시상에서 나온 시각 신호를 오른쪽 시각겉질까지 운반한다

색채 항등성

우리는 평소에 다양한 조명 조건에서 사물을 보는 데 익숙하고, 우리 뇌는 이를 감안해서 그림자나 조명이 미치는 효과를 상쇄하고 보정한다. 즉 바나나를 볼 때 조명이 어떻게 비치든 항상 노랗다고 인식한다는 뜻이다. 그러나 때때로 우리 뇌는 예상하는 것만 보기도 한다.

A 사각형은 B 사각형에 비해 어둡게 보이지만 실제 두 사각형은 동일한 색조의 회색이다

우리는 원기둥의 그림자로 인해 사각형 B가 더 밝은 색이라고 짐작한다

활동사진

놀랍게도, 움직이는 물체를 볼 때 우리 눈에서 생성되는 시각 정보는 매끄럽게 이어지지 않는다. 우리 눈은 연달아 촬영한 스냅 사진들을 뇌에 전달하는데, 이것은 영화나 동영상과 흡사하다. 뇌는 이 영상들을 가공해서 움직임을 인식하게 되는데, 영화나 TV의 장면들을 붙여서 매끄럽게 움직이는 느낌이 들게 하는 것이 어렵지 않은 이유가 바로 여기에 있다. 그러나 이 과정이 잘못될 수도 있는데, 왜냐하면 정지 화면들의 순서가 꼬일 수 있기 때문이다.

장면 1

장면 2

장면과 장면 사이에 일어난 실제 움직임

장면과 장면 사이에 일어난 것으로 우리가 인식한 움직임

장면 3

장면 4

뒤로 도는 것처럼 보이지만

TV에서 자동차 바퀴가 뒤로 도는 것처럼 보일 때가 있는데, 이는 한 장면에서 다음 장면으로 넘어가는 동안 바퀴가 한 번에 조금 못 미치게 회전했기 때문이다. 우리 뇌는 이 장면들을 잘못 재구성해서 천천히 뒤로 돈다고 해석한다.

눈 문제

우리 눈은 복잡하고 섬세한 장기이기 때문에 손상이나 나이가 들면서
생기는 자연적 변성으로 인한 질환에 취약할 수밖에 없다. 눈 문제는
대다수 사람들이 살면서 언젠가는 겪게 되는데, 다행히도 상당수 눈
질환은 병원에서 쉽게 치료할 수 있다.

안경을 맞춰야 할 때

물체에서 나온 빛이 각막과 수정체에서 굴절된 후에 망막에 초점이 맞았을 때 선명하고
또렷한 영상을 보게 된다(80~81쪽 참조). 그런데 이 장치가 조금이라도 오작동하면 영상이
흐릿하게 보인다. 빛이 지나치게 크게 굴절되거나 조금만 굴절되어 영상의 초점이 맞지
않는 현상은 안경을 착용해서 교정할 수 있다. 근시인 사람의 비율은 점점 더 늘어나고
있는데, 아마도 현대적 생활 방식, 특히 도시 생활로 인해 멀리 있는 물체보다 가까이 있는
물체에 초점을 맞춰야 하기 때문인 것으로 생각된다.

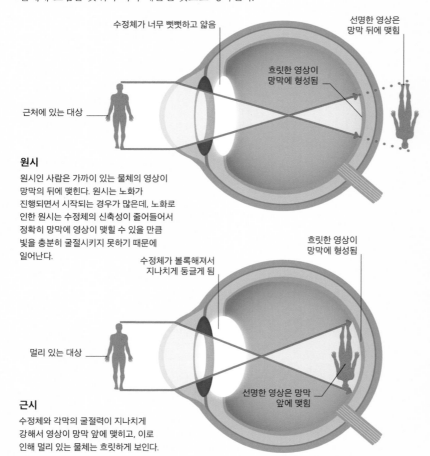

수정체가 너무 뻣뻣하고 얇음

선명한 영상은
망막 뒤에 맺힘

흐릿한 영상이
망막에 형성됨

근처에 있는 대상

원시

원시인 사람은 가까이 있는 물체의 영상이
망막의 뒤에 맺힌다. 원시는 노화가
진행되면서 시작되는 경우가 많은데, 노화로
인한 원시는 수정체의 신축성이 줄어들어서
정확히 망막에 영상이 맺힐 수 있을 만큼
빛을 충분히 굴절시키지 못하기 때문에
일어난다.

흐릿한 영상이
망막에 형성됨

수정체가 볼록해져서
지나치게 둥글게 됨

멀리 있는 대상

선명한 영상은 망막
앞에 맺힘

근시

수정체와 각막의 굴절력이 지나치게
강해서 영상이 망막 앞에 맺히고, 이로
인해 멀리 있는 물체는 흐릿하게 보인다.

 **90%**

일부 도시의 16~18세
청소년들 중 근시인 비율

난시(astigmatism)

가장 흔한 유형의 난시는 각막이 축구공처럼
완벽하게 둥글지 않고 럭비공을 조금
닮음으로 인해 일어난다. 이는 영상이 수평
방향으로는 망막에 맺히지만 수직
방향으로는 망막의 앞 또는 뒤에 맺히거나,
또는 그 반대로 됨을 뜻한다. 난시는
안경이나 콘택트렌즈로 교정하거나 레이저
눈 수술을 통해 교정할 수 있다.

이렇게 보여요

난시가 있는 사람은 수직선이나 수평선 중에 한 선은
흐릿하지만 다른 선은 초점이 맞을 수 있다. 때로는
수평축과 수직축이 모두 일그러지는데, 한 축은 원시가
되고 다른 축은 근시가 되기도 한다.

정상 시각

초점이 전혀 안 맞음

수직 초점

수평 초점

백내장(cataract)

백내장은 수정체가 혼탁해져서 시각을 방해하는 병으로, 전 세계를 통틀어 실명의 원인 중 절반을 차지한다. 백내장은 노인에 많지만 자외선 노출이나 손상 같은 환경 요인에 의해서도 일어날 수 있다. 백내장은 수정체를 제거한 후에 인공 수정체로 교체하는 수술을 해서 치료할 수 있다.

백내장이 없는 눈

백내장이 있는 눈

정상 시각

일반적으로 수정체가 투명하면 빛이 쉽게 통과해서 선명한 영상을 보게 된다.

흐릿한 시각

백내장이 있으면 수정체가 혼탁해지고, 색깔이 희미해지기 시작하며, 빛이 산란되기 때문에 영상이 안개가 낀 듯 흐릿해진다.

녹내장(glaucoma)

눈 속에 차 있는 방수라는 체액은 생산된 만큼 혈관으로 배출되어야 눈에 이상이 생기지 않는다. 녹내장은 이 배출 통로가 막혀서 눈 속에 방수가 축적될 때 일어난다. 녹내장의 원인은 잘 모르지만 유전적 요인이 관여한다.

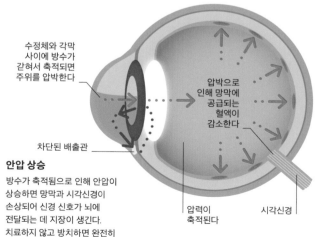

수정체와 각막 사이에 방수가 갇혀서 축적되면 주위를 압박한다

압박으로 인해 망막에 공급되는 혈액이 감소한다

차단된 배출관

안압 상승

방수가 축적됨으로 인해 안압이 상승하면 망막과 시각신경이 손상되어 신경 신호가 뇌에 전달되는 데 지장이 생긴다. 치료하지 않고 방치하면 완전히 실명할 수 있다.

압력이 축적된다

시각신경

시각 검사

안과의사는 시각 검사를 해서 멀리 떨어진 곳과 가까운 곳을 보는 능력을 검사하고 두 눈이 협동 운동을 하고 있는지와 눈근육들이 건강한지를 확인한다. 안과의사는 또한 눈의 내부와 외부를 면밀하게 살펴서 당뇨병과 백내장 또는 녹내장 같은 시각 장애를 포착할 수 있다. 이때 발견할 수 있는 또다른 유형의 시각 장애는 색맹이다. 색채 시각이 불완전한 병은 일부 유형의 원뿔세포가 없거나 결함이 있음으로 인해 일어난다. 그래서 색맹 환자는 대다수 사람들이 갖고 있는 원뿔세포의 유형 세 가지보다 적은 유형만으로 색채 시각을 형성해야 한다. 즉 색맹 환자들은 특정 색채를 혼동하는데, 적색과 녹색을 가장 많이 혼동한다.

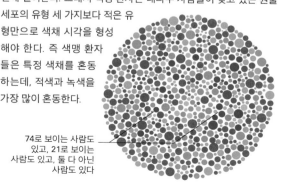

74로 보이는 사람도 있고, 21로 보이는 사람도 있고, 둘 다 아닌 사람도 있다

귀는 어떻게 일하는가

우리 귀는 공기를 통해 전해오는 음파를 신경 신호로 변환하는 까다로운 일을 하는데,
이 신호는 나중에 뇌가 해석하게 된다. 이 과정에서 거치는 일련의 단계들 덕분에
가능한 많은 정보가 보존될 수 있다. 게다가 귀는 미약한 신호를 증폭할 수 있고,
소리가 어디에서 나는지도 알 수 있다.

소리가 내 몸에 들어오면

음파는 공기에서 액체로 이동할 때 인체 내로 진입해야 하기 때문에
일부분이 반사되면서 에너지가 약화되어 소리가 작아진다. 우리 귀는
음파 에너지를 서서히 단계적으로 이동시킴으로써 음파의 산란을
방지한다. 고막은 진동할 때 귓속뼈(청소골)라는 아주 작은 세 뼈 중에
첫째 뼈를 밀고 당기고, 이어서 그 다음 뼈들이 순서대로 움직이다가
마지막에는 안뜰창(oval window)을 밀고 당겨서 달팽이관에 들어
있는 액체에 파동을 일으킨다. 음파는 세 귓속뼈를 차례로
통과하는 과정에서 20~30배로 증폭된다.

속귀에 있는 세 반고리관은
평형기관이고 청각에는
관여하지 않는다

반고리관(SEMICIRCULAR DUCT)

망치뼈는 세
귓속뼈 중에
처음에 있다

속귀(내이, INNER EAR)

귓속뼈(OSSICLE)

진동이 고막에서
망치뼈(malleus)로
전달된다

고막이 진동한다

가운데귀
(중이, MIDDLE EAR)

소리를 매끄럽게 몸속으로

음파는 바깥귀길을 따라 이동하다가 고막을 진동시킨다. 이 진동은
세 귓속뼈를 통해 전달된다. 세 뼈는 관절에서 움직이는 방식이
독특하기 때문에 지렛대처럼 작용해서 이 진동을 단계적으로
증폭한다. 마지막 귓속뼈는 속귀의 입구인 안뜰창을 밀고
당기는데, 이 창에서 진동이 달팽이관의 액체
속으로 진입한다.

꼭뒤귀

바깥귀
(외이)

바깥귀길(외이도)

안뜰창은 고막과
비슷한 막이다

모루뼈(incus)는
진동을 마지막 귓속뼈인
등자뼈(stapes)에 전달한다

등자뼈는 막이 덮고
있는 안뜰창을 통해
달팽이관에 있는
액체를 밀고 당긴다

소리 진동이
바깥귀길로
진입한다

왜!!
내가 큰 소리를 질러도
내 귀가 멀지 않지?

우리 귀는 우리가 말하고 있을 때 덜
민감해지는데, 왜냐하면 작은 근육들이
귓속뼈를 꼭 붙들고 있어서 진동이 약화되기
때문이다. 따라서 달팽이관으로 전달되는
에너지가 작아지고, 이로 인해 손상이
일어나지 않는다.

귓바퀴는 그 독특한 형태
덕분에 깔때기처럼 음파를
바깥귀길로 모아 주고
음파가 앞에서 왔는지
뒤에서 왔는지를 알 수
있는 단서를 제공한다

안뜰신경(전정신경)

달팽이신경(청각전정신경)

달팽이신경은
청각 정보를 뇌에
전달한다

달팽이관(COCHLEAR DUCT)

소리는 달팽이관에
차 있는 액체를 통해
전달된다

귀관을 통해 귀와 코(뒷부분)가
연결된다

귀관(유스타키오관)

**COCHLEA는 달팽이를
뜻하는 그리스 어에서
유래한 용어로, 형태가
돌돌 감겨 있기 때문에
이런 이름이 붙었다**

높낮이가 다른 소리

달팽이관 속에는 바닥막(basilar membrane)이 있는데, 이 막 위에는 진동을 감지하는
세포인 털세포(hair cell)들이 놓여 있다. 바닥막은 달팽이관의 시작 부분에서부터
꼭대기로 갈수록 점점 덜 뻣뻣해지기 때문에 부위별로 특정 주파수(진동수)에서
최대로 진동한다. 따라서 소리 높이가 다르면 다른 털세포의 털이 구부러진다. 뇌는
털이 구부러진 털세포가 어디에 위치하는지를 바탕으로 소리의 높낮이를 추정한다.

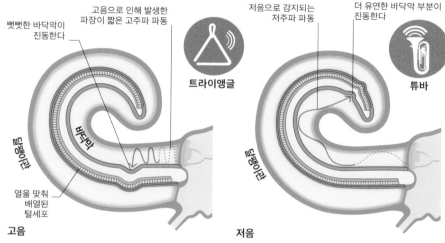

뻣뻣한 바닥막이
진동한다

고음으로 인해 발생한
파장이 짧은 고주파 파동

바닥막

달팽이관

열을 맞춰
배열된
털세포

트라이앵글

저음으로 감지되는
저주파 파동

더 유연한 바닥막 부분이
진동한다

달팽이관

튜바

고음

고음은 고주파 파동으로 인해 형성된다. 고음은 달팽이관이
시작하는 곳 근처에 있는 바닥막을 진동시키는데, 이곳의
바닥막은 더 좁고 뻣뻣하며 더 빨리 진동한다.

저음

파장이 긴 저주파 파동은 달팽이관 속으로 더 멀리
이동해서 달팽이관 꼭대기에 더 가까이 있는 바닥막을
진동시킨다. 이 바닥막은 더 느슨하고 폭이 넓다.

소리를 전기 신호로

소리에 담긴 정보는 음의 고저, 음조, 리듬, 강도
등인데, 이 정보는 전기 신호로 변환된 후에 뇌로
보내져서 분석된다. 이 정보가 정확히 어떤
방식으로 전기 신호로 변환되는지는 아직
확실하지 않지만 털세포와 달팽이신경
(청신경)이 이 변환 과정을
완수한다.

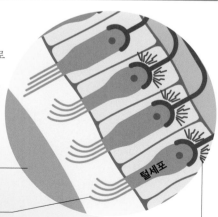

털세포

털세포를 덮고 있는
덮개막

바닥막이 진동하면
털세포의 털이 덮개막에
눌려서 구부러진다

신경세포가 흥분해서
뇌에 신호를 보낸다

달팽이관
내에서의
위치

달팽이신경 자극

털세포는 그 감지 장치인 털들이 바닥막 진동에
의해 구부러지면 신경전달물질을 분비해서 바닥
부분을 감싸고 있는 신경종말을 흥분시킨다.

뇌가 듣는 방식

귀에서 시작된 신호가 뇌에 도달하는 즉시
복잡한 처리 과정을 거쳐야만 신호에 담긴 정보를
추출해낼 수 있다. 우리 뇌는 무슨 소리인지,
소리가 어디에서 나는지, 소리를 들으면 어떤
느낌이 드는지 등을 판단한다. 뇌는 다른 소리들
속에서 한 소리에만 집중할 수 있고, 심지어 원치
않는 소음을 완전히 무시할 수도 있다.

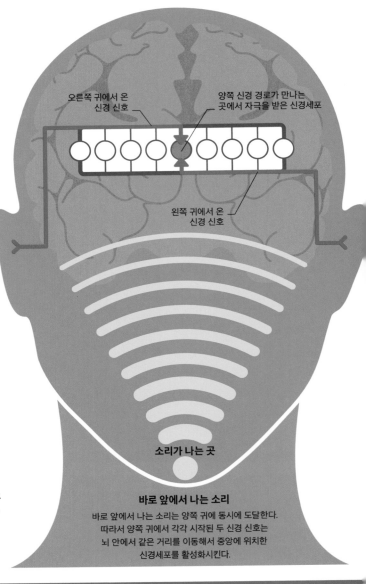

오른쪽 귀에서 온
신경 신호

양쪽 신경 경로가 만나는
곳에서 자극을 받은 신경세포

왼쪽 귀에서 온
신경 신호

소리가 나는 곳

바로 앞에서 나는 소리
바로 앞에서 나는 소리는 양쪽 귀에 동시에 도달한다.
따라서 양쪽 귀에서 각각 시작된 두 신경 신호는
뇌 안에서 같은 거리를 이동해서 중앙에 위치한
신경세포를 활성화시킨다.

소리의 위치를 알아내기

우리는 크게 세 가지 단서를 이용해서 소리가 나는 위치를
알아내는데, 소리의 크기와, 주파수(진동수) 패턴과, 소리가 양쪽
귀에 도달하는 시간의 차이가 그것이다. 우리는 주파수 패턴을
이용해서 소리가 나는 곳이 앞인지 뒤인지를 구별할 수 있는데,
왜냐하면 귓바퀴의 독특한 형태로 인해서 같은 소리라도 앞에서
오는 소리와 뒤에서 오는 소리의 주파수 패턴이 다르기 때문이다.
그러나 귓바퀴는 소리가 나는 곳의 높이를 정확히 밝히는 데는 별
도움이 되지 못한다. 그에 비해 좌우 양쪽 중 어느 쪽에서 소리가
나는지를 구별하는 것은 쉽다. 왼쪽에서 나는 소리는 오른쪽
귀보다 왼쪽 귀에 더 크게 들리는데, 고주파 소리가 특히 그러하다.
또한 왼쪽에서 나는 소리는 왼쪽 귀에 도달하고 몇 밀리초가 지난
후에야 오른쪽 귀에 도달한다. 옆에 있는 그림을 보면 뇌가 이
정보들을 어떻게 이용하는지 알 수 있다.

너의 목소리만 들려

우리 뇌는 파티장에서 왁자지껄 떠드는 수많은
사람들의 말소리를 그 주파수와 음색과 소리나는 곳을
바탕으로 따로따로 분류함으로써 소음 속에서도 한
대화에만 '채널을 맞춰서' 들을 수 있다. 이때 여러분은
다른 대화는 전혀 듣지 않고 있는 것처럼 보일 수
있지만, 만일 누군가가 여러분 이름을 언급하면
알아차리게 될 것이다. 이 현상은 여러분의 귀가 여전히
나머지 대화들도 듣고 있으면서 그 신호를 계속 뇌에
보내고 있는데, 만일 어디선가 다른 곳에서 중요한
내용이 언급되면 다른 목소리를 걸러내던 일을 중단할
것이기 때문이다.

우리는 시끄러운 분위기 속에서도 한 대화만 가려내어 들을 수 있다

 뇌에는 속귀의 달팽이관을 구성하는 각 부분들이 그랬던 것처럼 특정 주파수에만 반응하는 신경세포들이 있다

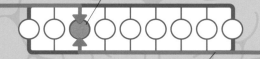

흥분하게 되는 신경세포의 위치를 바탕으로 그 소리가 왼쪽이나 오른쪽으로 얼마나 치우친 곳에서 시작되었는지를 알 수 있다

이 쪽에서 온 신호는 더 멀리 이동한 후에 반대쪽 귀에서 시작된 경로와 만난다

음파는 가까운 쪽 귀에 먼저 도달한다

한쪽으로 치우친 곳에서 시작된 소리

소리가 가까운 쪽 귀에 먼저 도달한 시점과 조금 후에 먼 쪽 귀에 도달하는 시점의 시간차가 얼마나 긴지에 따라서 다른 위치에 있는 신경세포들이 활성화된다. 우리는 이를 바탕으로 소리가 어느 쪽에서 시작되었는지를 알게 된다.

'난신호 원뿔구역' 내에서는 어느 곳에서 소리가 시작되든지 동일한 신경세포 반응을 일으키기 때문에 구별할 수 없다

난신호 원뿔구역 밖에서 시작된 소리는 위치에 따라서 다른 신경세포 반응을 일으키기 때문에 위치를 파악하기가 쉽다

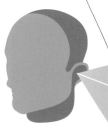
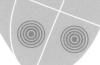

소리가 나는 곳을 파악하기

소리가 시작된 곳

난신호 원뿔구역(cone of confusion)

각 귓바퀴의 바깥에 원뿔 모양으로 생긴 부위 안에서는 신호가 애매하기 때문에 소리가 나는 곳을 파악하기가 어렵다. 머리를 한쪽으로 기울이거나 돌리면 소리가 나는 곳을 이 헷갈리는 원뿔구역에서 벗어나게 만들 수 있기 때문에 소리가 나는 곳을 파악하는 데 도움이 된다.

음악을 들으면 감정적이 되는 이유는 무엇일까?

공포영화에서 공포 분위기를 고조시키는 영화음악이든 뇌리를 떠나지 않는 선율이 만드는 오싹함이든 음악을 들으면 강력한 감정 반응이 유발될 수 있다. 감정을 유발하는 데 관여하는 뇌 부위가 매우 광범위하다는 사실은 이미 알려져 있다. 하지만 음악이 그처럼 극적인 감정을 유발하는 이유나 방법은 알지 못하며, 같은 노래라도 사람에 따라 미치는 영향이 다른 이유도 모르고 있다.

음악에 빠진 뇌

왜!! 우리는 멈춰 서서 귀를 기울일까?

움직임을 완전히 멈췄을 때가 주의 깊게 듣기에 더 용이하다. 이렇게 하면 우리 자신의 움직임으로 인해 생기는 소리가 그치기 때문에 더 잘 듣는 데 도움이 된다.

평형 작용

귀는 청각뿐 아니라 평형을 유지하고 우리가 지금 어느 방향으로 움직이고 있는지를 알려주는 기능도 있다. 귀는 이 기능을 양쪽 속귀에 한 조씩 있는 장치들을 이용해서 수행한다.

회전과 운동

좌우 양쪽 귀의 내부에는 액체가 차 있는 관이 세 개씩 있는데, 세 관은 서로에 대해 약 90도를 이루고 있다. 세 관 중 하나는 앞으로 구르기 같은 운동에, 둘째 관은 옆으로 재주를 넘는 운동에, 셋째 관은 피루엣(한쪽 발끝을 축으로 회전하는 발레 동작) 운동에 반응한다. 뇌는 이 액체의 상대적 움직임을 바탕으로 우리가 어느 방향으로 움직이고 있는지를 판단한다. 같은 방향으로 반복해서 회전하면 이 액체에 운동량(가속도)이 축적된다. 운동량이 회전 속도와 대등해지면 털세포의 털이 구부러지지 않게 되어 더 이상 움직임을 느끼지 않게 된다. 그러나 운동을 멈춘 뒤에도 액체는 계속 움직이기 때문에 여전히 움직이고 있다는 느낌이 드는데, 이 증상을 현기증이라 한다.

왜!! 술을 마시면 머리가 빙빙 도는 느낌이 들까?

알코올은 속귀의 팽대마루(cupula)에 빠르게 축적되어 팽대마루가 반고리관팽대에 차 있는 액체에서 둥둥 뜨게 만든다. 그 상태에서 눕게 되면 팽대마루가 출렁거리며 휘저어져서 뇌는 우리가 빙빙 돌고 있다고 오판하게 된다.

이 반고리관은 옆으로 재주를 넘을 때 같은 움직임을 감지한다

반고리관(SEMICIRCULAR DUCT)

각 반고리관의 끝부분에는 반고리관팽대라는 부위가 있는데, 이곳에는 액체 흐름을 감지하는 털세포들이 포함되어 있다

반고리관

반고리관팽대(AMPULLA)

이 반고리관은 앞뒤 움직임을 감지한다

반고리관

반고리관팽대

이 반고리관은 머리를 좌우로 회전하는 운동을 감지한다

반고리관팽대

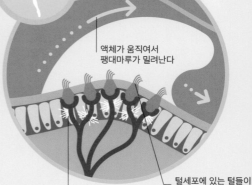

회전운동 감지기관

우리가 움직일 때 반고리관에 있는 액체도 움직이지만 관성 때문에 시간이 좀 지난 후에 움직이기 시작한다. 액체가 움직이면 팽대마루라는 젤라틴 같은 덩어리가 밀려나고, 이로 인해 그 속에 있는 털세포가 움직여서 신경 신호가 뇌로 전달된다. 털세포의 털이 한쪽 방향으로 구부러지면 신경의 흥분 발사 속도가 빨라진다. 그 반대 방향으로 구부러지면 흥분 발사가 억제된다. 이 정보는 뇌로 전달되어 우리가 움직이는 방향을 뇌가 알게 된다.

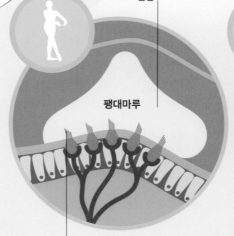

젤라틴 같은 물질

팽대마루

액체가 움직여서 팽대마루가 밀려난다

털세포(hair cell)

가만히 있을 때

신경 신호를 뇌로 보낸다

회전할 때

털세포에 있는 털들이 구부러진다

시선 결정

뇌는 끊임없이 근육을 미세하게 조정해서 조금씩 운동을
일으킴으로써 우리가 평형을 유지하도록 만든다. 눈과 근육에서 온
감각 정보들이 속귀에서 온 감각 정보와 합쳐져서 어느 쪽을
쳐다볼지를 결정한다.

 발레 무용수는 회전 동작을 한 후에
느끼는 어지러운 감각을 억제하도록
뇌가 적응되어 있다

정면을 향함

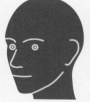
고개를 오른쪽으로
돌림

고개를 왼쪽으로
돌림

교정 반사(correction reflex)

우리 두 눈은 머리가 움직일 때 자동으로 보정되기 때문에 망막에
있는 영상이 흔들리지 않고 일정하게 유지된다. 이 반사가 없다면
책을 읽으려고 머리를 움직일 때마다 활자가 방방 뛰어다니기
때문에 아예 책을 읽을 수 없을 것이다.

타원주머니는 중력과 수평
가속을 감지한다

타원주머니(UTRICLE)

둥근주머니(SACCULE)

둥근주머니는 중력과
수직 가속을 감지한다

중력과 가속도

우리 속귀는 회전 운동뿐 아니라 앞뒤
방향이나 위아래 방향의 직선 가속 운동도
감지한다. 인체에는 직선 가속 운동을
감지하는 기관이 둘 있는데, 타원주머니
(utricle)는 수평 가속 운동을 감지하고
둥근주머니(saccule)는 수직 가속(엘리베이터의
상하 운동 등)을 감지한다. 또한 두 기관은
머리가 한쪽으로 기울어지거나 수평 상태일
때처럼 머리에 가해지는 중력의 방향을
감지한다.

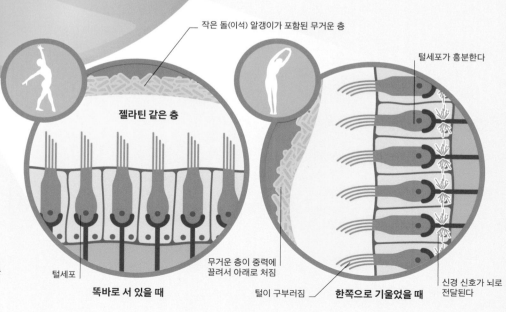

작은 돌(이석) 알갱이가 포함된 무거운 층

젤라틴 같은 층

털세포가 흥분한다

중력 감지 기관

타원주머니와 둥근주머니에 있는 털세포들은
젤라틴 같은 층에 파묻혀 있고, 그 위에 작은
돌 알갱이들이 포함된 층이 놓여 있다. 이 돌
알갱이는 무겁기 때문에 고개를 한쪽으로
기울이면 이 돌이 포함된 층이 중력에 끌려서
움직인다. 가속이 진행될 때 이 돌 알갱이가
가득 차 있는 층은 질량이 크기 때문에
움직이기 시작하는 데 시간이 더 걸린다.
하지만 추가 단서가 없다면 머리가 기울어지는
것과 가속을 구별하기는 어렵다.

털세포

똑바로 서 있을 때

무거운 층이 중력에
끌려서 아래로 처짐

털이 구부러짐

한쪽으로 기울었을 때

신경 신호가 뇌로
전달된다

청각 장애

난청이나 청각 장애는 흔하지만 기술 발전 덕분에 치료할 수 있는 경우가 많다. 대부분의 사람들은 나이가 들면서 속귀의 구성원들이 손상을 입음으로 인해 어떤 형태로든 청각이 감퇴된다.

청각 장애의 원인

선천적 난청은 대개 귀가 정상 작동할 수 없게 만드는 유전자 돌연변이로 인해 일어난다. 이 그림에 표현된 청각 장애는 종종 겪을 수 있는 손상이나 질병으로 인해 일어날 수 있다.

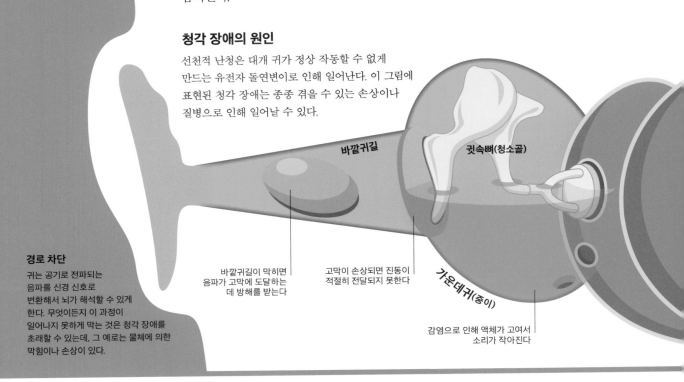

바깥귀길

귓속뼈(청소골)

경로 차단
귀는 공기로 전파되는 음파를 신경 신호로 변환해서 뇌가 해석할 수 있게 한다. 무엇이든 이 과정이 일어나지 못하게 막는 것은 청각 장애를 초래할 수 있는데, 그 예로는 물체에 의한 막힘이나 손상이 있다.

바깥귀길이 막히면 음파가 고막에 도달하는 데 방해를 받는다

고막이 손상되면 진동이 적절히 전달되지 못한다

가운데귀(중이)

감염으로 인해 액체가 고여서 소리가 작아진다

소리가 얼마나 커야 시끄럽다고 느낄까?

소리 크기를 나타내는 척도인 데시벨은 로그(대수) 단위로, 6데시벨(dB)이 상승할 때마다 소리 에너지가 두 배로 커진다. 큰 소음은 털세포를 손상시킬 수 있는데, 손상 정도가 어느 수준을 넘으면 털세포는 스스로 복구할 수 없어서 결국 죽게 된다. 죽은 털세포 수가 용인할 수준을 넘어서면 특정 소리 주파수를 감지하는 능력을 잃을 수 있다.

손상 유발
어떤 소음이든 85데시벨을 넘으면 손상을 유발할 수 있는데, 손상 유무는 얼마나 오래 이 소음에 노출되었는지에 따라 결정된다.

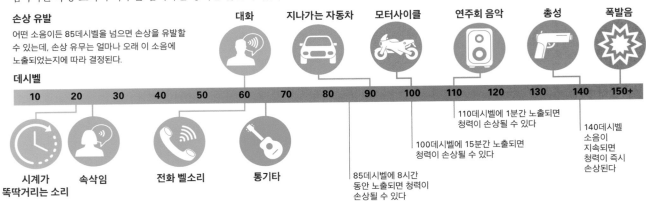

대화
지나가는 자동차
모터사이클
연주회 음악
총성
폭발음

데시벨

| 10 | 20 | 30 | 40 | 50 | 60 | 70 | 80 | 90 | 100 | 110 | 120 | 130 | 140 | 150+ |

시계가 똑딱거리는 소리

속삭임

전화 벨소리

통기타

85데시벨에 8시간 동안 노출되면 청력이 손상될 수 있다

100데시벨에 15분간 노출되면 청력이 손상될 수 있다

110데시벨에 1분간 노출되면 청력이 손상될 수 있다

140데시벨 소음이 지속되면 청력이 즉시 손상된다

매우 높은 소리를 듣는 능력은 18세경에 감퇴하기 시작한다

청각겉질(auditory cortex)이 손상되면 귀가 멀쩡하더라도 난청이 일어날 수 있다

뇌

달팽이관(COCHLEAR DUCT)

달팽이신경(청신경)

달팽이신경이 손상되면 청각 신호가 뇌에 도달되지 못한다

털세포가 영구 손상되면 특정 주파수 소리를 더 이상 듣지 못할 수 있다

달팽이관의 털세포

건강한 털세포는 털이 길다

왜!! 시끄러운 소음을 들으면 귀가 웅웅거릴까?

시끄러운 소음을 들으면 털세포가 격렬하게 흔들려서 털의 끝부분이 부러질 수 있다. 이렇게 되면 털세포는 소음이 멈춘 후에도 신경 신호를 뇌로 보낸다. 부러진 털끝은 24시간 내에 다시 자랄 수 있다.

인공 달팽이관(cochlear implant)

일반적인 보청기는 소리를 증폭만 하기 때문에 털세포가 손상되거나 소실된 사람들에게는 소용이 없다. 인공 달팽이관은 털세포의 기능을 대신해서 소리 진동을 신경 신호로 변환하고, 뇌가 학습해서 이 신호를 해석하게 한다. 달팽이관에 삽입한 전극을 통해 흐르는 전류가 많아지면 더 큰 소리가 나고, 어느 위치에 있는 전극 소자가 활성화되는지에 따라 소리의 높낮이가 결정된다.

인공 달팽이관의 작동 원리

외부 마이크 장치가 소리를 감지해서 처리 장치에 보낸다. 그 다음에는 신호가 송신기를 통해 내장 수신기에 보내지고, 이어서 전류 형태의 신호가 달팽이관에 삽입 배치된 전극 소자들에 전달된다. 자극을 받은 신경종말은 뇌에 신호를 보내서 소리가 들리게 된다.

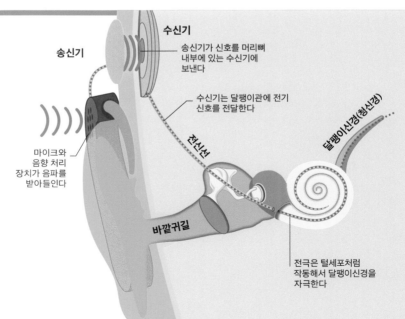

수신기

송신기

송신기가 신호를 머리뼈 내부에 있는 수신기에 보낸다

수신기는 달팽이관에 전기 신호를 전달한다

전신선

달팽이신경(청신경)

마이크와 음향 처리 장치가 음파를 받아들인다

바깥귀길

전극은 털세포처럼 작동해서 달팽이신경을 자극한다

냄새 맡기

대기에 떠 있는 입자들은 코에 있는 감각세포가 감지하고, 이 세포에서 시작된 신경 신호들이 뇌로 전달되면 뇌에서 다양한 냄새로 식별할 수 있다. 이 후각은 신경로를 통해 뇌의 감정 중추에 연결되기 때문에 강력한 감정을 유발하거나 기억을 떠올리게 할 수 있다.

후각

무엇이든지 냄새가 나는 것은 모두 냄새 분자라는 작은 입자를 공기 중에 방출한다. 이 분자는 우리가 들이마시면 콧속으로 들어가고, 이곳에서 후각 전문 신경세포가 그 냄새를 감지한다. 코를 킁킁거리는 행위는 냄새를 맡을 때 일어나는 일종의 자동 반응으로, 냄새 분자를 더 많이 들여 마실수록 냄새를 식별하기가 더 쉬워진다. 사람의 후각과 미각은 음식을 음미할 때 종종 함께 작용하는데, 왜냐하면 입 속에 들어간 음식에서 냄새 분자가 방출된 후에 인두를 거쳐 코안(비강)의 뒷부분으로 올라가기 때문이다.

사람은 대략 **1200만 개**나 되는 **후각수용세포**가 있고 이 세포들이 **1만 가지**의 다양한 냄새를 감지할 수 있다!

2 **코털**
코의 입구에 있는 코털은 먼지나 부스러기 같은 큰 입자는 붙잡아서 걸러내지만 그 수백만분의 일로 작은 냄새 분자는 들어가게 한다.

먼지

갓 구운 빵

냄새 분자

삭은 치즈

연기

1 **냄새의 종류**
갓 구운 빵이나 상한 치즈나 불타고 있는 물건처럼 냄새가 나는 물체는 냄새 분자를 방출한다. 이 분자의 종류에 따라 냄새의 강도는 물론 냄새의 종류도 결정되는데, 왜냐하면 우리는 유독 특정 냄새 분자에 훨씬 더 민감하기 때문이다.

후각 상실

후각이 완전히 사라지는 것을 후각상실증(anosmia)이라 한다. 어떤 사람들은 태어날 때부터 후각상실증이고, 어떤 사람들은 감염이나 머리 손상으로 인해 이 증상이 나타난다. 예를 들어 후각신경섬유가 절단된 환자가 있는데, 그렇게 되면 뇌로 전달되는 신경 신호의 수가 감소할 수 있다. 후각상실증 환자는 식욕이 감소하고 우울증을 앓을 가능성이 높다. 그 이유는 아마도 후각이 뇌의 감정 중추와 연결되어 있기 때문인 것으로 생각된다. 상실된 후각은 저절로, 또는 약물 치료나 수술 후에 회복될 수 있다. 후각 훈련이 도움이 되는 환자도 있는데, 아마도 훈련으로 인해 후각수용세포가 재생되는 것으로 보인다.

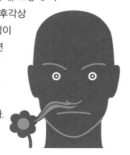

왜!! 코피가 터지는가?

콧속을 덮고 있는 코점막은 얇은데다가 작은 혈관들이 많다. 이 혈관들은 매우 쉽게 터져서 코피를 일으키는 경향이 있는데, 건조한 공기를 들이마셔서 코딱지가 생기고 얇은 점막이 부서져도 코피가 터질 수 있고, 코를 너무 세게 풀어도 코피가 터질 수 있다.

3 코안(비강, nasal cavity)

냄새 분자들은 숨을 들이쉴 때 콧속으로 흘러 들어간다. 후각수용세포라 불리는 특수한 신경세포는 좌우 각 코안의 윗부분에 자리잡고 냄새 분자를 감지한다. 얇은 뼈로 이루어진 코선반은 온기를 퍼뜨려서 후각수용세포가 정상적으로 작동하고 손상되지 않도록 한다.

후각망울에는 후각 신호를 뇌로 전달하는 신경세포가 가득 들어 있다

즐거움 역거움 공포

편도체(AMYGDALA)

후각수용세포

후각신경

5 후각과 감정

신선한 음식 냄새를 맡으면 기쁨이 샘솟을 때가 많다. 무엇이든 상한 냄새를 맡으면 역겨워지면서 병에 걸릴 위험이 있음을 깨닫게 되고, 연기 냄새를 맡으면 맞서 싸우거나 도망치는 교감신경 반응이 유발될 수 있다.

코선반(conchae)은 혈관이 많이 깔려 있어서 공기를 데운다

4 뇌로 전달

후각수용세포의 위끝 부분에서 시작된 신경 신호는 후각망울(olfactory bulb) 속에 있는 또다른 신경세포에 연결된다. 그 다음에는 신호가 편도체로 전달되고, 편도체에서는 각각의 냄새에 대한 감정 반응이 확립된다.

코털은 먼지와 유해 세균을 붙잡아서 걸러낸다

들이마신 공기는 코에 있는 혈관에 의해 데워진다

자물쇠와 열쇠 이론 (lock and key theory)

후각수용세포의 각 수용체는 특정 집단의 냄새 분자에 반응하는데, 이 원리는 자물쇠마다 맞는 열쇠가 따로 있는 것과 같다. 이 수용체들은 서로 다른 조합을 이루어 다양한 냄새를 감지한다. 그러므로 우리는 갖고 있는 수용체의 종류보다 더 다양한 냄새를 식별할 수 있다. 냄새 분자와 수용체의 결합을 결정하는 것이 냄새 분자의 형태인지, 아니면 또다른 요인인지는 아직 연구 중에 있다.

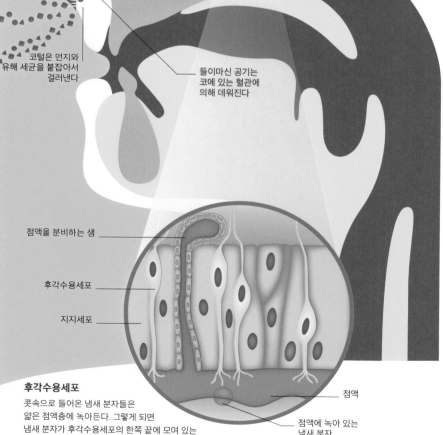

점액을 분비하는 샘

후각수용세포

지지세포

점액

점액에 녹아 있는 냄새 분자

후각수용세포

콧속으로 들어온 냄새 분자들은 얇은 점액층에 녹아든다. 그렇게 되면 냄새 분자가 후각수용세포의 한쪽 끝에 모여 있는 수용체에 결합할 수 있다.

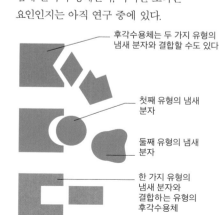

후각수용체는 두 가지 유형의 냄새 분자와 결합할 수도 있다

첫째 유형의 냄새 분자

둘째 유형의 냄새 분자

한 가지 유형의 냄새 분자와 결합하는 유형의 후각수용체

혀끝에 캔디

우리 혀에는 수많은 화학 수용체가 있는데, 이 수용체는 음식에 포함된 몇 가지 중요한 화학 성분을 감지해서 다섯 가지 주요 미각 중 하나로 해석한다. 그러나 모든 사람의 혀가 동일하지는 않은데, 이 사실은 사람마다 선호하는 음식이 다른 이유를 설명하는 데 도움이 된다.

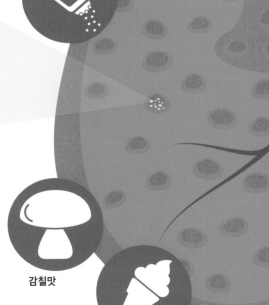

왜!! 아이들은 블랙커피를 싫어할까?

아이들이 쓴맛을 싫어하는 것은 독으로부터 자신을 보호하기 위해 진화된 결과일 가능성이 있다. 그리고 성인이 되는 과정에서 경험을 통해 에스프레소와 같은 쓴맛의 즐거움을 배우게 된다.

미각 수용기

우리 혀는 오돌토돌 돋아 있는 작은 돌기인 혀유두들로 덮여 있다. 혀유두에는 화학물질을 감지해서 다섯 가지 기본 맛인 신맛, 쓴맛, 짠맛, 단맛, 감칠맛을 느끼게 하는 미각 수용기들이 포함되어 있다. 각 미각 수용기는 한 가지 맛만 감지하는데, 다섯 가지 미각 수용기는 모두 혀 표면의 곳곳에 분포하고 있다. 음식의 풍미는 더 복합적인 감각으로, 후각과 혼합된 미각이며, 음식물 분자가 목구멍의 뒤에서 위로 올라가서 코에 도달할 때 감지된다. 코가 막히면 음식 맛이 밍밍한 것은 이 때문이다.

혀유두는 혀에 돋아 있는 돌기로, 맨눈으로도 식별할 수 있으며, 다양한 맛(신맛, 쓴맛, 짠맛, 단맛, 감칠맛)을 감지하는 맛봉오리가 포함되어 있을 수 있다.

신맛

쓴맛

짠맛

감칠맛

단맛

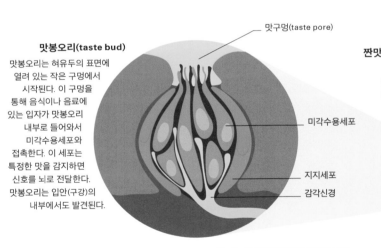

맛구멍(taste pore)

맛봉오리(taste bud)

맛봉오리는 혀유두의 표면에 열려 있는 작은 구멍에서 시작된다. 이 구멍을 통해 음식이나 음료에 있는 입자가 맛봉오리 내부로 들어와서 미각수용세포와 접촉한다. 이 세포는 특정한 맛을 감지하면 신호를 뇌로 전달한다. 맛봉오리는 입안(구강)의 내부에서도 발견된다.

미각수용세포

지지세포

감각신경

초미각자(SUPERTASTER)

다른 사람에 비해 맛봉오리가 매우 많은 사람들이 있다. 이 초미각자들은 다른 사람은 느끼지 못하는 쓴맛을 감지할 수 있어서 일반적으로 푸른색 채소와 지방이 많은 음식을 싫어한다. 초미각자들은 전체 인구의 25퍼센트를 차지하는 것으로 추정된다.

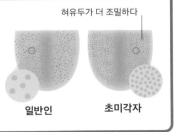

혀유두가 더 조밀하다

일반인

초미각자

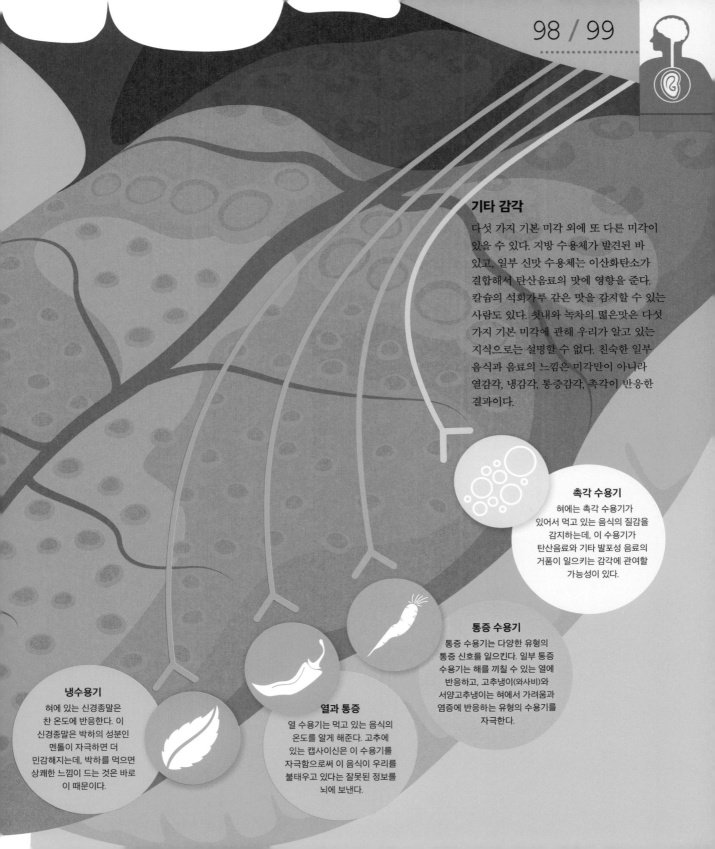

기타 감각

다섯 가지 기본 미각 외에 또 다른 미각이 있을 수 있다. 지방 수용체가 발견된 바 있고, 일부 신맛 수용체는 이산화탄소가 결합해서 탄산음료의 맛에 영향을 준다. 칼슘의 석회가루 같은 맛을 감지할 수 있는 사람도 있다. 찻내와 녹차의 떫은맛은 다섯 가지 기본 미각에 관해 우리가 알고 있는 지식으로는 설명할 수 없다. 친숙한 일부 음식과 음료의 느낌은 미각만이 아니라 열감각, 냉감각, 통증감각, 촉각이 반응한 결과이다.

촉각 수용기

혀에는 촉각 수용기가 있어서 먹고 있는 음식의 질감을 감지하는데, 이 수용기가 탄산음료와 기타 발포성 음료의 거품이 일으키는 감각에 관여할 가능성이 있다.

통증 수용기

통증 수용기는 다양한 유형의 통증 신호를 일으킨다. 일부 통증 수용기는 해를 끼칠 수 있는 열에 반응하고, 고추냉이(와사비)와 서양고추냉이는 혀에서 가려움과 염증에 반응하는 유형의 수용기를 자극한다.

냉수용기

혀에 있는 신경종말은 찬 온도에 반응한다. 이 신경종말은 박하의 성분인 멘톨이 자극하면 더 민감해지는데, 박하를 먹으면 상쾌한 느낌이 드는 것은 바로 이 때문이다.

열과 통증

열 수용기는 먹고 있는 음식의 온도를 알게 해준다. 고추에 있는 캡사이신은 이 수용기를 자극함으로써 이 음식이 우리를 불태우고 있다는 잘못된 정보를 뇌에 보낸다.

거울상자 요법(MIRROR BOX THERAPY)

팔다리가 절단된 사람들 중 상당수가 '헛팔다리 통증(환상사지 통증, phantom limb pain)'으로 고생한다. 이 환자의 뇌는 없어진 팔다리에서 오던 감각 정보가 사라진 것을 근육이 죄이고 경련이 일어나고 있다는 감각으로 잘못 해석한다. 거울상자를 이용해서 헛팔다리가 '보이도록' 뇌를 속이고 절단되지 않은 팔다리를 움직이면 통증을 종종 완화시킬 수 있다.

절단되지 않은 팔의 거울상

절단되지 않은 팔

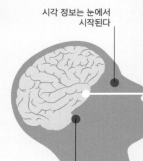

시각 정보는 눈에서 시작된다

평형 정보는 속귀에서 시작된다

신체 자세 감각

자신의 손을 보지 않고서도 이 손이 어디에 있는지를 어떻게 알 수 있을까? 우리 몸의 각 부분들이 어느 위치에 있는지를 뇌에 알려주는 수용기들이 있는데, 이 정보를 여섯째 감각이라 부르기도 한다. 우리 신체의 각 부분들이 우리 자신에 속해 있음을 깨닫게 하는 감각도 있다.

장력 수용기(tension receptor)

힘줄 속에 있는 힘줄기관은 근육의 장력(긴장도)을 계속 모니터함으로써 근육이 얼마나 큰 힘을 발휘하고 있는지를 감지한다(58~59쪽 참조).

근육

힘줄기관(Golgi tendon organ)은 근육 장력(긴장도) 변화를 감지한다

힘줄(tendon)

뼈

자세 감지기

우리 몸이 어떤 자세를 취하고 있는지를 뇌가 판단하도록 돕는 수용기들은 종류가 다양하다. 팔이나 다리가 움직이려면 관절의 자세가 변해야 한다. 근육은 관절의 어느 한쪽에 위치하면서 수축하거나 이완함으로써 길이나 장력이 변한다. 근육을 뼈에 부착시키는 힘줄은 당겨져서 팽팽해지고, 관절의 한쪽을 덮고 있는 피부도 마찬가지로 팽팽해지지만 그 반대쪽에 있는 피부는 느슨해진다. 뇌는 이 여러 구성원에서 온 정보들을 종합함으로써 신체 움직임에 관해 상당히 정확하게 머릿속에 그릴 수 있다.

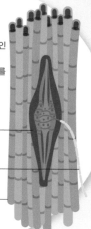

신장 수용기
(stretch receptor)

작은 럭비공을 길쭉하게 잡아 늘인 것처럼 생긴 감각기관으로, 근육 속에 있으면서 근육의 길이 변화를 감지함으로써 그 근육이 얼마나 늘어나거나 수축했는지를 뇌가 알게 한다.

근육방추(muscle spindle)는 근육의 길이 변화를 감지한다

신경을 통해 뇌에 신호를 보낸다

근육

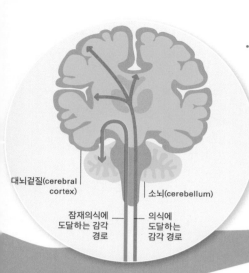

대뇌겉질(cerebral cortex)

소뇌(cerebellum)

잠재의식에 도달하는 감각 경로

의식에 도달하는 감각 경로

통합 기관

뇌는 근육 속과 주위에 위치한 감지장치에서 받은 정보와 나머지 감각들을 종합해서 신체가 어떤 자세를 취하고 있는지를 파악한다. 이 정보를 의식 수준에서 파악하는 과정은 대뇌겉질(대뇌피질)에서 이루어지고, 우리는 그 해석된 결과를 바탕으로 달리고 춤추고 야구 시합을 할 수 있다. 대뇌의 아래에 있는 소뇌는 무의식 수준에서 처리하는 과정을 책임지며, 그 덕분에 우리는 의식하지 않고서도 똑바로 선 자세를 유지할 수 있다.

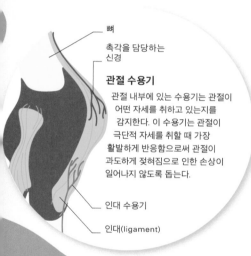

뼈

촉각을 담당하는 신경

관절 수용기

관절 내부에 있는 수용기는 관절이 어떤 자세를 취하고 있는지를 감지한다. 이 수용기는 관절이 극단적 자세를 취할 때 가장 활발하게 반응함으로써 관절이 과도하게 젖혀짐으로 인한 손상이 일어나지 않도록 돕는다.

인대 수용기

인대(ligament)

신체발부가 자신의 일부분임을 인식하는 감각

우리 신체가 우리 자신의 것임을 인식하는 감각은 의외로 복잡하고 상황에 따라 변할 수 있다. 아래 그림처럼 고무손 착각(rubber hand illusion) 실험을 하면 가짜 손이 자신의 일부라는 느낌이 든다. 이와 유사하게 가상현실 헤드셋을 이용해서 유체 이탈을 체험하게 할 수 있다. 이처럼 이 감각은 융통성이 있기 때문에 우리는 한쪽 팔다리를 잃어도 극복할 수 있고, 연장과 의수나 의족을 우리 신체의 일부라고 생각할 수 있다.

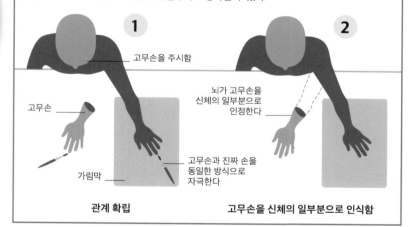

1

고무손을 주시함

고무손

가림막

고무손과 진짜 손을 동일한 방식으로 자극한다

관계 확립

2

뇌가 고무손을 신체의 일부분으로 인정한다

고무손을 신체의 일부분으로 인식함

피부가 당겨져서

피부에 있는 특수한 수용기는 피부가 늘어나는 것을 감지할 수 있다(75쪽 참조). 이 감각은 팔다리가 얼마나 움직였는지, 특히 관절 각도가 얼마나 변했는지를 판단하는 데 도움을 주는데, 관절 각도가 변하면 한쪽 피부는 팽팽하게 늘어나고 그 반대쪽 피부는 느슨해지기 때문이다.

턱근육과 혀에 있는 자세 감지 장치들은 우리가 말할 때 올바른 발음을 하도록 돕는다

감각 통합

우리 뇌는 우리의 모든 감각에서 온 정보들을 종합함으로써 우리 주위 세상을 알게 된다. 하지만 놀라운 것은 우리의 한 감각이 때로는 다른 감각이 어떻게 느껴지는지를 실제로 변화시킬 수 있다는 사실이다.

뇌(BRAIN)

다양한 감각들이 서로 영향을 미칠 수 있는 방식

여러분이 체험하는 것은 모두 여러분의 감각에 의해 해석된다. 여러분은 어떤 물건을 보고 하나를 골라잡을 때 그 형태와 질감을 느끼게 된다. 여러분은 음식을 맛보기 전에 소리나 냄새가 나는 곳을 찾아서 '눈으로 시식'한다. 여러분의 뇌는 복잡한 처리 과정을 거쳐서 이 정보를 올바르게 통합한다. 때로는 이 정보 통합으로 인해 다감각 착각(multisensory illusion)이 초래될 수 있다. 만일 다양한 감각을 통해 받은 정보들이 서로 충돌하면 뇌는 그중 한 감각을 다른 감각보다 우선시하게 되는데, 이 현상은 당시 상황에 따라 도움이 될 수도 있고 그릇된 해석을 낳을 수도 있다.

소리와 시각
동시다발적으로 사건이 일어났을 때 우리는 이 사건들이 서로 연계되어 있다고 믿는 경우가 많다. 각 감각들이 보내온 정보는 서로 다르지만 말이다. 여러분이 만일 여러분 차 근처에서 경보음을 듣는다면, 그 소리가 어디에서 났든지(위치 차이가 매우 크지 않는 한) 여러분 차에서 경보음이 울렸다고 믿게 될 것이다.

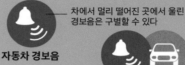

차에서 멀리 떨어진 곳에서 울린 경보음은 구별할 수 있다

자동차 경보음

경보음이 차 근처에서 울린다

여러분 차에서 경보음이 울린다고 생각해서 차에 다가간다

차

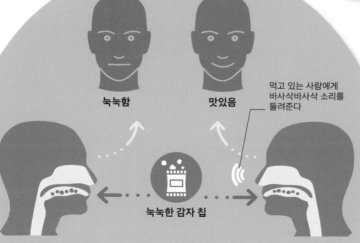

녹녹함

맛있음

먹고 있는 사람에게 바사삭바사삭 소리를 들려준다

녹녹한 감자 칩

미각과 소리
녹녹한 감자 칩을 먹고 있는 사람이 바사삭바사삭하는 소리를 들으면 감자 칩 맛이 신선하다고 오판하게 된다. 제과회사는 감자 칩이 더 바삭거린다는 느낌이 들도록 그 포장을 바사삭바사삭 소리가 나도록 만드는 상술을 쓴다.

주위가 시끄러워서 말소리가 잘 들리지 않을 때는 **입술 모양을 보고 말한 내용을 이해하는 독순법을 사용한다**

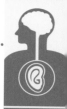

소리와 형태

두 도형을 사람들에게 보여 주면서 하나는 '부바'로 이름을 정하고 다른 하나는 '키키'로 정하라고 시키면, 대다수 사람들은 어감이 날카로운 '키키'는 뾰족한 도형의 이름으로 정하고 어감이 부드러운 '부바'는 모서리가 둥근 도형이라고 판단한다. 이와 같은 짝짓기 경향은 다양한 문화권과 언어권에서 두루 나타나는데, 이 사실은 청각과 시각 사이에 연관성이 있음을 시사한다.

후각과 미각

미각은 단순한 감각으로, '단맛'이나 '짠맛' 같이 대략적인 감각들로 구성되어 있다. 우리가 풍미라고 여기는 것들 중 대부분은 사실 우리가 맡은 냄새이다. 후각은 대략적인 감각인 미각 자체에 영향을 미칠 수도 있다. 바닐라 향기를 맡으면 음식이나 음료가 더 달콤하게 느껴질 수 있는데, 달콤한 음식에 첨가하는 향료로 바닐라를 자주 이용하는 지역에서만 그렇다.

바닐라 열매가
특유의 향기를
발산한다

달지 않게 만든
아이스크림이지만
단 맛을 느낀다

가상현실 손으로 용수철에
달린 공을 튕기고 있다

공과 용수철이 누르는
압력이 실제 손에서
느껴진다

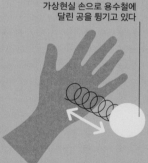

가상현실

현실

촉각과 시각

컴퓨터 게임 이용자가 가상현실에 있는 물체를 집을 때 시각적 단서만으로도 물체가 손에 잡히는 물리적 감각을 느낄 수 있는데, 심지어 촉각으로는 그런 정보를 전혀 얻을 수 없음에도 불구하고 그러한 감각을 느낄 수 있다. 즉 여러분이 눈으로 본 것이 여러분이 느끼는 감각에 실제로 영향을 미칠 수 있다.

제 목소리 내기

뇌에서는 복잡한 신경망이 융통성 있게 작용하고 신체에서는 협동운동이 원활하게 일어나야만 말이 완성된다. 말투와 억양은 단어를 말하는 방식에 영향을 미쳐서 가장 간단한 문장에도 수많은 의미를 덧붙일 수 있다.

3 발성
숨을 내쉴 때 성대는 공기가 통과하는 동안 진동해서 소리를 낸다. 진동 속도는 목소리의 높낮이를 좌우하는데, 이 과정은 후두에 있는 근육들이 조절한다. 큰 소리를 내고 싶으면 공기를 더 세차게 분출해야 한다

성대가 진동해서 소리가 시작된다

1 사고 과정
먼저 어떤 단어를 말하고 싶은지를 결정해야 한다. 이렇게 하면 브로카 영역(운동언어영역, Broca's area)을 포함해서 왼쪽 대뇌반구에서 서로 연결되어 있는 여러 부위들이 활성화되어 예전에 저장했던 단어들을 떠올린다.

왼쪽 대뇌반구에 있는 브로카 영역은 말을 고안한다

성대가 열리면 공기가 허파 속에 들어갈 수 있다

후두(larynx)

2 숨 들이쉬기
허파(폐)를 이용해서 공기를 끊임없이 흐르게 해야 말을 할 수 있다. 숨을 들이쉴 때 성대(vocal cord)가 열려서 공기가 통과하게 하고, 이어서 허파 속에 기압이 축적되기 시작한다.

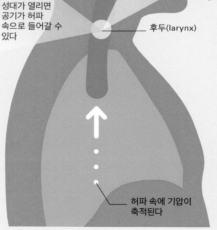

허파 속에 기압이 축적된다

4 발음
코와 목구멍과 입이 울림통으로 작용하고 입술과 혀가 움직여서 구체적인 소리를 만들어내면 처음에 성대에서 만들어진 윙윙거리는 소리가 알아들을 수 있는 말소리로 바뀐다.

'이-' 발음

'아-' 발음

'우-' 발음

우리는 어떻게 말을 할까?

말을 할 때는 뇌와 허파와 입과 코도 모두 핵심적인 역할을 하지만 후두가 가장 중요하다. 후두는 목에서 기관(숨통) 위에 위치하며, 그 내부에 앞뒤로 뻗어 있는 좌우 한 쌍의 조직판이 있다. 이 조직판이 바로 성대(목청)인데, 성대는 소리를 만드는 장치이며, 우리는 이 소리를 가공해서 말을 하게 된다.

다양한 발음
성대가 만들어낸 소리는 혀가 움직여서 다듬는데, 이때 치아와 입술도 돕는다. 혀와 입의 모양을 변화시켜서 '아-'나 '이' 같은 모음을 발음하고, 입술로 공기 흐름을 차단해서 'ㅍ'나 'ㅂ' 같은 자음을 발음한다.

말하기 신경회로

뇌의 각 영역은 신경로를 통해 연결된다. 베르니케 영역(감각언어영역)과 브로카 영역(운동언어영역)을 연결하는 신경다발인 활꼴다발(arcuate fasciculus)은 고속으로 신경 자극을 전달하는 신경섬유들로 구성되어 있다.

운동겉질은 근육에 지시를 내려서 대답을 말하게 한다

운동겉질(MOTOR CORTEX)

신경섬유다발이 베르니케 영역과 브로카 영역을 연결한다

브로카 영역(BROCA'S AREA)

브로카 영역은 들은 말을 바탕으로 대답할 계획을 짜게 한다

청각영역

청각영역은 들은 말을 분석한다

베르니케 영역(WERNICKE'S AREA)

베르니케 영역은 단어의 의미를 처리한다

내 귀에 도달한 타인의 말소리

말소리 처리

말소리로 인해 시작된 공기 진동은 귀에 도달해서 그 내부에 있는 신경을 자극하고, 이어서 뇌에 신호를 전달해서 처리하게 만든다. 베르니케 영역은 단어의 기본적 의미를 이해하는 데 매우 중요하며, 브로카 영역은 문법과 말투를 해석한다. 이 두 영역은 말을 이해하고 만드는 거대한 신경망의 일원이다. 두 영역 중 어느 하나라도 손상을 입으면 말하기 장애로 이어질 수 있다.

우리는 어떻게 노래하는가?

우리는 말할 때 사용하던 바로 그 물리적 신경망과 정신 작용 경로를 이용해서 노래를 하지만, 훨씬 더 많은 조절이 필요하다. 노래할 때는 공기의 압력이 더 크고, 코곁굴(sinus)과 입과 코와 목구멍 같은 여러 가지 공간 구조를 울림통으로 사용함으로써 더 풍성한 소리를 낸다.

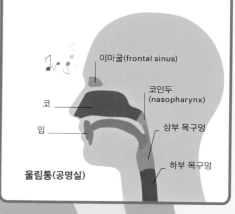

이마굴(frontal sinus)

코

입

코인두 (nasopharynx)

상부 목구멍

하부 목구멍

울림통(공명실)

얼굴 읽기

우리는 사회적 동물이기 때문에 얼굴을 알아보고 표정을 간파하는 것은 우리가 생존하는 데 꼭 필요하다. 이 말은 인류가 얼굴을 매우 잘 알아채는 수준까지 진화해 왔음을 의미하는데, 심지어 탄 식빵 조각의 표면처럼 얼굴이 실제로 존재하지 않는 곳에서 얼굴 모양을 인식할 때도 있다.

얼굴 표정을 간파하는 것이 중요하다

아기는 태어날 때부터 사람들의 얼굴에 마음을 빼앗겨서 다른 어떤 것보다 사람 얼굴을 보기를 좋아한다. 여러분은 나이를 먹으면서 얼굴을 알아보는 것뿐 아니라 표정을 읽는 데에도 급속도로 능숙해진다. 덕분에 도움이 될 사람인지 해를 끼칠 사람인지를 구별할 수 있게 된다. 각각의 얼굴들은 놀랍도록 오랫동안 여러분의 기억에 남아 있는데, 심지어 몇 년 동안 본 적이 없는 사람도 기억하고는 한다.

얼굴 표정이 암시하는 단서

여러분은 사람의 얼굴을 분간할 때 두 눈과 코와 입 사이의 비율을 자세히 살핀다. 눈코입의 움직임은 감정을 읽는 데 도움이 된다. 예를 들어 양쪽 눈썹을 위로 올리고 입을 벌리면 놀랐음을 암시한다. 이 표시들은 여러분의 눈에서 감지되고, 이어서 신경 신호가 대뇌의 방추이랑 얼굴영역으로 보내져서 처리된다.

방추이랑 얼굴영역

방추이랑 얼굴영역(fusiform face area)이라 칭하는 대뇌 영역은 여러분이 사람들의 얼굴을 볼 때 활성화된다. 이 영역은 얼굴 인식이 전문 기능인 것으로 생각된다. 그러나 이 영역은 익숙한 물체를 쳐다볼 때에도 활성화되는데, 만일 여러분이 피아노 연주자라면 건반을 볼 때 활성화될 가능성이 있다. 이 영역이 얼굴에만 한정해서 작용하는지는 여전히 연구 중에 있다.

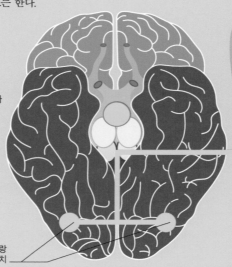

대뇌의 좌우 방추이랑 얼굴영역이 있는 위치

대뇌의 아랫면

얼굴 알아보기

사람은 자동차에서부터 치즈나 세탁기나 나무조각에 이르기까지 일정한 패턴이 없이 임의의 부위에서 얼굴이나 앞면을 찾는 경향이 있다. 이렇게 된 것은 우리 조상들이 복잡하고 살벌한 계급 사회에서 살아남기 위해서는 타인의 얼굴 표정을 해석하는 것이 중요했기 때문이다.

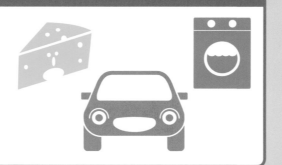

표정 근육

여러분의 얼굴에는 피부를 당겨서 눈 모양과 입술의 위치를
바꿔서 표정이 잘 드러나게 만드는 근육들이 있다. 타인의
얼굴에서 표정을 읽는 능력이 있으면 타인의 기분이나 의도나
속셈을 판단할 수 있다. 얼굴 표정을 읽으면 도움을 요청할 때와,

혼자 있게 내버려 둬야 할 때와, 위로를 해야 할 때를 알게 된다.
미간을 찡그리거나 입술을 삐죽거리는 것같이 가장 감지하기 힘든
단서까지 간파할 수 있다면 얼굴을 찡그리는 것과 히죽히죽 웃는
것의 차이 정도는 정확히 눈치챌 수 있다.

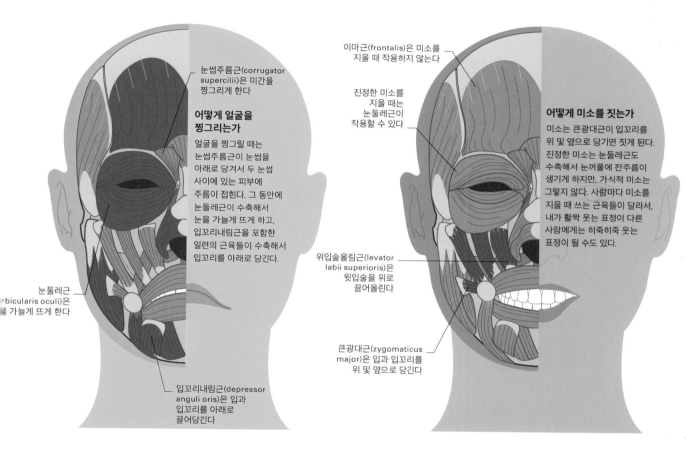

눈썹주름근(corrugator
supercilii)은 미간을
찡그리게 한다

어떻게 얼굴을
찡그리는가

얼굴을 찡그릴 때는
눈썹주름근이 눈썹을
아래로 당겨서 두 눈썹
사이에 있는 피부에
주름이 접힌다. 그 동안에
눈둘레근이 수축해서
눈을 가늘게 뜨게 하고,
입꼬리내림근을 포함한
일련의 근육들이 수축해서
입꼬리를 아래로 당긴다.

눈둘레근
(orbicularis oculi)은
눈을 가늘게 뜨게 한다

입꼬리내림근(depressor
anguli oris)은 입과
입꼬리를 아래로
끌어당긴다

이마근(frontalis)은 미소를
지을 때 작용하지 않는다

진정한 미소를
지을 때는
눈둘레근이
작용할 수 있다

어떻게 미소를 짓는가

미소는 큰광대근이 입꼬리를
위 및 옆으로 당기면 짓게 된다.
진정한 미소는 눈둘레근도
수축해서 눈꺼풀에 잔주름이
생기게 하지만, 가식적 미소는
그렇지 않다. 사람마다 미소를
지을 때 쓰는 근육들이 달라서,
내가 활짝 웃는 표정이 다른
사람에게는 히죽히죽 웃는
표정이 될 수도 있다.

위입술올림근(levator
labii superioris)은
윗입술을 위로
끌어올린다

큰광대근(zygomaticus
major)은 입과 입꼬리를
위 및 옆으로 당긴다

시선과 눈맞춤

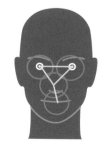

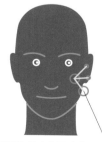

자폐증(246쪽 참조) 환자는 타인의 얼굴을 볼 때 대
개 눈과 입에 초점을 맞추지 않는다. 이들은 사람을
사귀는 일이 당황스럽고 어려우며, 의사 소통을 할
때 사교와 관련된 중요한 단서를 놓치기도 한다. 심
지어 아기 때부터 이처럼 시선을 피하다가 자폐증으
로 진행하기도 하는데, 따라서 이 시선 회피를 자폐
증을 예견할 수 있는 조기 징후로 이용할 수 있다.

자폐증 환자는 얼굴을 보는 패턴이 다르다

일반인이 주시하는 곳   **자폐증 환자가 주시하는 곳**

눈이 먼 채로 태
어난 사람들도
감정이 솟구칠
때는 눈이 보이
는 사람들과 동
일한 표정을 짓는다

말하지 않아도

인간은 단어만으로 의사 소통을 하지 않는다. 얼굴 표정과 말투와 손짓으로도 많은 것을 표현할 수 있으며, 이 신호를 알아챌 수 있어야만 남들이 진정으로 뜻하는 바를 이해할 수 있다.

누군가의 신체를 에워싸고 있는 개인 공간을 침범하면 공포나 각성이나 불편함을 불러일으킬 수 있다

비언어 의사 소통(nonverbal communication)

여러분은 누군가와 대화하고 있을 때, 그 사람의 목소리와 얼굴과 신체에서 미묘한 신호들을 어렴풋이 알아채곤 한다. 이 신호들을 정확히 해석하는 것이 가장 중요할 때는 말뜻이 애매모호할 때이다. 이 신호들 중 대부분은 여러분들로 하여금 그 사람이나 집단의 기분을 헤아려서 그 사회적 상황에 맞는 행동을 취하게 한다. 예를 들어 여러분이 직장에서 회의를 하다가 생뚱맞은 의견을 말할 적절한 기회를 엿보고 있다면 동료들의 보디 랭귀지와 기분을 미리 파악해야 후환이 없을 것이다.

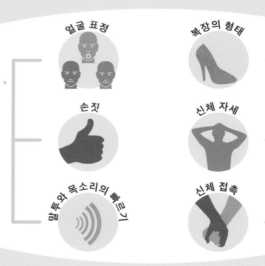

얼굴 표정

복장의 형태

손짓

신체 자세

말투와 목소리의 빠르기

신체 접촉

신호의 유형

얼굴 표정, 손짓, 신체 자세, 말투와 목소리의 빠르기는 모두 의사소통을 할 때 여러분이 파악해야 하는 신호들이다. 그 사람의 복장도 중요한데, 왜냐하면 복장은 성격과 종교나 사고방식에 관한 단서를 제공할 수 있기 때문이다. 신체 접촉은 말한 내용에 감정을 덧붙여 강조할 수 있다.

혼자 팔짱을 껴서 담을 쌓는다

몸을 돌려 상대방을 외면한다

머리를 비스듬히 젖힌다

신체 접촉

두 발을 모은다

부정적   긍정적

보디 랭귀지

여러분이 말할 때 몸을 움직이는 방식을 보면 여러분이 말한 그대로 몸을 담고 있는 경우가 많다. 눈을 맞추고, 타인의 얼굴 표정과 자세를 따라하며, 신체 접촉을 하는 것은 일반적으로 긍정적인 신호로 해석된다. 혼자 팔짱을 끼고, 어깨를 옹츠리며, 다른 사람들로부터 멀찍이 떨어져 있으면 부정적인 인상을 줄 수 있다.

미세 표정

1초

거짓말이 들통 나다

때로는 여러분이 주위 사람들을 속이는 것이 이로울 때가 있지만, 누군가 여러분을 속이고 있음을 알 수 있는 것도 도움이 된다. 그러나 여러분이 거짓말을 하고 있음이 들통 날 수 있는 신호들이 있다. 아주 지독한 거짓말장이는 자신이 진실을 말하고 있다고 스스로 믿게 만든다. 만일 여러분이 자신의 거짓말을 진심으로 믿는다면 보디 랭귀지로는 거짓말이 들통 나지 않을 것이다.

머뭇거림

여러분은 꾸밈없이 사실대로 대답할 때보다 거짓말을 할 때 더 오래 머뭇거릴 가능성이 높은데, 왜냐하면 거짓 대답을 꾸며내려면 시간이 더 오래 걸리기 때문이다. 설사 여러분이 실제로 일어났던 이야기를 하고 있다 하더라도 그 사건에 대한 여러분의 감정이 진실이 아니면 역시 머뭇거릴 수 있는데, 이것은 거짓말을 하고 있음을 시사하는 단서가 된다.

손이 씰룩거리는 게 보이면 거짓이 들통날 수 있다

손동작

신체 동작은 의식적으로 조작할 수 없기 때문에 거짓말을 하고 있음을 시사하는 좀 더 신빙성이 있는 단서가 된다. 거짓말을 할 때는 손을 꼬거나, 몸짓을 하거나, 초조해서 씰룩거리는 경우가 많다.

우리는 모든 거짓말을 알아챌 수 있을까?

아니다. 누구나 자기 나름대로 거짓말하는 방식이 있다. 어떤 사람은 머뭇거리고, 어떤 사람은 발가락을 씰룩거린다. 반면에 이 두 신호가 모두 부정직함을 드러내는 것이 아니라 다른 뜻이 숨어 있음을 시사할 가능성도 있다.

미세 표정(microexpression)

거짓말을 하고 있는 사람의 얼굴에 무의식적으로 나타나는 찰나의 표정은 대개 진실을 감추려 애쓰고 있는 감정 상태를 드러낸다. 이 미세 표정은 0.5초 미만으로 유지되며, 보통 사람은 대개 놓치지만 숙달된 관찰자가 감시하면 알아챌 수 있다.

슈퍼맨 자세

보디 랭귀지는 영향력이 매우 크기 때문에 본인의 자아까지 변화시킬 수 있다. 잠깐이라도 힘이 넘치는 자세를 취하면 남녀 모두에서 테스토스테론 농도가 상승하고, 스트레스 호르몬인 코티솔 농도가 내려간다. 이렇게 되면 매사를 내 뜻대로 통제할 수 있다는 느낌이 강화되고, 위험을 감수할 가능성이 높아지며, 심지어 취업 면접 성과도 향상된다. 이 현상을 통해 여러분의 신체 운동이 감정에 영향을 미칠 수 있으며 '계속 그런 척 하면 결국 이루어진다' 는 서양 옛말이 실제로도 귀담아 들을 말임을 알 수 있다.

발가락이 씰룩거리는 것은 거짓말을 하고 있다는 신호일 수 있다

호흡과
혈액 순환
- 생존의 핵심

허파 안으로 공기를

허파(폐, lung)가 산소를 얻고 이산화탄소를 버리기 위해 공기를 빨아들였다 내보내는 것은 마치 한 쌍의 거대한 풀무와 같다. 우리는 가만히 있을 때 1분에 12번 정도 숨을 쉬며, 운동할 때는 1분에 20번 이상 숨을 쉬게 된다. 1년에 우리가 숨 쉬는 횟수는 850만 번 정도이다.

호흡의 조절

숨을 쉬는 속도는 혈관에 있는 화학수용기가 보내는 신호에 따라 빨라졌다 느려졌다 한다. 이들 수용기 덕분에 혈관, 뇌, 가로막(횡격막, diaphragm) 사이에 피드백(피드백) 제어회로가 형성된다.

숨을 들이쉴 때

코나 입을 통해 들어온 공기는 기관(trachea)을 통해 오른쪽과 왼쪽 기관지(bronchus)로 이동한 다음 각각에서 세기관지(bronchiole)라는 더 작은 공기 통로로 운반된다. 기관에서 세기관지 끝까지 가는 동안 기도(airway)는 23번 정도 갈라진다.

기관

공기가 목구멍을 지나간다

공기가 기관을 따라 내려간다

세기관지

오른허파를 싸는 층

허파(폐)

① 숨을 들이마심

들이쉰 공기는 코와 입을 지나면서 덥혀지고 습기가 더해진다. 기관이나 허파를 자극하여 기침 반사를 일으킬 수 있는 먼지 알갱이는 코털에 걸린다.

숨을 들이쉰다

코 안

허

뇌로 보내는 신호

수용기의 머리가 심장이 보내는 혈액의 산소를 감지한다

혈관

수용기가 혈관 속의 산소를 감지한다

신경 신호 전달 방향

뇌

심장

신경

가로막에 보낸 신호에 따라 호흡 속도가 조절된다

신경 신호 전달 방향

가로막

피드백 제어회로

화학수용기는 혈액 속의 산소, 이산화탄소, 산성도의 변화를 감지한다. 이 정보가 뇌로 전달되면, 뇌가 가로막의 운동을 조절하여 호흡 속도를 빠르거나 느리게 하고 호흡의 깊이를 조절함으로써 혈액에 있는 물질의 양을 일정하게 유지한다.

세기관지가 아주 미세한 관으로 갈라진다

기관지

잔기관지

가슴막안

숨을 내쉰다

공기가 허파에서 나온다

가슴이 오므라든다

허파의 크기가 줄어든다

가로막이 이완되어 돔처럼 솟아오른다

운동 방향

날숨

숨을 들이쉰다

공기가 허파로 들어간다

가슴이 확장한다

허파가 커진다

가로막이 수축한다

운동 방향

들숨

2 허파 속으로의 여행

양쪽 기관지를 통과한 공기는 점점 좁아지는 관을 지나 결국 폐포(alveolus)라는 작은 공기주머니에 도달한다. 허파와 흉곽 사이에는 가슴막안(pleural cavity)이라는 또 하나의 얇은 공간이 있다. 가슴막안에는 가슴액이 있어, 얇은 층이 크고 큰 운활제인 이 액체는 호흡할 때 허파가 흉곽 안에서 흉벽 표면을 매끄럽게 움직이게 해 주며, 숨을 내쉴 때 허파가 흉벽에서 떨어지는 것을 막는다.

인간의 기도를 쫙 펴서 끝까지의 길이는 2400킬로미터에 이른다

크기의 중요성

허파를 채우고 있는 미세한 공기 주머니인 폐포(alveolus)들을 다 합치면 그 표면적은 70제곱미터이다. 이는 우리 몸 피부 표면이 넓이보다 40배이는 우리 몸 피부 표면의 넓은 표면적 덕분에 우나더 크다! 이렇게 넓은 표면적 덕분에 우리는 산소를 최대한 많이 흡수할 수 있다.

피부

허파

호흡의 기계 작용

가슴근육과 흉곽도 호흡에 기여하지만 호흡의 주요 원동력은 가로막이다. 가로막은 둥근 돔처럼 모양의 근육이 가슴과 배를 나누고 있다. 숨을 들이쉬려면 이 가로막이 수축하여 피스톤 분무기가 잡아당겨지듯 아래로 내려가야 한다. 동시에 갈비뼈 사이의 근육이 수축함으로써 갈비뼈를 들어 올리면 허파가 팽창하여 공기가 가슴 안으로 들어온다. 반대로 가로막과 가슴 근육이 이완하면 공기가 바깥으로 나간다.

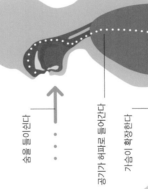

공기에서 혈액으로

우리 몸의 모든 세포는 산소를 필요로 하며, 허파(lung)는 대기로부터 산소를 모으기에 알맞도록 고도로 전문화되어 있다. 폐포(alveolus)라는 3억 개의 작은 공기주머니가 산소 모으는 일을 담당한다. 허파를 만지면 스펀지 같은 느낌이 드는 것도 이 폐포 때문이다.

허파 더 깊은 곳으로

흡입된 공기는 목구멍과 기관(trachea)을 지나 세기관지(bronchiole)라는 미세한 관에 도달한다. 세기관지 표면을 덮는 점액(mucus)은 촉촉하게 숨기를 제공하며, 공기와 함께 들어온 먼지 알갱이가 여기에 잘 달린다. 세기관지 벽에는 얇은 근육층도 있다. 천식(asthma) 환자들은 이 근육이 갑자스럽게 수축하여 기도가 좁아지기 때문에 숨이 찬다.

우리가 내쉬는 날숨에는 산소가 16퍼센트 함유되어 있으며 심폐소생술로 한 사람을 살리기에 충분한 양이다!

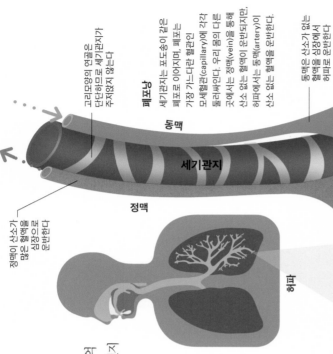

정맥에 산소가 많은 혈액을 심장으로 운반한다

고리모양의 연골은 단단하므로 세기관지가 주저앉지 않는다

동맥

세기관지

정맥

폐포낭
세기관지는 포도송이 같은 폐포로 이어지며, 폐포는 가장 가느다란 혈관인 모세혈관(capillary)에 각각 둘러싸인다. 우리 몸의 다른 곳에서는 정맥(vein)을 통해 산소 없는 혈액이 운반되지만, 허파에서는 동맥(artery)이 산소 없는 혈액을 운반한다

동맥은 산소가 없는 혈액을 심장에서 허파로 운반한다

폐포는 모두 모세혈관에 둘러싸인다

허파

폐포 바깥쪽

추운 날씨에는 왜 숨이 보일까?

우리가 호흡하는 공기는 허파에서 답혀지는데, 숨을 내쉬면 날숨에 있는 수증기가 차가운 공기 때문에 응결되어 물방울 알갱이가 만들어지기 때문이다.

높은 고도

높은 고도에는 공기가 희박하고 산소의 양이 적다. 이런 곳에서는 자기도 모르게 숨을 길이 들이쉬게 되는데 그 이유는 혈액으로 들어온 산소가 정상적으로 있어야 할 양보다 더 적다는 것을 우리 몸이 감지하기 때문이다.

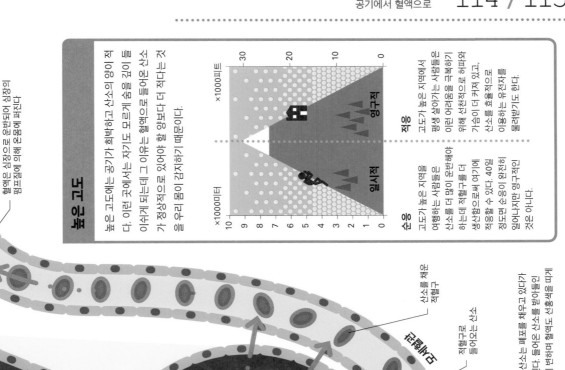

×1000피트
30 20 10 0

×1000미터
10 9 8 7 6 5 4 3 2 1 0

일시적   영구적

순응   **작용**

순응: 고도가 높은 지역을 여행하는 사람들은 산소를 더 많이 운반해야 하는데 적혈구를 더 생산함으로써 이에 적응할 수 있다. 40일 정도면 순응이 완전히 일어나지만 영구적인 것은 아니다.

작용: 고도가 높은 지역에서 평생 살아가는 사람들은 이런 어려움을 극복하기 위해 선천적으로 허파와 가슴이 더 커져 있고, 산소를 효율적으로 이용하는 유전자를 물려받기도 한다.

혈액은 심장으로 운반되어 심장의 펌프질에 의해 온몸에 퍼진다

산소를 채운 적혈구

적혈구로 들어오는 산소

날숨에는 들숨보다 이산화탄소가 100배 더 많다

들숨에는 21퍼센트의 산소가 있다

세포 한 층으로 이루어진 폐포 벽

모세혈관

폐포

2 산소

들이쉰 산소는 폐포를 채우고 있다가 혈액으로 확산된다. 들어온 산소를 받아들인 적혈구는 색깔이 변하며 혈액도 선홍색을 띠게 된다.

이동 방향
········· 산소
── 이산화탄소

세포 한 층으로 이루어진 모세혈관

이산화탄소가 많은 혈액

산소가 나가면서 들어오는 이산화탄소

산소가 없는 적혈구

혈액에서 나가는 이산화탄소

1 이산화탄소

이산화탄소는 혈액으로부터 확산되어 나오며 한 층의 세포로 이루어진 모세혈관과 폐포의 벽을 통과한다. 혈액은 산소를 흡수하면서 동시에 이산화탄소를 제거한다.

가스 교환

모세혈관은 폐포와 아주 가까이 닿아 있어 가스가 폐로 이동할 수 있다. 산소와 교환된 이산화탄소는 혈액에서 배출되고 세포막과 산소를 받아들인 혈액은 심장에 의해 온몸에 퍼진다. 들이쉰 공기를 내쉰 한 번에 모두 내보내는 것은 불가능하므로, 허파에서는 산소 없는 공기와 산소가 많은 공기가 섞이며 당연히 날숨에도 산소가 섞여 있다.

호흡은 왜 일어날까?

우리가 호흡하는 산소는 신체에서 에너지를 만드는 데 사용되므로 살아가는 데 필수적이다.
혈관 중 가장 가느다란 모세혈관(capillary)은 우리 몸 전체를 이루는 약 50조의 세포들에게
산소를 운반한다. 한 사람이 하루에 사용하는 산소의 양은 550리터 정도이다.

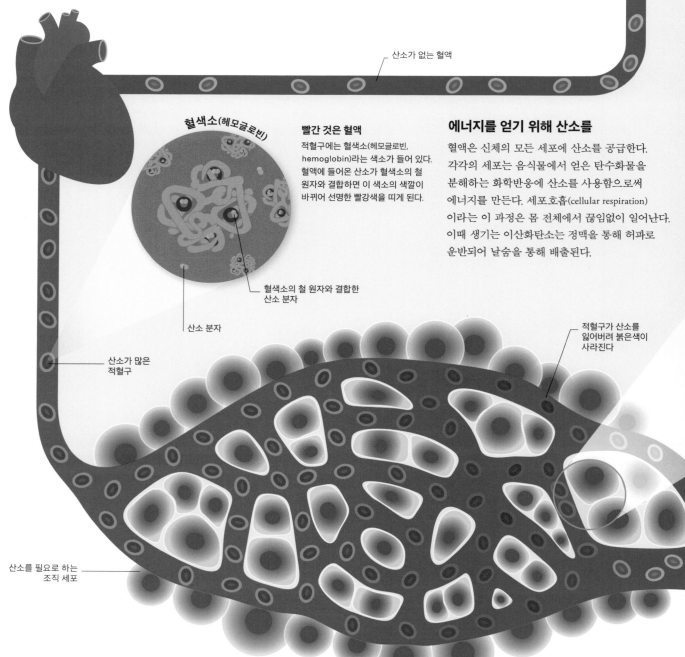

산소가 없는 혈액

혈색소(헤모글로빈)

빨간 것은 혈액

적혈구에는 혈색소(헤모글로빈,
hemoglobin)라는 색소가 들어 있다.
혈액에 들어온 산소가 혈색소의 철
원자와 결합하면 이 색소의 색깔이
바뀌어 선명한 빨강색을 띠게 된다.

에너지를 얻기 위해 산소를

혈액은 신체의 모든 세포에 산소를 공급한다.
각각의 세포는 음식물에서 얻은 탄수화물을
분해하는 화학반응에 산소를 사용함으로써
에너지를 만든다. 세포호흡(cellular respiration)
이라는 이 과정은 몸 전체에서 끊임없이 일어난다.
이때 생기는 이산화탄소는 정맥을 통해 허파로
운반되어 날숨을 통해 배출된다.

혈색소의 철 원자와 결합한
산소 분자

산소 분자

산소가 많은
적혈구

적혈구가 산소를
잃어버려 붉은색이
사라진다

산소를 필요로 하는
조직 세포

가스 교환

산소는 그 농도가 높은 적혈구에서 농도가 낮은 신체 조직의 세포로 확산을 통해 이동한다. 이산화탄소도 마찬가지로 세포에서 혈액으로 확산을 통해 이동한다.

세포 한 층으로 이루어진 모세혈관 벽

적혈구

조직 세포

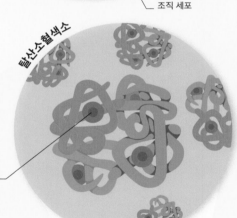

탈산소혈색소

탈산소혈색소의 철 원자에 결합한 산소 분자가 없다

가느다란 모세혈관

모세혈관은 미세한 동맥인 세동맥(arteriole) 과 미세한 정맥인 세정맥(venule) 사이를 연결하는 작은 혈관이다. 모세혈관은 벽이 얇아서 산소와 이산화탄소의 교환이 쉽게 일어난다. 모세혈관은 뼈와 피부 등 몸 구석구석까지 갈 수 있을 정도로 가늘며, 적혈구가 간신히 지나갈 수 있을 만큼만 굵다. 적혈구의 모양이 바뀌어야만 통과할 수 있는 모세혈관도 있다.

사람의 머리카락
0.08밀리미터

모세혈관
0.008밀리미터

피가 파란색?

산소와 결합하여 이를 운반하는 혈색소를 산소혈색소(oxyhemoglobin)라고 한다. 조직에 산소를 전달한 혈색소는 탈산소혈색소(데옥시헤모글로빈, deoxyhemoglobin)가 되어 산소 없는 혈액 빛깔인 암적색을 띤다. 피부에 비쳐 보이는 정맥이 파랗게 보여도 혈액까지 파란 것은 아니다.

산소가 없는 적혈구

숨을 참아도 몇 분 정도 의식을 유지할 정도의 산소가 혈액에 존재한다

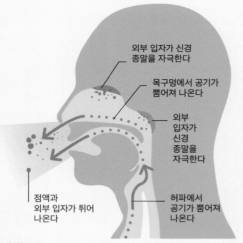

외부 입자가 신경 종말을 자극한다

목구멍에서 공기가 뿜어져 나온다

외부 입자가 신경 종말을 자극한다

점액과 외부 입자가 튀어 나온다

허파에서 공기가 뿜어져 나온다

재채기

재채기는 코안을 자극하는 이물질을 제거하기 위한 반사이며, 흡입한 알갱이, 감염, 알레르기가 원인이 될 수 있다.

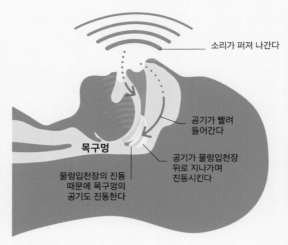

소리가 퍼져 나간다

공기가 빨려 들어간다

목구멍

공기가 물렁입천장 뒤로 지나가며 진동시킨다

물렁입천장의 진동 때문에 목구멍의 공기도 진동한다

코골기

잠자는 동안 상기도의 일부가 막히면 코골기가 나타난다. 숨을 쉴 때마다 혀가 뒤로 밀려나고 물렁입천장(soft palate)이 떨린다.

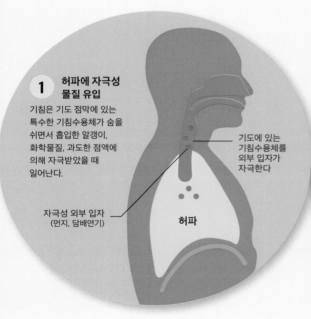

1 허파에 자극성 물질 유입

기침은 기도 점막에 있는 특수한 기침수용체가 숨을 쉬면서 흡입한 알갱이, 화학물질, 과도한 점액에 의해 자극받았을 때 일어난다.

기도에 있는 기침수용체를 외부 입자가 자극한다

자극성 외부 입자 (먼지, 담배연기)

허파

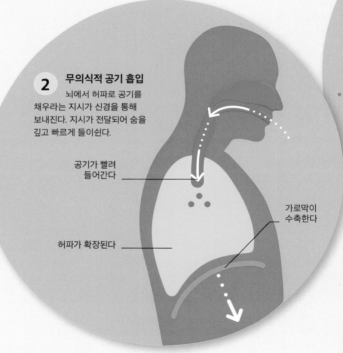

2 무의식적 공기 흡입

뇌에서 허파로 공기를 채우라는 지시가 신경을 통해 보내진다. 지시가 전달되어 숨을 깊고 빠르게 들이쉰다.

공기가 빨려 들어간다

가로막이 수축한다

허파가 확장된다

기침과 재채기

호흡계통에서는 우리의 의식적인 의지와 상관없이 갑작스러운 행동이 일어나기도 한다. 이와 같은 반사작용의 하나인 기침(cough)과 재채기(sneeze)는 기도에 들어온 이물질 입자를 제거하는 수단이다. 이와는 달리 딸꾹질(hiccup)과 하품(yawn)은 아직 그 기능마저도 의문투성이이다.

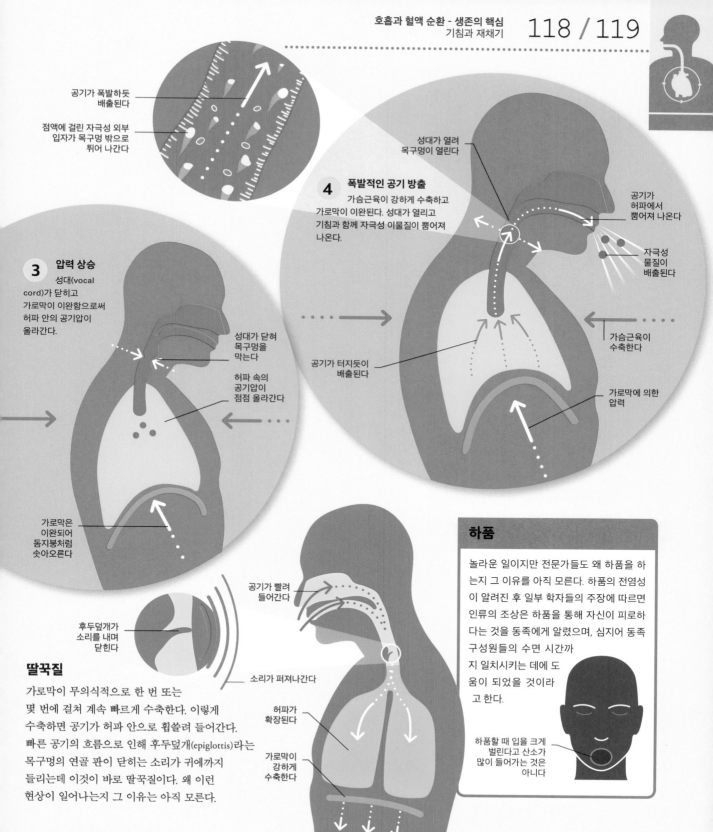

공기가 폭발하듯 배출된다

점액에 걸린 자극성 외부 입자가 목구멍 밖으로 튀어 나간다

성대가 열려 목구멍이 열린다

4 **폭발적인 공기 방출**
가슴근육이 강하게 수축하고 가로막이 이완된다. 성대가 열리고 기침과 함께 자극성 이물질이 뿜어져 나온다.

공기가 허파에서 뿜어져 나온다

자극성 물질이 배출된다

3 **압력 상승**
성대(vocal cord)가 닫히고 가로막이 이완함으로써 허파 안의 공기압이 올라간다.

성대가 닫혀 목구멍을 막는다

허파 속의 공기압이 점점 올라간다

가슴근육이 수축한다

공기가 터지듯이 배출된다

가로막에 의한 압력

가로막은 이완되어 돔지붕처럼 솟아오른다

공기가 빨려 들어간다

후두덮개가 소리를 내며 닫힌다

소리가 퍼져나간다

딸꾹질

가로막이 무의식적으로 한 번 또는 몇 번에 걸쳐 계속 빠르게 수축한다. 이렇게 수축하면 공기가 허파 안으로 휩쓸려 들어간다. 빠른 공기의 흐름으로 인해 후두덮개(epiglottis)라는 목구멍의 연골 판이 닫히는 소리가 귀에까지 들리는데 이것이 바로 딸꾹질이다. 왜 이런 현상이 일어나는지 그 이유는 아직 모른다.

허파가 확장된다

가로막이 강하게 수축한다

하품

놀라운 일이지만 전문가들도 왜 하품을 하는지 그 이유를 아직 모른다. 하품의 전염성이 알려진 후 일부 학자들의 주장에 따르면 인류의 조상은 하품을 통해 자신이 피로하다는 것을 동족에게 알렸으며, 심지어 동족 구성원들의 수면 시간까지 일치시키는 데에 도움이 되었을 것이라고 한다.

하품할 때 입을 크게 벌린다고 산소가 많이 들어가는 것은 아니다

팔방미인 혈액

심장과 혈관을 채우는 혈액의 양은 약 5리터이며, 산소, 호르몬, 비타민, 노폐물 등 몸의 세포가 필요로 하거나 스스로 만들어 낸 모든 물질이 혈액을 통해 운반된다. 혈액은 음식물로부터 흡수한 영양소를 간으로 운반하여 처리하고, 독소를 간으로 운반하여 해독시키며, 노폐물과 남는 수분을 콩팥으로 운반하여 몸 바깥으로 배출한다.

생명의 물
혈구 세포 외에 혈액의 주성분을 이루는 혈장은 물에 염분, 호르몬, 지방, 탄수화물, 단백질, 조직의 노폐물이 포함된 옅은 노란색 액체이다.

45퍼센트 적혈구
1퍼센트 백혈구와 혈소판
54퍼센트 혈장

500만
피 한 방울 안에 들어 있는 적혈구의 수

혈액은 무엇으로 이루어졌을까?

혈액은 혈장(plasma)이라는 액체로 이루어지며 여기에는 수십억 개의 적혈구(red blood cell)와 백혈구(white blood cell), 혈소판(platelet)이 있다. 혈소판은 혈액 응고(blood clotting)를 담당한다. 혈액에는 또한 혈장을 떠돌아다니는 노폐물, 영양소, 콜레스테롤, 항체(antibody), 단백질 응고인자들도 있다. 우리 몸은 혈액의 온도, 산성도, 염분의 농도를 아주 세밀하게 조절한다. 여기에 큰 변화가 일어나면 혈구세포나 몸의 다른 세포들이 제대로 활동하지 못할 것이다.

산소 운반

산소는 대부분 적혈구 안으로 들어가서 운반된다. 적은 양이지만 혈장에 그대로 녹아 있는 산소도 있다. 허파에서 산소를 받아들인 적혈구가 몸 전체를 완전히 순환하는 데는 1분이면 충분하다. 이렇게 돌아다니는 동안 산소는 확산을 통해 조직으로 들어가고 대신 이산화탄소가 혈액으로 녹아 들어간다. 산소 없는 적혈구가 허파에 가서 이산화탄소를 배출한 후 모든 과정이 다시 반복된다.

혈액은 어디에서 만들어질까?

신기하게도 혈액은 납작한 뼈 안의 골수(bone marrow)에서 만들어진다. 납작한 뼈에는 갈비뼈, 복장뼈, 어깨뼈가 있다. 매 초마다 수백만 개의 혈구 세포가 생겨난다!

이중 순환
산소 없는 혈액은 심장의 펌프작용에 의해 오른심실에서 허파로 운반된다. 허파에서 온 산소가 많은 혈액은 펌프작용을 통해 왼심실로부터 몸 전체로 보내진다.

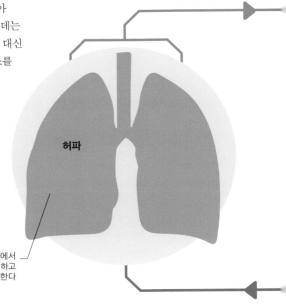

허파

허파는 공기에서 산소를 흡입하고 혈액으로 방출한다

몸에 필요한 것

우리 몸의 살아 있는 모든 세포는 기능을
제대로 하기 위해 여러 가지가 필요하다.
혈액은 이들, 즉 생명 유지에 필요한 산소,
염분, 에너지원(포도당이나 지방), 성장과
복구에 쓰일 단백질의 원료가 되는
아미노산을 운반한다. 혈액은 또한 세포의
활동에 영향을 주는 화학물질인
아드레날린 같은 호르몬들도 운반한다.

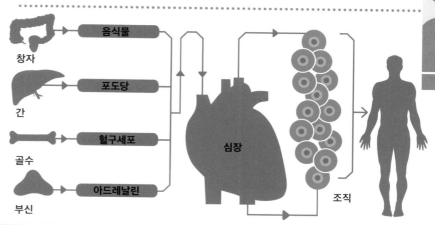

몸에 필요하지 않는 것

젖산과 같은 노폐물은 세포의 정상 기능
중에 부산물로 생산된다. 조화로운 생리
활동에 방해가 되는 이 노폐물들은 혈액을
통해 빨리 제거된다. 일부 노폐물은
콩팥으로 운반되어 소변을 통해
배출되거나, 간으로 운반되어 세포의
기능에 필요한 물질로 전환된 후
재활용된다.

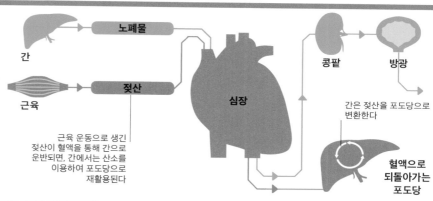

근육 운동으로 생긴
젖산이 혈액을 통해 간으로
운반되면, 간에서는 산소를
이용하여 포도당으로
재활용된다

간은 젖산을 포도당으로
변환한다

**혈액으로
되돌아가는
포도당**

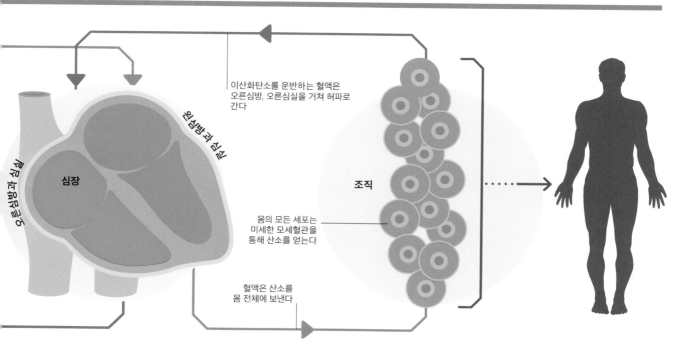

이산화탄소를 운반하는 혈액은
오른심방, 오른심실을 거쳐 허파로
간다

몸의 모든 세포는
미세한 모세혈관을
통해 산소를 얻는다

혈액은 산소를
몸 전체에 보낸다

심장의 전기적 파동

주먹 크기만 한 심장은 주로 근육으로 이루어진 기관이며
1분에 70번쯤 수축과 이완을 반복한다. 이 운동 덕분에 혈액이
허파와 몸 전체를 순환하며 살아가는 데 꼭 필요한 산소와
영양소를 운반할 수 있다.

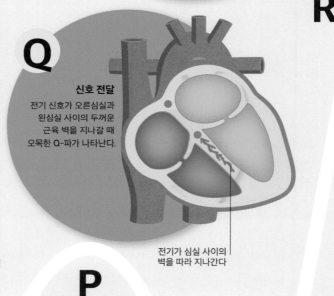

R

이차 수축
전기 신호가 심실 끝을 지나서
심실 전체에 퍼진다. 커다란
R-파는 심실의 강한 수축에
의해 수축의 정점에 이르는
순간이다.

심실이
수축한다

심장주기

우리 심장은 근육으로 만들어진 펌프이며 오른쪽과 왼쪽의
절반으로 이루어진다. 심장의 절반은 각각 다시 두 개의
방으로 이루어지며, 위쪽에 있는 방을 심방(atrium),
아래쪽에 있는 방을 심실(ventricle)이라고 한다. 심장에 있는
판막(valve)으로 인해 혈액은 거꾸로 흐르지 않고 올바른
방향으로만 흐른다. 심장근육 중 일부는 심장이 주기적으로
수축하고 이완할 수 있도록 전기 신호를 만드는 천연적인
박동조율기(pacemaker)의 역할을 한다. 리듬있게 수축하는
심장의 펌프작용을 통해 심장의 오른심방과 오른심실은
허파로, 왼심방과 왼심실은 몸 전체로 혈액을 보낸다.

Q

신호 전달
전기 신호가 오른심실과
왼심실 사이의 두꺼운
근육 벽을 지나갈 때
오목한 Q-파가 나타난다.

전기가 심실 사이의
벽을 따라 지나간다

심전도 기록
심장의 전기 파동은 특수한 전극을 통해 기록할 수 있으며 이를
심전도(electrocardiogram, ECG, EKG)라고 한다. 심장이 한 번 뛸 때마다
심전도기록계에는 독특한 파형이 그려진다. 이 파형은 P, Q, R, S, T라는 다섯
부분으로 이루어지며, 심장주기(heart cycle)의 특정한 단계들을 가리킨다.

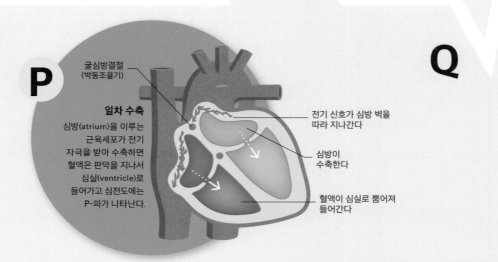

P

굴심방결절
(박동조율기)

일차 수축
심방(atrium)을 이루는
근육세포가 전기
자극을 받아 수축하면
혈액은 판막을 지나서
심실(ventricle)로
들어가고 심전도에는
P-파가 나타난다.

전기 신호가 심방 벽을
따라 지나간다

심방이
수축한다

혈액이 심실로 뿜어져
들어간다

심장이 뛰는 소리는 어떻게 생겨날까?

심장에 있는 네 개의 판막은 한 쌍씩 함께 열리고 닫히면서 우리에게 친숙한 똑, 똑 소리를 만들어 낸다.

전기 신호의 전달 방법

심장의 박동조율기인 굴심방결절(sinoatrial node)은 오른심방 위쪽의 근육 속에 있다. 여기에서 전기 신호가 규칙적으로 발생하며 특수한 근육섬유를 통해 심장 전체로 전달된다. 심장근육세포는 전기 신호를 빠르게 퍼뜨리는 데 선수이며, 처음에는 두 심방, 그리고 다음에 두 심실, 이 순서대로 심장근육이 질서있게 수축한다.

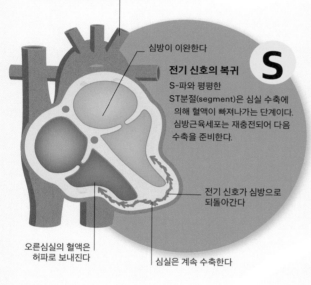

허파에서 온 산소가 많은 혈액은 심장의 펌프작용을 통해 몸 전체로 보내진다

심방이 이완한다

S

전기 신호의 복귀

S-파와 평평한 ST분절(segment)은 심실 수축에 의해 혈액이 빠져나가는 단계이다. 심방근육세포는 재충전되어 다음 수축을 준비한다.

전기 신호가 심방으로 되돌아간다

오른심실의 혈액은 허파로 보내진다

심실은 계속 수축한다

T

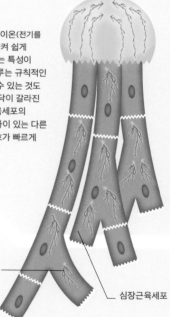

천연 박동조율기

특별한 세포

심장에 있는 천연의 박동조율기세포에는 이온(전기를 띤 입자)을 '잘 통과시켜 쉽게 드나들 수 있도록 하는 특성이 있다. 심장박동을 이루는 규칙적인 전기 신호가 발생할 수 있는 것도 그 덕분이다. 섬유 가닥이 갈라진 것처럼 생긴 심장근육세포의 모양으로 인하여 가까이 있는 다른 근육세포로 전기 신호가 빠르게 파급될 수 있다.

전기 신호

심장근육세포

심장근육세포는 재충전된다

S

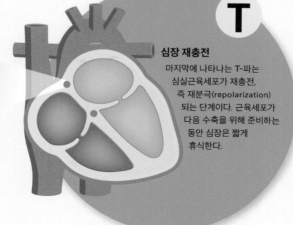

T

심장 재충전

마지막에 나타나는 T-파는 심실근육세포가 재충전, 즉 재분극(repolarization) 되는 단계이다. 근육세포가 다음 수축을 위해 준비하는 동안 심장은 짧게 휴식한다.

심장이 한 번 뛸 때마다 심실에서 혈액 70밀리 리터가 뿜어져 나오는 데, 이것은 헌혈주머니 5분의 1 정도 부피이다

혈액이 여행하는 길

혈액은 동맥(artery), 모세혈관(capillary), 정맥(vein)을 따라
차례대로 흐른다. 근육으로 이루어진 동맥의 벽은
탄력이 있어 심장의 펌프작용에 의해
생긴 압력을 고르게 분산한다. 벽이
더 얇은 정맥은 확장되면 혈압이
떨어지기도 한다. 혈압이 너무 높이
올라가면 심장마비(heart attack)나
뇌졸중(stroke)의 위험이 커진다.

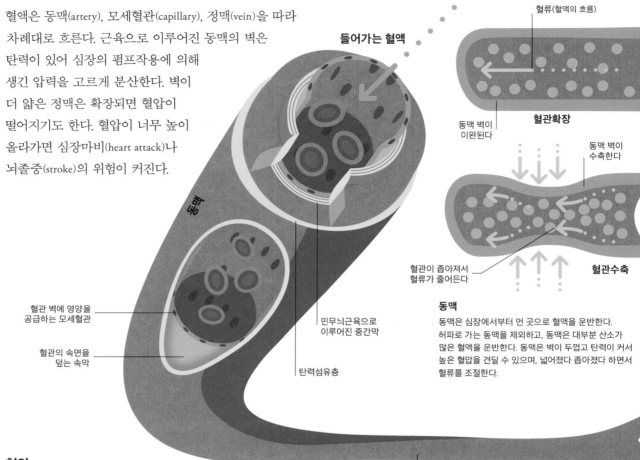

들어가는 혈액

혈류(혈액의 흐름)

혈관확장

동맥 벽이
이완된다

동맥 벽이
수축한다

혈관이 좁아져서
혈류가 줄어든다

혈관수축

동맥

혈관 벽에 영양을
공급하는 모세혈관

혈관의 속면을
덮는 속막

민무늬근육으로
이루어진 중간막

탄력섬유층

동맥

동맥은 심장에서부터 먼 곳으로 혈액을 운반한다.
허파로 가는 동맥을 제외하고, 동맥은 대부분 산소가
많은 혈액을 운반한다. 동맥은 벽이 두껍고 탄력이 커서
높은 혈압을 견딜 수 있으며, 넓어졌다 좁아졌다 하면서
혈류를 조절한다.

동맥은 갈라져서 더
가느다란 세동맥이 된다

혈압

동맥의 맥박은 심장의 맥박과 일치하므로 동맥의 혈압(blood pressure)도
심장처럼 오르락내리락한다. 동맥 혈압은 심장이 수축한 직후에
가장 크며 이를 수축기혈압(systolic pressure)이라고 한다. 반대로,
심장이 쉴 때 혈압이 가장 낮으며 이를 확장기혈압(diastolic pressure)
이라고 한다. 모세혈관은 혈압이 훨씬 낮은데 그 이유는
모세혈관의 수가 매우 많아 압력이 분산되기 때문이다.
정맥을 지나게 되면 혈압이 거의 사라진다.

혈압의 범위

혈압은 수은 기둥의 높이를 밀리미터로 나타낸
mmHg로 표시한다. 대개 혈압은 80~120mmHg
사이를 리듬있게 가리킨다. 모세혈관과 정맥은 모두
혈압이 낮지만 혈압이 0이 되는 일은 없다.

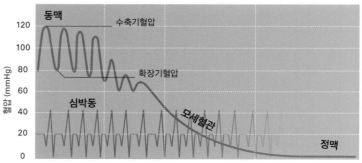

동맥 — 수축기혈압

확장기혈압

심박동

모세혈관

정맥

혈압 (mmHg)

120
100
80
60
40
20
0

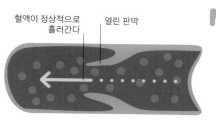

혈액이 정상적으로 흘러간다
열린 판막

판막 열림

닫힌 판막
혈액이 역류할 수 없다

판막 닫힘

나오는 혈액

몸속을 누비는 혈액의 길

심장에서 나가는 혈액은 큰 동맥으로 들어가며 이 동맥은 점점 나뉘어져 작은 세동맥(arteriole)이 된다. 혈액은 세동맥을 지나 그물처럼 퍼지고 얽힌 모세혈관으로 들어간다. 허파의 모세혈관에서는 산소가 혈액으로 들어가고 이산화탄소가 혈액에서 나온다. 허파가 아닌 몸의 다른 곳의 모세혈관에서는 혈액에서 산소가 나오고 이산화탄소가 들어간다. 모세혈관을 나온 혈액은 세정맥(venule)으로 들어가고 이들이 점점 모여 큰 정맥을 이루어 심장으로 들어간다.

동맥

민무늬근육층

탄력섬유층

판막

속막

정맥

정맥은 혈액을 심장으로 운반한다. 정맥의 혈압은 5~8mmHg 정도로 매우 낮으며, 다리에 있는 긴 정맥에는 중력으로 인하여 혈액이 역류하는 것을 막기 위해 판막이 있다.

모세혈관

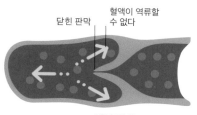

모세혈관

모세혈관은 아주 복잡한 그물을 이루며 몸 조직 사이사이에 미세하게 퍼져 있다. 입구에 근육고리(조임근)가 있는 모세혈관에서 이 근육이 수축하면 혈액이 들어오는 것을 막아 모세혈관 그물에 혈액이 채워지지 않는다.

세정맥이 모여 큰정맥을 이룬다

세정맥

혈압 측정

혈압을 측정하려면 팔 주위에 혈압측정띠를 완전히 두르고 펌프에 공기를 넣어 부풀려 팔 동맥으로 혈액이 흐르지 못할 때까지 압력을 높인다. 그 다음 혈압측정띠의 압력을 서서히 줄여 나가면 혈액이 간신히 통과하면서 뚜렷한 소리가 나는데 이때의 혈압이 수축기혈압이다. 측정띠의 압력을 계속 떨어뜨리면 혈류가 방해받지 않게 되는 순간 소리가 갑자기 멈춘다. 이때의 압력이 확장기혈압이다.

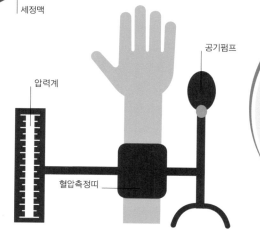

공기펌프

압력계

혈압측정띠

고혈압은 왜 위험할까?

고혈압이 있으면 높은 혈압에 의해 동맥 벽이 손상된다. 이런 손상에는 콜레스테롤이 잘 침착되어 판(plaque)이라는 병변이 형성되며, 이런 판으로 인해 동맥은 더 빨리 딱딱해진다.

깨어진 혈관

혈관은 몸을 이루는 조직 속을 여기저기 지나간다. 벽이 얇아서 산소와 영양소가
통과하기 쉽지만 반대로 손상되기도 쉽다. 혈액은 복구 시스템을 가동하여
피덩이(응고물, blood clot)를 만들어 어떤 혈관 손상도 재빨리 복구한다. 하지만 때로
피덩이를 만드는 혈액 응고가 잘못 일어나 혈관이 막혀 버릴 수도 있다.

멍

몸이 무엇인가에 세게 부딪혀 작은 혈관이 터지면 조직으로 혈액이 새어나간다. 사람들
중에는 멍(bruise)이 더 잘 드는 사람이 있으며 나이 든 사람들도 멍이 잘 생긴다.
멍이 잘 드는 질병으로는 혈액응고장애나 영양소 결핍이 있다. 결핍되는 물질 중 비타민 K는
응고인자(clotting factor)를 만드는 데 필요하며, 비타민 C는 아교질(콜라겐)이라는
단백질을 만드는 데 필요하다.

비행기를 오래 탈 때 깊은정맥혈전증이 생기는 이유는 뭘까?

혈관에 손상이 없어도 잘못하여 혈액 응고가
일어날 수 있다. 오랜 시간 동안 가만히
앉아 있으면 혈류가 너무 느려져 혈액의
응고가 잘 일어난다. 이런 혈액 응고 현상을
혈전(thrombosis)이라고 하며
정맥을 막는 원인이 된다.

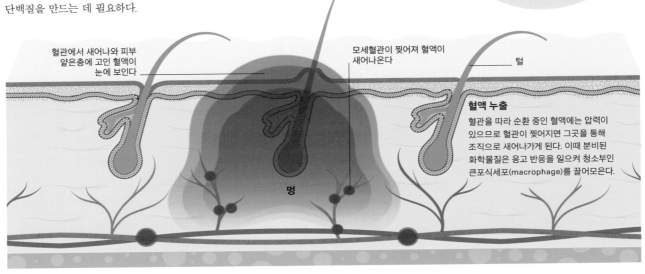

혈관에서 새어나와 피부
얕은층에 고인 혈액이
눈에 보인다

모세혈관이 찢어져 혈액이
새어나온다

털

멍

혈액 누출
혈관을 따라 순환 중인 혈액에는 압력이
있으므로 혈관이 찢어지면 그곳을 통해
조직으로 새어나가게 된다. 이때 분비된
화학물질은 응고 반응을 일으켜 청소부인
큰포식세포(macrophage)를 끌어모은다.

혈액 응고

혈액의 손실을 막기 위해 손상된 혈관은 재빨리 복구되어야 한다.
복잡한 반응 단계를 거쳐 활성 없던 혈액 단백질이 활성화되어
손상된 부위를 막는다. 혈관 수축도 일어나는데 혈류의 속도가 줄면
혈액 손실도 줄기 때문이다.

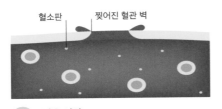

혈소판   찢어진 혈관 벽

1 반응 시작
혈관 벽이 찢어져 아교질 같은 단백질이
바깥으로 드러나면, 혈소판(platelet)이라는 세포
조각이 즉시 모여든다.

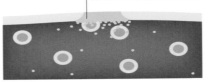

찢어진 자리에 혈소판이 모여든다

2 피덩이 형성
혈소판이 서로 달라붙어 화학물질을 분비하면
혈액의 물질이 활성화된 섬유소(피브린, fibrin)가 섬유
조직을 이룬다.

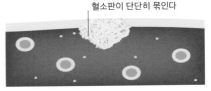

섬유소 단백질 섬유에 의해
혈소판이 단단히 묶인다

3 피덩이의 지지
섬유소가 만든 끈끈한 섬유 그물이 혈소판을
단단히 묶어 지탱한다. 이 그물에는 적혈구도 걸려 함께
피덩이를 이루게 된다.

멍의 치유

멍의 색깔은 처음에는 자주색인데 이것은 산소 없는 적혈구가 피부에 비쳐 보이는 색깔이다. 청소부인 큰포식세포가 상처 부위를 청소하면서 적혈구의 성분을 재활용한다. 이 과정에서 적혈구의 색소가 처음에는 녹색, 나중에는 노란색 색소로 바뀐다.

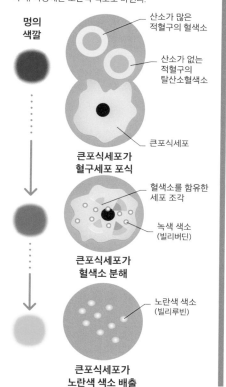

멍의 색깔

산소가 많은 적혈구의 혈색소

산소가 없는 적혈구의 탈산소혈색소

큰포식세포

큰포식세포가 혈구세포 포식

혈색소를 함유한 세포 조각

녹색 색소 (빌리버딘)

큰포식세포가 혈색소 분해

노란색 색소 (빌리루빈)

큰포식세포가 노란색 색소 배출

정맥류

정맥류(varicose vein)는 인간이 네 발이 아닌 두 발로 걸어서 얻게 된 대가이다. 다리의 긴 정맥에는 판막(valve)이 있기 때문에 중력을 거슬러 혈액이 운반될 수 있다. 그러나 피부에 있는 정맥의 판막이 주저앉으면 혈액이 이동하지 못하고 모이게 되어 혈관이 늘어나는 경우가 있다. 이러한 정맥류는 유전이나 임신 중에 배의 압력이 커져서 생길 수도 있다.

역류하지 않는 혈액

정상 정맥

정상 정맥

여러 개의 판막 덕분에 혈액이 거꾸로 흐르지 않는다. 다리 전체가 중력의 영향을 받는다 해도 혈액은 중력을 거슬러 올라갈 수 있다.

정맥류

판막이 뒤집어져 역류하는 혈액

압력의 축적

판막이 약해져 주저앉으면 중력의 영향을 받은 혈액이 아래쪽 정맥에 몰리게 된다. 더 커진 압력으로 인해 정맥은 구불구불해지고 팽창한다.

넓고 구불구불한 정맥

막힌 혈관

혈압이 올라가거나 혈당이 높아지면 동맥 벽이 서서히 손상된다. 손상을 복구하기 위해 여기로 혈소판이 모여든다. 콜레스테롤이 혈액에 너무 많은 경우에도 콜레스테롤 침착이 서서히 일어나 혈관이 좁아져 혈류가 막힌다. 심장근육에 분포하는 동맥이 막히면 심장마비(heart attack)가 일어난다. 뇌로 가는 혈류가 줄어들면 기억력이 감퇴된다.

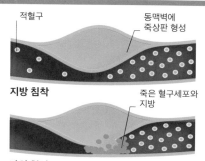

적혈구

동맥벽에 죽상판 형성

지방 침착

죽은 혈구세포와 지방

막힌 혈관

혈류의 차단

동맥의 손상 부위에는 지방이 침착되어 판(죽상판, plaque)을 형성하기도 한다. 이 침착물로 인해 동맥은 단단해지고 좁아져 혈류가 차단된다.

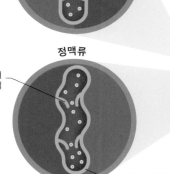

피덩이가 효소에 의해 분해된다

복구된 혈관 벽

4 **피덩이의 용해**

상처를 복구하는 세포에는 피덩이를 녹이는 효소도 있다. 혈소판과 섬유소로 이루어진 피덩이를 천천히 녹이는 이 단계를 섬유소용해(fibrinolysis)라고 한다.

심장이 지닌 문제들

심장은 생명에 꼭 필요한 기관이다. 심장이 펌프작용을 멈춘다면 세포가 필요한 산소와 영양소를 혈액을 통해 얻지 못할 것이다. 산소와 포도당이 없어지면 뇌세포는 기능을 상실하고 의식을 잃는다.

취약한 혈관

심장근육은 다른 어느 근육보다 많은 산소를 필요로 한다. 심방과 심실의 혈액에서 산소를 얻는 것은 불가능하기 때문에 심장에는 관상동맥(coronary artery)이라는 자신만의 혈관이 있어 이를 통해 필요한 것을 공급받는다. 오른관상동맥과 왼관상동맥은 그리 크지 않으므로 혈관이 좁아지는 협착과 단단해지는 경화에 취약하다. 생명을 위협하는 이런 변화를 죽경화증 (atherosclerosis)이라고 한다.

대동맥

관상동맥

줄어든 혈류
관상동맥이 좁아지는 이유는 지방 침착물이 쌓이기 때문이다 (127쪽 참조).

혈구세포

동맥의 죽상판

웃음은 정말 명약일까?
이것은 정말 맞는 말일 수도 있다. 웃을 때는 혈류가 증가하고 혈관 벽이 이완된다.

손상된 심장 근육
혈액 공급이 불충분하다는 것은 심장근육세포가 필요한 산소를 모두 얻지 못한다는 뜻이다. 이때는 협심증(angina)이라는 가슴이 죄는 듯한 불편한 증상이 나타난다.

죽은 심장근육

산소 공급의 감소
일부 특수한 심장근육세포에는 전기 신호를 빨리 전달하는 가지 모양의 돌기가 있다. 의사는 심전도에 나타난 특징을 파악하여 가슴 통증이 혈액 공급의 감소로 인한 것(협심증)인지 근육 세포의 파괴로 인한 것(심장마비)인지 판별하게 된다.

정상 심장 조직
근육섬유는 산소가 많아 밝은 적색이다

정상 심박동

줄어든 혈액 공급
근육섬유 색깔이 어둡고 산소가 없다

협심증

심장근육의 죽음
밝은 적색의 근육섬유 가 조금만 남아 있다

심장마비

심장 리듬의 문제

심장이 너무 빠르게 뛰거나, 너무 늦게 뛰거나, 뛰는 것이 불규칙한 경우, 의사들은 이를 가리켜 심장 리듬이 비정상이라는 뜻으로 부정맥(arrhythmia)이라 한다. 조동(flutter)이나 건너뛰는 박동처럼 느껴지는 조기박동(premature beat)의 경우와 같이 부정맥은 대부분 큰 문제가 되지 않는다. 부정맥이 나타나는 가장 흔한 질병은 심방세동(atrial fibrillation)이며, 이 경우에는 양쪽 심방이 불규칙하고 빠르게 수축한다. 환자는 어지럽고, 숨이 차며 피로를 느낀다. 뇌졸중이 발병할 위험도 더 커진다. 부정맥은 때로 약물로 치료한다. 그러나 심장의 전기 활성을 정상으로 돌려놓기 위해 세동제거(defibrillation)가 필요한 경우도 있다.

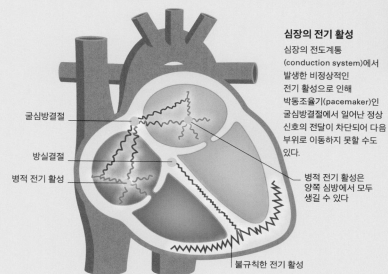

심장의 전기 활성

심장의 전도계통(conduction system)에서 발생한 비정상적인 전기 활성으로 인해 박동조율기(pacemaker)인 굴심방결절에서 일어난 정상 신호의 전달이 차단되어 다음 부위로 이동하지 못할 수도 있다.

굴심방결절

방실결절

병적 전기 활성

병적 전기 활성은 양쪽 심방에서 모두 생길 수 있다

불규칙한 전기 활성

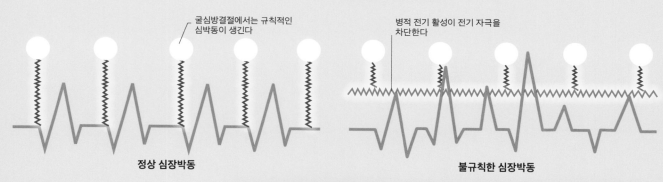

굴심방결절에서는 규칙적인 심박동이 생긴다

정상 심장박동

병적 전기 활성이 전기 자극을 차단한다

불규칙한 심장박동

전기적 간섭

심장박동이 조화롭게 이루어지기 위해서는 굴심방결절에서 심실로 보내는 신호가 또렷하게 전달되어야 한다. 제멋대로 생겨난 병적인 전기 활성이 이 경로에 끼어들면 심장 리듬이 교란되어 문제가 발생한다.

인간의 심장은 1년에 3600만 번 이상 뛰며 이것은 평생 평균적으로 28억 번이다

세동제거

부정맥으로 인해 생명이 위협받는 경우에는 세동제거(defibrillation)를 통해 치료할 수 있다. 이것은 심장의 정상적인 전기 활성과 수축을 회복하기 위해 가슴에 전기 충격을 가하는 것이다. 세동제거는 심실세동(ventricular fibrillation)처럼 '충격으로 변형이 가능한' 리듬이 있는 경우에만 효과가 있다. 심장에 아무런 전기 활성이 없는 심장무수축(asystole)인 경우에 심장의 활동을 불러오는 것은 불가능하다. 심폐소생술(cardiopulmonary resuscitation, CPR)을 할 때는 전기 활성이 유발될 수 있으므로 세동제거를 시도한다.

세동제거 패들

세동제거 패들

가슴에 세동제거 패들을 밀착시킨다

운동과 그 한계

조깅이나 달리기를 할 때는 에너지를 얻기 위해 산소가 필요하므로 근육으로 더 많은 혈액이 가게 된다.
규칙적인 심호흡을 통해 근육에 산소가 충분히 공급되면 자신의 페이스에 오르게 된다.

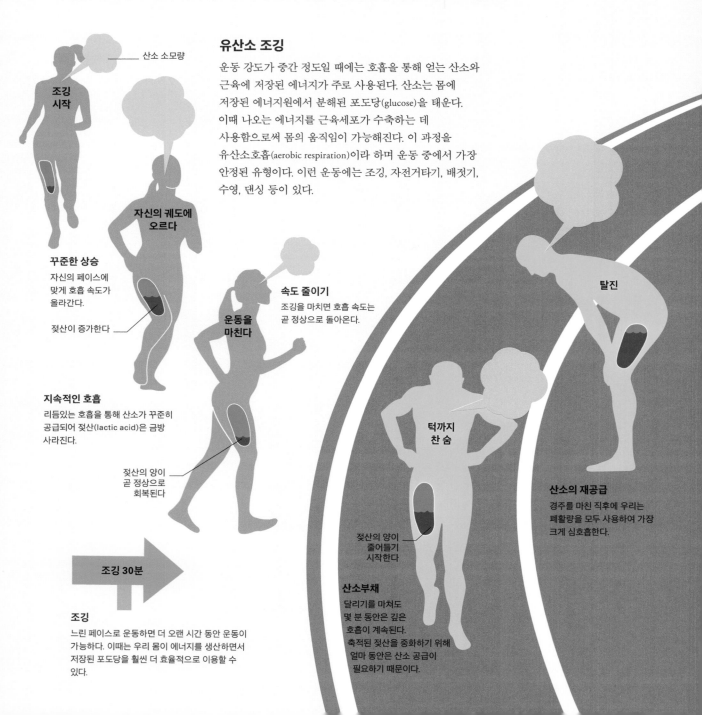

유산소 조깅

운동 강도가 중간 정도일 때에는 호흡을 통해 얻는 산소와
근육에 저장된 에너지가 주로 사용된다. 산소는 몸에
저장된 에너지원에서 분해된 포도당(glucose)을 태운다.
이때 나오는 에너지를 근육세포가 수축하는 데
사용함으로써 몸의 움직임이 가능해진다. 이 과정을
유산소호흡(aerobic respiration)이라 하며 운동 중에서 가장
안정된 유형이다. 이런 운동에는 조깅, 자전거타기, 배젓기,
수영, 댄싱 등이 있다.

산소 소모량

조깅
시작

자신의 궤도에
오르다

꾸준한 상승
자신의 페이스에
맞게 호흡 속도가
올라간다.

젖산이 증가한다

속도 줄이기
조깅을 마치면 호흡 속도는
곧 정상으로 돌아온다.

운동을
마친다

탈진

지속적인 호흡
리듬있는 호흡을 통해 산소가 꾸준히
공급되어 젖산(lactic acid)은 금방
사라진다.

젖산의 양이
곧 정상으로
회복된다

턱까지
찬 숨

산소의 재공급
경주를 마친 직후에 우리는
폐활량을 모두 사용하여 가장
크게 심호흡한다.

조깅 30분

젖산의 양이
줄어들기
시작한다

산소부채
달리기를 마쳐도
몇 분 동안은 깊은
호흡이 계속된다.
축적된 젖산을 중화하기 위해
얼마 동안은 산소 공급이
필요하기 때문이다.

조깅
느린 페이스로 운동하면 더 오랜 시간 동안 운동이
가능하다. 이때는 우리 몸이 에너지를 생산하면서
저장된 포도당을 훨씬 더 효율적으로 이용할 수
있다.

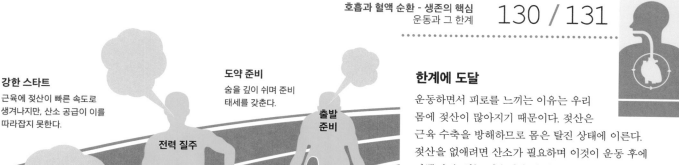

강한 스타트
근육에 젖산이 빠른 속도로 생겨나지만, 산소 공급이 이를 따라잡지 못한다.

전력 질주

도약 준비
숨을 깊이 쉬며 준비 태세를 갖춘다.

출발 준비

자신의 극한에 도달

단거리 달리기 30초

매우 많이 늘어난 젖산

단거리 경주
전력 질주를 하면 우리 몸에서 비효율적으로 에너지가 생산되므로 젖산이 많이 만들어지고 근육이 화끈거린다.

한계점
정신이 몽롱해지고 근육에서 '화끈거리는 느낌'이 느껴진다. 근육을 움직일 수 없을 정도로 젖산의 양이 많아졌다. 최대량의 산소를 흡입해야 하기 때문에 호흡은 극도로 깊어진다

무산소 단거리 달리기

고된 운동을 하는 동안에 우리 몸은 산소를 이용하는 것보다 더 빠른 속도로 에너지를 만들어야 한다. 근육은 무산소호흡(anaerobic respiration)이라는 과정을 통해 산소 없이 포도당을 분해할 수 있다. 이것은 짧은 시간에 에너지를 만들 수 있지만 근육에 젖산을 아주 많이 만들게 되므로 한계가 있다. 이렇게 되면 산소가 필요한데 이는 포도당을 태우기 위해서가 아니라 많아진 젖산을 나중에 에너지로 사용할 목적으로 포도당으로 바꾸기 위해서이다. 이 과정을 산소부채(oxygen debt)를 탕감한다고 하며 심한 달리기 후에도 숨이 계속 가쁜 이유가 바로 이 때문이다.

한계에 도달

운동하면서 피로를 느끼는 이유는 우리 몸에 젖산이 많아지기 때문이다. 젖산은 근육 수축을 방해하므로 몸은 탈진 상태에 이른다. 젖산을 없애려면 산소가 필요하며 이것이 운동 후에 가쁜 숨을 쉬는 이유이다. 유산소운동과 무산소운동 모두 젖산이 생겨나지만 무산소운동의 경우에 훨씬 더 빨리 생성된다. 뇌세포의 유일한 에너지원은 포도당인데 운동을 할 때 근육이 우리 몸의 포도당을 거의 다 소모하기 때문에 정신적인 피로도 동반된다.

근육에서 젖산의 효과

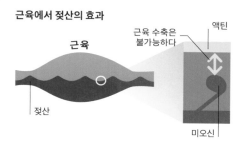

근육

액틴

근육 수축은 불가능하다

미오신

젖산

수분 보충

운동하는 동안 물을 섭취하면 땀을 흘려 체온 조절에 도움이 될 뿐만 아니라 젖산의 배출도 잘 일어난다. 혈장의 수분이 땀으로 배출되므로 혈액이 끈끈해져 심장은 혈액을 보내기 위해 더 많은 일을 하게 된다. 이것을 심장드리프트(cardiac drift)라고 하며 유산소호흡 상태로 조깅을 끝없이 할 수 없는 이유가 된다.

전적인 수분 보충: 75%

안전한 수분 보충의 한계: 70%

더 힘차고 건강하게

빠른 심장박동수(heart rate)와 심호흡을 유발하는 운동을
심혈관강화운동(cardiovascular exercise)이라고 하는데 이런 운동은 심장을
튼튼하게 하고 스태미너를 높인다. 반면에 근육 수축을 주로 반복하는
운동을 저항력훈련(resistance training)이라 하는데 강한 근육을 더 많이
만드는 것이 그 목적이다.

심혈관강화운동

조깅, 수영, 자전거타기, 경보 등의
심혈관강화운동을 하면 심혈관계통이
단련된다. 전신 특히 그중에서도 호흡을
담당하는 가슴근육에 많은 피를 보내기
위해 맥박이 더 빨리 뛴다. 우리 몸에
산소가 더 많이 필요하므로 이를
충족시키기 위해 호흡 속도와 깊이가
올라간다. 몸의 필요를 충족시키기 위해서
혈액에 산소가 최대한 많이 채워진다.

가슴근육
목, 흉곽, 복벽, 등근육의 조율된
수축을 통해 흉곽의 크기가
조절됨으로써 허파로 들어오고
허파에서 나가는 공기의 양이
늘어난다.

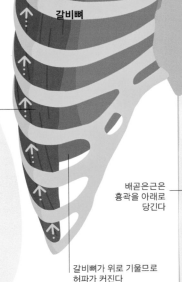

목갈비근의 수축으로
갈비뼈가 올라간다

속갈비사이근이
수축하여
갈비뼈가 아래로
기운다

근육 수축과
갈비뼈의 기울기로
허파가 줄어든다

빗장뼈

복장뼈

허파

갈비뼈

바깥갈비사이근의 수축으로
갈비뼈가 위로 기운다

갈비뼈가 위로 기울므로
허파가 커진다

배곧은근은
흉곽을 아래로
당긴다

배바깥빗근의 수축으로
갈비뼈가 아래로 당겨진다

들숨

날숨

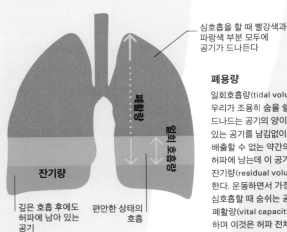

심호흡을 할 때 빨강색과
파랑색 부분 모두에
공기가 드나든다

폐활량

일회호흡량

잔기량

깊은 호흡 후에도
허파에 남아 있는
공기

편안한 상태의
호흡

폐용량
일회호흡량(tidal volume)이란
우리가 조용히 숨을 쉴 때 허파를
드나드는 공기의 양이다. 허파에
있는 공기를 남김없이 내쉬려 해도
배출할 수 없는 약간의 공기가
허파에 남는데 이 공기의 부피를
잔기량(residual volume)이라고
한다. 운동하면서 가장 크게
심호흡할 때 숨쉬는 공기의 부피를
폐활량(vital capacity)이라
하며 이것은 허파 전체 부피에서
잔기량을 제외한 부피이다.

지방을 더 많이 소모하려면 어떤 운동을 해야 할까?

사람에 따라 조금씩 다르지만 심혈관강화운동과 근력트레이닝을 함께 하면 하나만 하는 것보다 지방 분해가 더 많이 일어난다.

저항력훈련

웨이트트레이닝(근력트레이닝)을 하면 근육량이 늘어나며, 똑같은 저항력훈련인 댄싱, 체조, 요가를 해도 동일한 결과를 가져온다. 렙(rep)이란 하나의 완전한 운동 동작을 가리킨다. 몇 개의 렙이 순서대로 조합된 운동을 세트(set)라 하며 이 경우에는 특정한 하나 또는 여러 근육을 반복적으로 수축하게 된다. 어떤 특정한 근육을 더 많이 키우고 싶을 때는 세트와 렙을 선택하여 일정 기간 반복하여 훈련한다. 세트 안에 포함된 렙의 수가 적을수록 그 운동은 힘을 많이 들이는 운동이다.

운동 전 근육섬유
세포핵

운동 후 근육섬유
근육 파열

쉴 때 근육섬유
위성세포

한운동반복(렙)하기

배곧은근

활 자세
근육을 꾸준히 키우려 할 때 요가는 좋은 방법이다. 활 자세를 하여 배곧은근을 수축하면 이 근육이 미세하게 파열된다. 이 자세를 렙으로서 반복하면 근육 성장이 일어난다.

근육 발달 과정
운동을 하면 근육섬유가 찢어지며 위성세포(satellite cell)가 이것을 다시 복구한다. 근육섬유는 하나의 세포이지만 많은 세포핵을 가지고 있는데 위성세포가 자신의 핵과 함께 합쳐지면서 근육의 성장이 일어나게 된다. 운동하면서 찢어진 근육섬유는 잠시 쪼그라들었다가 위성세포를 통해 핵이 첨가되고 재훈련을 통해 크기가 금방 원래대로 돌아온다.

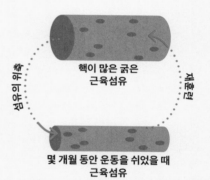

섬유의 위축

핵이 많은 굵은 근육섬유

재훈련

몇 개월 동안 운동을 쉬었을 때 근육섬유

운동의 속도

운동 강도는 우리 최대심장박동수의 백분율로 나타낼 수 있다. 조깅을 할 때 우리는 심장이 가진 잠재력 중 50퍼센트 정도를 사용한다. 체력의 정점에 도달한 운동선수는 심장의 능력을 최대로, 즉 100퍼센트를 모두 사용할 수 있다. 체력단련 전문가는 체력 증가를 위해 훈련시킬 때 나이에 맞는 심장박동수에 도달하는 것을 목표로 설정하기도 한다.

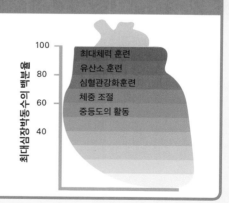

최대심장박동수의 백분율

100

80

60

40

최대체력 훈련
유산소 훈련
심혈관강화훈련
체중 조절
중등도의 활동

우리가 잠을 잘 때 근육 성장을 촉진하는 호르몬이 분비된다

운동 효과의 극대화

건강을 유지하려면 운동이 반드시 필요하며 규칙적인 훈련을 하면
체력이 전체적으로 향상된다. 우리의 몸은 혹독한 훈련에도 적응할 수
있다. 우리의 근육은 더 커지고 호흡은 더 깊어지며, 정신 상태까지도
건강해진다.

뇌

규칙적인 운동의 긍정적 결과

규칙적으로 운동하면 몸 전체에 개선 효과가 나타난다. 대부분의
성인은 30분간의 가벼운 운동도 도움이 되지만, 어린이는 적어도 60분
동안은 뛰어노는 것이 바람직하다. 스스로를 활동적으로 유지하는 것이
기관과 근육의 기능을 향상시키는 데 매우 중요하다. 그리고 일정한
기간 동안 강도 높은 체력 훈련을 지속한다면 신체의 여러 계통이 더
효율적으로, 결국에는 최대로 기능하게 될 것이다.

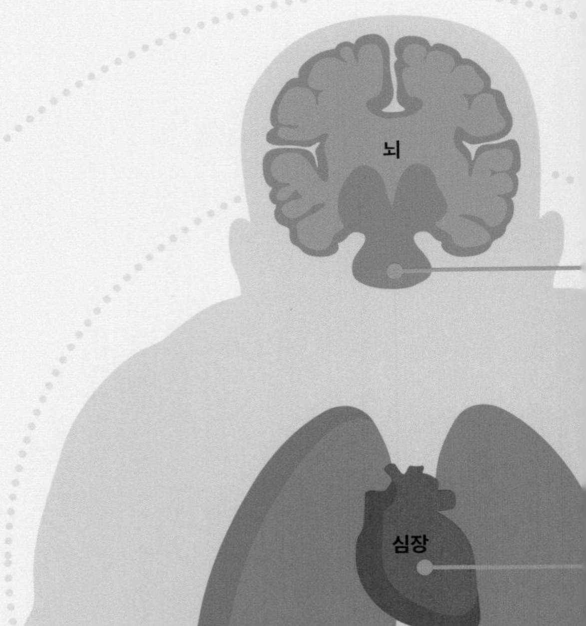

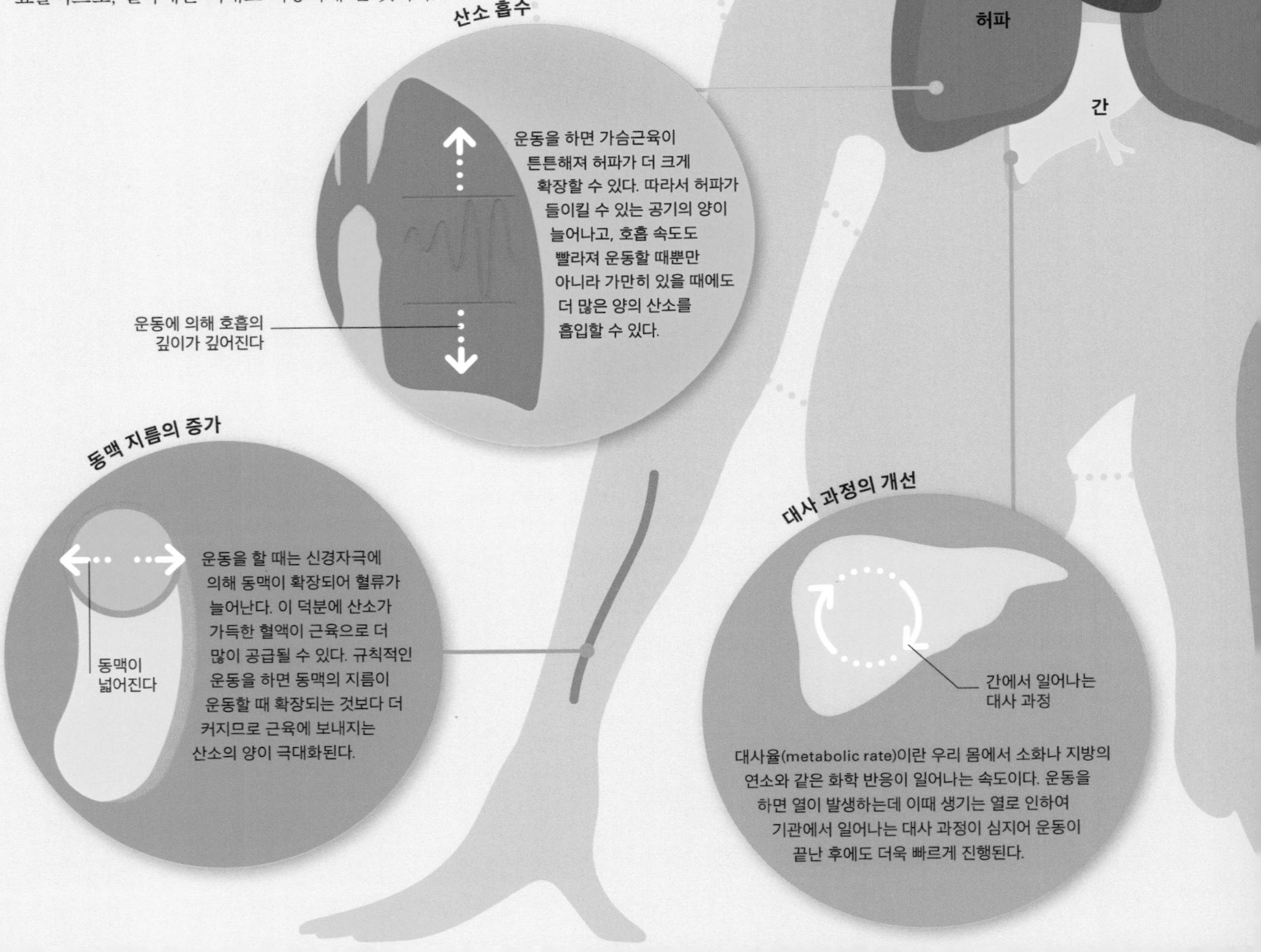

심장

허파

간

산소 흡수

운동을 하면 가슴근육이
튼튼해져 허파가 더 크게
확장할 수 있다. 따라서 허파가
들이킬 수 있는 공기의 양이
늘어나고, 호흡 속도도
빨라져 운동할 때뿐만
아니라 가만히 있을 때에도
더 많은 양의 산소를
흡입할 수 있다.

운동에 의해 호흡의
깊이가 깊어진다

동맥 지름의 증가

운동을 할 때는 신경자극에
의해 동맥이 확장되어 혈류가
늘어난다. 이 덕분에 산소가
가득한 혈액이 근육으로 더
많이 공급될 수 있다. 규칙적인
운동을 하면 동맥의 지름이
운동할 때 확장되는 것보다 더
커지므로 근육에 보내지는
산소의 양이 극대화된다.

동맥이
넓어진다

대사 과정의 개선

간에서 일어나는
대사 과정

대사율(metabolic rate)이란 우리 몸에서 소화나 지방의
연소와 같은 화학 반응이 일어나는 속도이다. 운동을
하면 열이 발생하는데 이때 생기는 열로 인하여
기관에서 일어나는 대사 과정이 심지어 운동이
끝난 후에도 더욱 빠르게 진행된다.

인지 능력 향상

규칙적인 운동을 하면 뇌로 가는 혈액, 산소, 영양소의 공급도 늘어난다. 이것은 뇌세포 사이의 새로운 연결이 생기도록 자극함으로써 전체적인 정신 능력이 향상된다. 또 운동을 하면 뇌에서 세로토닌(serotonin)과 같은 신경전달물질이 늘어나 기분이 좋아진다.

더 튼튼한 심장근육

심장근육섬유의 크기도 커지는데 이것은 보통 근육과 달리 위성세포에 의한 것이 아니라, 존재하는 심장근육섬유 자체가 더 튼튼해지는 것이다. 또한 심장의 수축도 더 강하게 일어나므로 심장박동수가 느려져도 몸 구석구석에 혈액을 잘 보낼 수 있다.

더 강한 근육

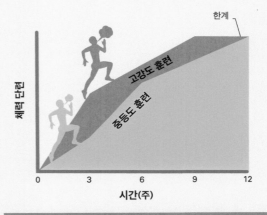

근육이 강해지면 체력이 좋아지고 뼈도 강해지며 자세, 신체의 유연성, 운동할 때와 쉴 때의 에너지 소모량 등 모든 것이 개선된다. 강한 근육은 운동으로 인한 손상에도 잘 견딘다.

최대 지점에 도달하기

일반인을 위한 훈련 프로그램을 이수하면 처음에는 훈련되지 않은 체력의 수준이 상승하면서 들였던 노력이 아주 큰 성과를 거두게 된다. 그러나 이것을 진행하여 연령, 성별 및 기타 유전적 요인에 좌우되는 자신의 신체적 한계점에 점점 가까워지면 더 향상된 수준에 도달하기가 힘들다. 최고점에 빨리 도달하려면 더 심화된 강화 훈련 프로그램에 임해야 한다. 최고의 운동선수는 자신의 한계를 파악하여 이것을 뛰어넘을 기회를 찾는다.

한계

고강도 훈련

중등도 훈련

체력 단련

0 3 6 9 12

시간(주)

휴식 시 심장박동수

운동선수는 평소에 심장박동수가 낮은데 왜냐하면 훈련을 통해 심장근의 수축력이 강화되었기 때문이다. 비훈련자와 비교할 때 운동선수는 심장이 더 강하게 수축하며, 한 번의 심장 박동으로 혈액을 더 효율적으로 보낼 수 있다. 훈련된 운동선수는 쉬고 있을 때 심장박동수가 1분에 30~40까지 떨어진다.

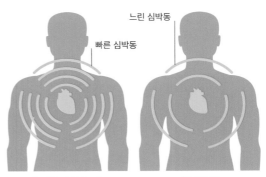

느린 심박동

빠른 심박동

훈련하지 않을 때   훈련할 때

소화와 배설

- 들어오고 나가고

몸에 공급되는 다양한 영양소

우리 몸은 여러 가지 필수적인 물질을 만들 수 있지만, 먹는 과정을 통해 외부에서 얻어야 하는 물질도 많다. 몸에 필요한 에너지는 우리가 먹는 음식을 통해서만 얻어진다. 영양소가 혈액에 흡수되면 몸의 각각 다른 부분으로 운반되어 여러 가지 생리적 반응에 사용된다.

필요한 영양소를 얻지 못하면 어떻게 될까?

우리 몸은 제대로 기능을 할 수 없고 결핍증으로 고생하게 된다. 예를 들어 음식에 무기질(mineral)이 충분하지 않으면 뼈조직이 제대로 형성되지 않는다.

탄수화물

탄수화물(carbohydrate)은 뇌의 주요 에너지원이다. 곡물과 식이 섬유가 많은 과일, 채소는 탄수화물의 훌륭한 원천이다.

물

우리 몸의 65퍼센트 정도는 물(수분)로 이루어진다. 수분은 호흡과 땀을 통해 끊임없이 배출되므로 보충하는 것이 매우 중요하다.

단백질

단백질(protein)은 모든 세포의 구조를 이루는 성분이다. 콩, 육류, 유제품, 달걀에는 좋은 단백질이 많이 있다.

당

아미노산

지방

지방(fat)은 에너지를 많이 내며 지용성 비타민의 흡수를 도와준다. 지방의 좋은 원료로는 유제품, 견과류, 어류, 식물성 기름이 있다.

소화관

지방산

몸에 필요한 것

몸의 기능이 제대로 이루어지기 위해 음식에서 얻어야 하는 필수영양소에는 여섯 가지가 있다. 이들은 지방, 단백질, 탄수화물, 비타민, 무기질, 수분이다. 이중에서 비타민, 무기질, 수분은 그 크기가 작아 창자의 점막에서 그대로 흡수될 수 있지만, 지방(fat), 단백질(protein), 탄수화물(carbohydrate)을 흡수하려면 작은 입자로 만드는 화학적 분해과정이 필요하다. 분해과정을 거치고 나면 각각 지방산(fatty acid), 아미노산(amino acid), 포도당(glucose)의 형태로 흡수된다.

비타민

비타민(vitamin)은 우리 몸에서 물질을 합성하는 데 필요하다. 비타민 C가 아교질을 만드는 데 필요하듯 비타민은 여러 조직에서 사용된다.

무기질

무기질(mineral)은 뼈, 털, 피부, 혈구세포를 만드는 데 필수적이다. 또한 신경의 기능을 향상시키고 음식물을 에너지로 바꾸는 데에도 기여한다.

눈을 이루는 것

우리 몸의 모든 조직은 우리가 음식물에서 얻는 영양소에 의해 유지된다.
예를 들어 인간의 눈을 이루는 조직도 아미노산, 지방산으로 이루어지며
탄수화물에서 원동력을 얻는다. 눈에는 막 구조가 있고 액체, 비타민,
무기질로 채워진 공간도 있다. 빛을 전기 신호로 바꾸는 것이 시각이
감지되는 원리이며 이 과정에 이런 것들이 필요하다.

간에는 2년 이상
사용할 수 있는
비타민 A가 저장되어
있다

세포막
눈을 이루는 세포는 물론 우리 몸의 모든
세포는 지방산과 단백질로 이루어진
막에 둘러싸여 있다.

에너지
뇌의 연장인 눈은
뇌와 아주 비슷하여
에너지원으로 우리가
먹는 탄수화물로부터
얻은 당을 필요로 한다.

시력에 필요한 음식물
몸의 모든 기관과 마찬가지로
눈도 여섯 가지 필수 영양소를 모두
사용한다. 이들 영양소에 의해 눈의
형태를 이루고 뇌로 시각 정보를
보내는 것이 가능해진다.

액체
눈에는 액체가 채워져
있으며 눈의 압력을
유지하고 눈 조직에
영양소와 수분을 제공한다.
이 액체는 98퍼센트가 물이다.

조직 구조
속눈썹은 원료가
아미노산인
케라틴(keratin)이라는
단백질로 이루어진다.
눈의 다른 조직은
아교질(collagen)이라는
단백질로 구성된다.

시각
비타민 A는 시각색소(visual
pigment)라는 단백질과
결합한다. 빛이 세포에
닿으면 비타민 A의 모양이
바뀌면서 전기 자극이 생겨
뇌로 전달된다.

적혈구
눈 조직은 적혈구가
공급하는 산소를 사용하며,
적혈구는 무기질인 철분을 함유한
혈색소(hemoglobin)라는 단백질을
이용하여 산소를 운반한다.

먹는 과정은 어떻게 일어날까?

먹는다는 것은 음식물이 혈액으로 흡수될 수 있을 만큼 작은 분자로 분해되는 과정이다. 음식물이 여정은 길이가 9미터인 소화관의 여러 기관을 차례대로 지나는 과정이다.

음식물의 여정

음식물의 여행은 보통 균형 또는 모든 만찬에서 시작하여 변기에 앉는 것으로 끝난다. 이 여정은 여러 단계를 거치는 동안 음식물은 입, 위, 작은창자(소장), 큰창자 (대장)를 지나며 영양소를 제공함으로써 제 할 일을 다 한다. 간과 이자(췌장)도 하는 역할이 있으며, 호르몬인 렙틴과 그렐린도 마찬가지이다. 음식물이 우리 몸을 여행하는 시간은 평균적으로 48시간 정도이다.

'난 배가 고파'

'난 배불러'

허기

음식을 먹은 후 몇 시간 지나면 위에서 그렐린 호르몬이 분비된다. 이 호르몬이 신호가 뇌에 전달되면 소화기관은 음식을 받아들일 준비를 한다.

그렐린이 허기를 느끼는 신호를 보낸다

밥 먹기 전

포만감

식사를 충분히 하면 지방조직에서 렙틴이 분비된다. 렙틴이 신호가 뇌에 도달하면 소화기관은 소화를 그치고 '대기상태'에 있게 된다.

렙틴이 포만감를 느끼는 신호를 보낸다

밥 먹은 후

허기와 포만감

우리는 배가 고프면 먹고 배가 부르면 그만 먹는다. 이런 느낌은 우리가 지어내는 것이 아니다. 영양소가 부족하면 그렐린(ghrelin)이라는 호르몬이 위에서 분비되어 허기를 느끼게 한다. 또 배가 부르면 지방조직에서 렙틴(leptin)이라는 호르몬이 분비되어 식욕을 떨어뜨린다.

시상하부

뇌

식도

혈류

입(구강)과 식도

1 첫 단계는 음식물을 썰어 기계적으로 부수는 과정이다. 부수어진 음식물은 침(타액)과 섞이면서 화학적 분해도 일어난다. 음식물을 씹은 후에 삼키면, 식도로 들어간다(142쪽 참조).

영양소 흡수

일부 영양소는 다른 것보다 흡수되는 데 더 오래 걸리지만, 흡수되는 곳은 대부분 작은창자로 동일하다.

↑ 비타민

↑ 당

↑ 아미노산

↑ 무기질

↑ 지방산

↑ 물

↑ 혈류

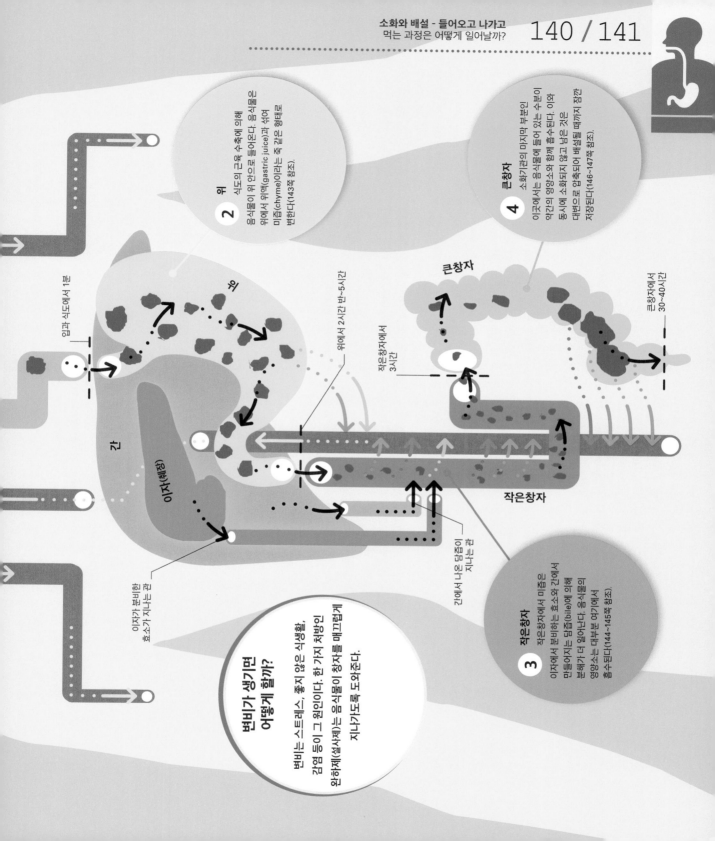

2 위

음식물이 위 안으로 들어온다. 음식물은 위에서 위액(gastric juice)과 섞여 미즙(chyme)이라는 죽 같은 형태로 변한다(143쪽 참조).

4 큰창자

이곳에서는 음식물에 들어 있는 수분이 약간의 영양소와 함께 흡수된다. 이후 동시에 소화되지 않고 남은 것은 대변으로 형성되어 배설될 때까지 잠깐 저장된다(146~147쪽 참조).

위

입과 식도에서 1분

간

이자(췌장)

이자가 분비한 효소가 지나는 관

위에서 2시간 반~5시간

작은창자에서 3시간

간에서 나온 담즙이 지나는 관

큰창자

큰창자에서 30~40시간

작은창자

3 작은창자

작은창자에서 미즙은 이자에서 분비하는 효소와 간에서 만들어지는 담즙(bile)에 의해 분해가 더 일어난다. 음식물의 영양소는 대부분 여기에서 흡수된다(144~145쪽 참조).

변비가 생기면 어떻게 할까?

변비는 스트레스, 좋지 않은 식생활, 감염 등이 그 원인이다. 한 가지 처방인 완하제(설사제)는 음식물이 창자를 매끄럽게 지나가도록 도와준다.

소화의 길로 들어가는 입구

길고 꼬불꼬불한 길을 가는 음식물이 지나갈 첫 단계는 입에 짧게 머물렀다 위에서 매크로 들어가는 것이다. 이 첫 단계의 목표는 음식물을 미즙(chyme)으로 바꾸는 것인데, 미즙이란 작은 장기에서 소화될 준비를 마친 영양소가 풍부한 죽 같은 액체이다.

아래쪽을 향하다

입에서 위로 가는 길은 식도(esophagus)라는 수직의 연결관을 통해서 내려가는 것이다. 중력과 꿈틀운동(peristalsis)이라는 식도의 근육 수축에 힘입어 음식물이 아래로 내려간다.

1 소화의 시작

입에서 음식물이 씹히는 동안 침샘은 침이 분비돌아 음식물을 죽 같은 형태로 만든다. 침에 있는 아밀라아제(amylase, 아밀로스분해효소라는 효소는 녹말을 분해하여 흡수하기 쉬운 포도당으로 얻는다.

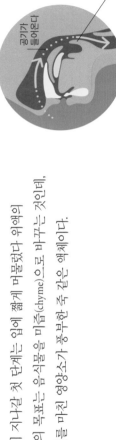

썹으면 침과 잘 섞인 음식물 한 덩이가 만들어진다

혀 밑에 있는 침샘은 효소가 함유된 묽고 많은 침을 분비한다

뺨의 침샘은 물 같은 침을 분비한다

턱 밑에 있는 다른 침샘은 허밑으로 침을 분비한다

코안

혀

침샘

식도

기관

씹기

입에 음식물이 있을 때 후두덮개는 수직 방향이 되어 기도를 열어 준다. 씹으면서 동시에 코로 숨을 쉴 수 있는 이유는 바로 이것 때문이다.

공기가 들어온다

후두덮개를 올린다

삼키기

음식물을 삼킬 때에는 후두덮개가 아래로 접혀 기관을 덮는다. 물렁입천장은 동시에 위로 올라가 코안과 연결되는 통로를 막는다.

물렁입천장을 올린다

후두덮개를 내린다

다시 썰을 준비

음식물이 식도에 들어가면 후두덮개와 물렁입천장은 원래 자리로 되돌아온다. 숨 쉬는 동시에 썹는 것이 다시 가능해진다.

후두덮개를 올린다

질식하지 않는 법

우리는 먹고 숨쉬는 데 입을 모두 사용하기 때문에 삼킬 때 기도를 닫는 것이 매우 중요하다. 다행스럽게도 우리 몸에는 한 쌍이 안전 장치가 갖추어져 있는데 하나는 후두덮개(epiglottis)라는 작은 연골판이며, 다른 하나는 입천장에 달린 물렁입천장(soft palate)이라는 탄력있는 간막이이다.

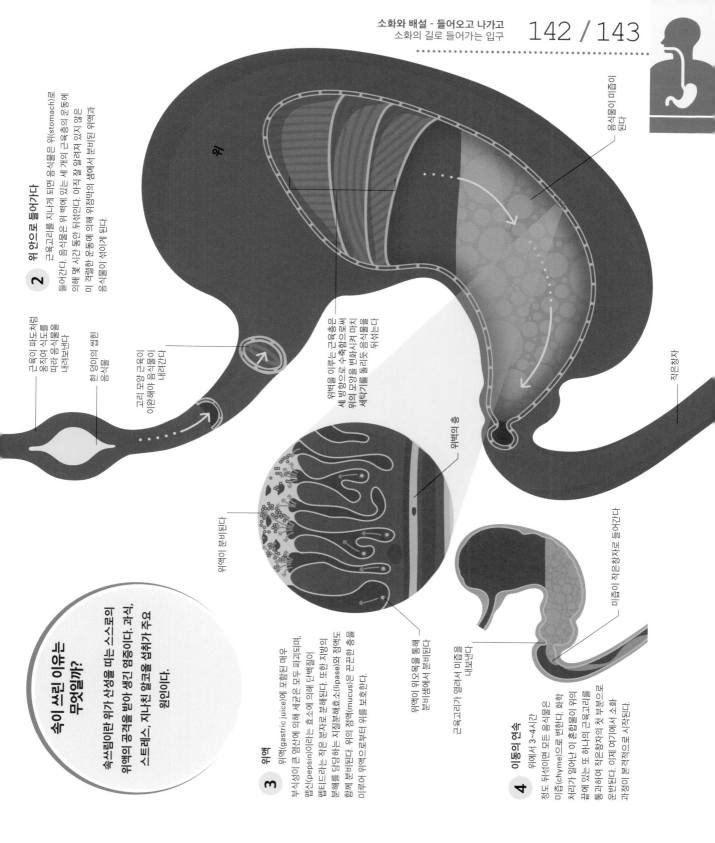

위

2 위 안으로 들어가다

근육고리를 지나게 되면 음식물은 위(stomach)로 들어간다. 음식물은 위 벽에 있는 세 개의 근육이 운동에 의해 몇 시간 동안 뒤섞인다. 아직 잘 알려져 있지 않은 이 격렬한 운동에 의해 위장막의 샘에서 분비된 위액과 음식물이 섞이게 된다.

근육이 파도처럼
움직여 식도를
따라 음식물을
내려보낸다

한 덩이이 삼킨
이완해야 음식물이
내려간다

고리 모양 근육이

위벽을 이루는 근육층은
세 방향으로 수축함으로써
위의 모양을 변화시켜 마치
세탁기를 돌리듯 음식물을
뒤섞는다

위벽의 층

음식물이 미즙이
된다

작은창자

위액이 분비된다

위샘에서 분비된다

위액이 위의 위유문을 통해
분비샘에서 분비된다

미즙이 작은창자로 들어간다

속이 쓰린 이유는 무엇일까?

속쓰림이란 위가 산성을 띠는 스스로의 위액의 공격을 받아 생긴 염증이다. 과식, 스트레스, 지나친 알코올 섭취가 주요 원인이다.

3 위액

위액(gastric juice)에 포함된 매우 부식성이 큰 염산에 의해 세균은 모두 파괴되며, 펩신(pepsin)이라는 효소에 의해 단백질이 펩티드라는 작은 분자로 분해된다. 또한 지방이 분해를 담당하는 지질분해효소(lipase)와 점액도 함께 분비된다. 위의 점액(mucus)은 끈적끈적한 층을 이루어 위액으로부터 위를 보호한다.

4 이동이 연속

위에서 3~4시간 정도 뒤섞이면 모든 음식물은 미즙(chyme)으로 변한다. 화학 처리가 일어난 이 혼합물이 위의 끝에 있는 또 하나의 근육고리를 통과하여 작은창자의 첫 부분으로 운반된다. 이제 여기에서 소화 과정이 본격적으로 시작된다.

근육고리가 열려서 미즙을
내보낸다

창자에서 일어나는 소화

위에서 음식물이 미즙으로 변환된 후 작은창자(소장)로 넘어간다. 활발한 화학 반응을 통해 미즙은 더 분해되고 결국 홉수되어 혈액으로 들어간다. 매일 11.5리터 정도의 음식물, 액체, 쓸개즙, 소화액이 작은창자를 지나간다.

협동하는 기관들

작은창자(소장, small intestine)는 세 기관의 도움을 받아 소화를 진행한다. 이자(췌장, pancreas)는 효소를 만들고 간(liver)은 담즙을 만들며 담낭(gallbladder)은 만들어진 담즙(bile)을 저장한다.

1 담즙 공장

맛이 쓴 액체인 담즙(쓸개즙)은 지방을 소화하기 더 쉬운 지방 방울로 변화시킨다. 담즙 생산은 간의 여러 가지 중 하나이다. 만들어진 담즙은 담낭(쓸개)에 저장된다.

2 담즙 저장

음식물이 위에서 나올 때 담즙도 담낭에서 나와 작은창자로 향한다. 작은창자에서는 이자의 효소와 섞여 배출된다.

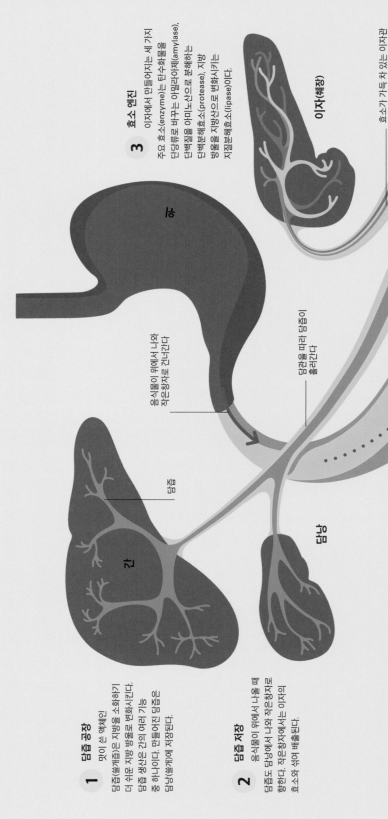

음식물이 위에서 나와 작은창자로 건너간다

간

담즙

담관을 따라 담즙이 흘러간다

담낭

작은창자

창자 벽의 근육 운동으로 음식물을 밀어낸다

효소가 가득 차 있는 이자관

3 효소 엔진

이자에서 만들어지는 세 가지 주요 효소(enzyme)는 탄수화물을 단당류로 바꾸는 아밀라아제(amylase), 단백질을 아미노산으로 분해하는 단백분해효소(protease), 지방 방울을 지방산으로 변화시키는 지방분해효소(lipase)이다.

이자(췌장)

위

영양소 홉수의 95퍼센트는 작은창자에서 이루어지며 나머지는 잘록창자(결장)에서 이루어진다

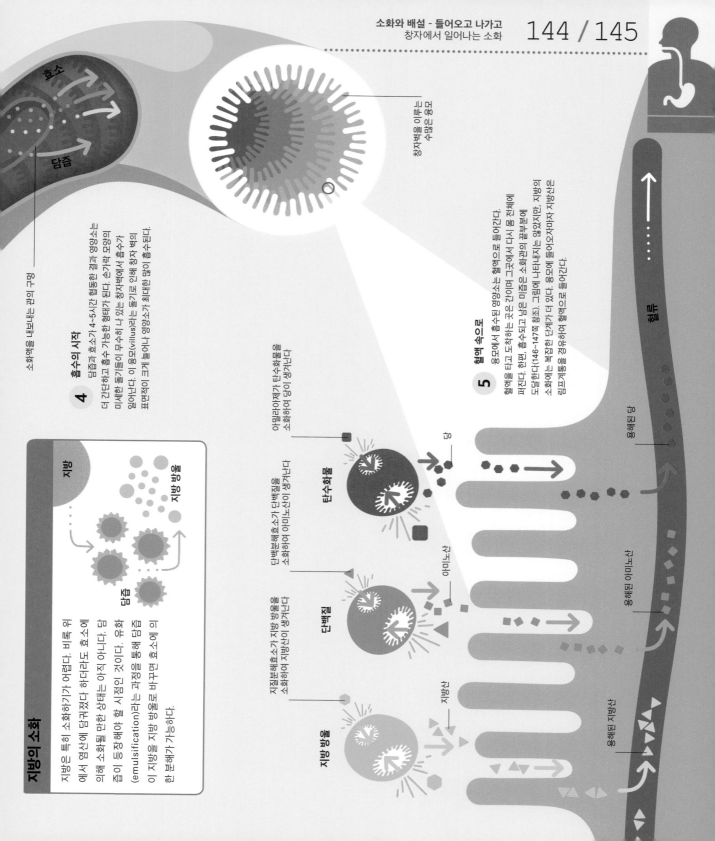

효소

담즙

소화액을 내보내는 판의 구멍

창자벽을 이루는 수많은 융모

지방의 소화

지방은 특히 소화하기가 어렵다. 비록 위에서 염산에 담궈졌다 하더라도 효소에 의해 소화될 만한 상태는 아직 아니다. 담즙이 등장해야 할 시점인 것이다. 유화(emulsification)라는 과정을 통해 담즙이 지방을 지방 방울로 바꾸면 효소에 의한 분해가 가능하다.

4 흡수의 시작

담즙과 효소가 4~5시간 활동한 결과 영양소는 더 간단하고 흡수 가능한 형태가 된다. 손가락 모양의 미세한 돌기들이 무수히 나 있는 창자벽에서 흡수가 일어난다. 이 융모(villus)라는 돌기로 인해 창자 벽의 표면적이 크게 늘어나 영양소가 최대한 많이 흡수된다.

5 혈액 속으로

융모에서 흡수된 영양소는 혈액으로 들어간다.
혈액을 타고 도착하는 곳은 간이며 그곳에서 다시 몸 전체에 퍼진다. 한편, 흡수되고 남은 미즙은 소화관의 끝부분에 도달한다(146~147쪽 참조). 그런데 나타내지는 않았지만, 지방의 소화에는 복잡한 단계가 더 있다. 융모에 들어오자마자 지방산은 림프계통을 경유하여 혈액으로 들어간다.

아밀라아제가 탄수화물을 소화하여 당이 생겨난다

탄수화물

당

아미노산

단백분해효소가 단백질을 소화하여 아미노산이 생겨난다

단백질

지방분해효소가 지방 방울을 소화하여 지방산이 생겨난다

지방 방울

지방산

용해된 당

용해된 아미노산

용해된 지방산

혈류

지방

지방 방울

담즙

위로, 아래로, 밖으로

소화의 마지막 단계는 큰창자(대장)에서 일어난다. 큰창자(large intestine)는 작은창자를 그 주위에서 둘러싸는 길이 2.5미터 정도의 튜브 모양 구조이다. 이곳은 세균이 탄수화물을 발효시킴으로써 인간의 건강에 꼭 필요한 영양소를 만드는 곳이기도 하다. 대변을 이루는 찌꺼기도 여기에 저장되었다가 배출된다.

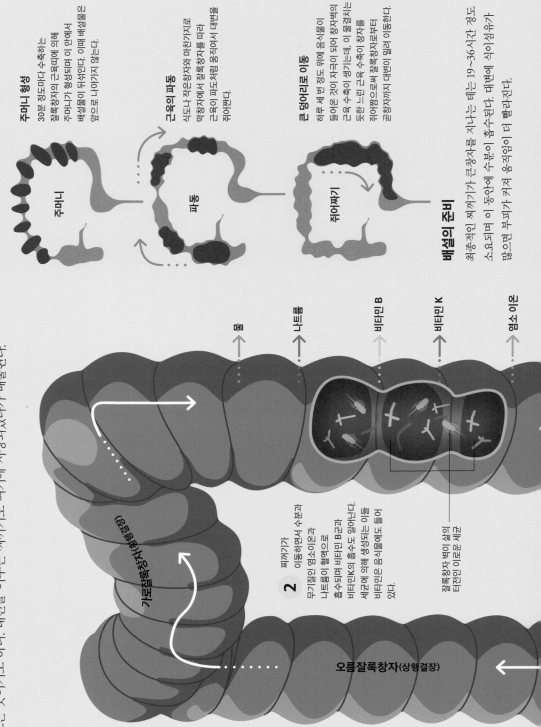

주머니 형성

30분 정도마다 수축하는 잘록창자의 근육띠에 의해 주머니가 형성되며 이 안에서 배설물이 뒤섞인다. 이때 배설물은 앞으로 나아가지 않는다.

근육의 파동

식도나 작은창자와 마찬가지로 막창자에서 잘록창자를 따라 근육이 파도처럼 움직여서 대변을 쥐어짠다.

큰 덩어리로 이동

하루 세 번 정도 위로 음식이 들어올 것이 자극이 되어 창자벽의 근육 수축이 생기는데, 이 물결치는 듯한 느린 근육 수축의 창자를 쥐어짬으로써 잘록창자로부터 곧창자까지 대변이 밀려 이동한다.

배설의 준비

최종적인 찌꺼기가 큰창자를 지나는 데는 19~36시간 정도 소요되며 이 동안에 수분이 흡수된다. 대변에 식이섬유가 많으면 부피가 커져 움직임이 더 빨라진다.

→ 물

→ 나트륨

→ 비타민 B

→ 비타민 K

→ 염소 이온

2 찌꺼기가

찌꺼기가 이동하면서 수분과 무기질인 염소이온과 나트륨이 혈액으로 흡수되며 비타민 B군이 흡수된다. 비타민K의 흡수도 이뤄진다. 세균에 의해 생성되는 이들 비타민은 음식물에도 들어 있다.

잘록창자 벽에 삶의 터전인 이로운 세균

가로잘록창자(횡행결장)

오름잘록창자(상행결장)

막창자꼬리는 왜 있을까?

막창자꼬리(충수, appendix)는 수천 년 전 인류의 조상들이 지니고 있던 나뭇잎의 소화를 돕는 기관의 잔유물일 가능성이 있다. 그러나 오늘날에는 장내 세균의 안전한 도피처 외에 뚜렷한 역할은 없다.

대변이 마려울 때

대변이 곧창자에 도착하면 뻗침수용기가 척수에 신호를 보냄으로써 반사가 시작된다. 척수는 속항문조임근(internal anal sphincter)이 느슨해지도록 운동 신호를 보낸다. 이와 동시에 뇌에 보내진 감각 정보로 인해 대변이 마려운 것을 인지하게 되고 의식적으로 바깥항문조임근을 이완시키라는 명령을 내린다. 식생활이 건강한 경우 많게는 하루에 세 번, 적게는 사흘에 한 번 정도 배설이 일어난다.

캄룸과 중탄산염은 잘록창자에서 흡수되어 혈액으로 흡수된 나트륨이 자리를 채운다

내림잘록창자(하행결장)

3 대변은 잘록창자의 끝에서 더욱 다져진다. 잘록창자 점막에서 분비된 점액에 의해 수분은 아직 유지된다.

작은창자

막창자꼬리(충수)

막창자(맹장)

1 작은창자에서 배출된 찌꺼기는 막창자에서 수직으로 상승하게 된다.

곧창자(직장)

항문

4 대변은 곧창자를 지나서 배출된다. 부피의 60퍼센트 정도는 세균이며 나머지는 대부분 소화될 수 없는 식이섬유이다.

항문에는 속조임근과 바깥조임근이 있다

여행의 끝

큰창자(대장)는 크게 세 부분으로 이루어진다. 막창자(cecum)는 작은창자에서 나온 찌꺼기가 모이는 곳이다. 세 부분의 잘록창자(colon)에서 영양소가 흡수된다. 곧창자(rectum)는 대변이 배출되는 곳이다. 이중 제일 큰 부분은 잘록창자(결장)로서 인간의 소화할 수 없는 녹말, 섬유, 탄수화물이 세균에 의해 분해된다. (148~149쪽 참조).

세균의 분해

소화계통에는 몸에 이로운 세균(bacteria), 바이러스(virus), 곰팡이(fungus)가 100조 가까이 존재한다. 모두 합해서 장내미생물(gut microbe)이라고 일컫는 이들은 영양소를 제공하고, 소화를 도와주며, 해로운 미생물에 대항하는 데 기여한다(172~173쪽 참조).

미생물 삼키기

우리는 태어날 때부터 미생물을 받아들이며 우리 몸 안으로 매일 들여온다. 미생물들은 코와 입을 통해 들어와서 위로 가는데 위는 정착해 살기에는 산성도가 너무 강하다. 작은창자도 산성도가 강하지만 많은 미생물이 여기서도 살아남아 잘록창자까지 가서 거기에서 소화에 중요한 역할을 담당한다.

우리 몸 안의 **모든 세포 중** 90퍼센트는 인간의 것이 아니라 **세균의 것이다**

항생제

항생제(antibiotic)는 세균을 파괴하거나 성장을 늦추지만, 이로운 세균과 해로운 세균을 구분하지 못한다. 따라서 우리가 항생제를 먹으면 창자의 이로운 미생물도 함께 사라진다. 장내세균의 다양성은 항생제 치료의 시작과 함께 감소하여 11일 후에는 최저치에 도달한다. 이로운 세균의 개체수는 치료 후에 회복되지만 항생제의 남용으로 영구적인 변화가 생길 수 있다.

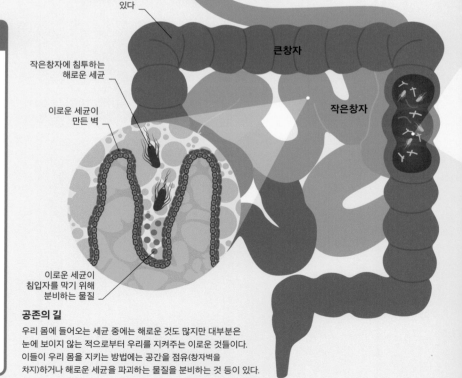

유산균은 가장 흔한 위의 세균이며 프로바이오틱(생균제) 치료에 많이 사용된다. 이들은 설사를 일으키는 세균을 퇴치한다

위

위나선균은 인간의 적이며, 위 점막을 파고들어 궤양을 일으킨다

미즙

장내미생물의 70퍼센트는 큰창자에 살고 있다

큰창자

작은창자에 침투하는 해로운 세균

이로운 세균이 만든 벽

작은창자

이로운 세균이 침입자를 막기 위해 분비하는 물질

공존의 길

우리 몸에 들어오는 세균 중에는 해로운 것도 많지만 대부분은 눈에 보이지 않는 적으로부터 우리를 지켜주는 이로운 것들이다. 이들이 우리 몸을 지키는 방법에는 공간을 점유(창자벽을 차지)하거나 해로운 세균을 파괴하는 물질을 분비하는 것 등이 있다.

소화할 수 없는 것을 소화

잘록창자의 미생물은 우리가 소화시키지 못해 에너지원으로 쓸 수 없는 탄수화물을
분해한다. 이들은 섬유소(cellulose)와 같은 식이섬유를 발효시켜 칼슘과 철 등의
무기질을 흡수하도록 도와주고 비타민을 생성하며 여러 가지로 유익하다. 미생물
스스로 필수 비타민인 비타민 K를 만들기도 한다.

이게 무슨 냄새야?

장내미생물의 발효작용으로 인해 많은 가스
가 발생하는데 여기에는 수소, 이산화탄소,
메탄, 황화수소가 포함된다. 가스의 양이 많
아지면 헛배가 부르고 속이 부글부글 끓게
된다. 가스를 많이 생산하는 대표적 음식으
로는 콩, 옥수수, 브로콜리가 있으며, 양파,
우유, 인공감미료의 영향도 비슷하다.

옥수수 　　　 브로콜리

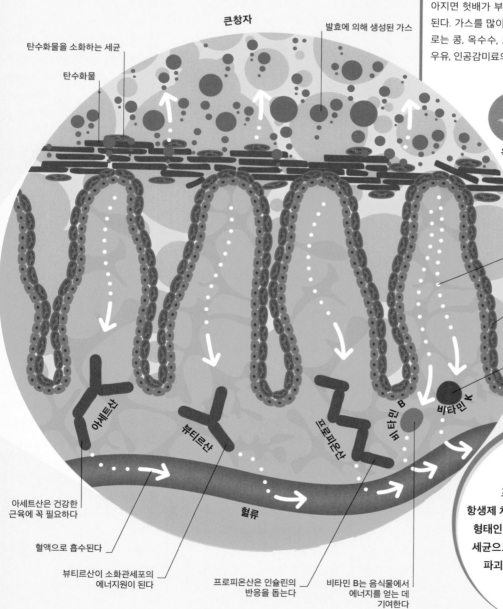

큰창자

발효에 의해 생성된 가스

탄수화물을 소화하는 세균

탄수화물

큰창자에서 흡수되는
영양소

이로운 세균이
만든 벽

비타민 K는 혈액 응고에
중요하다

아세트산

뷰티르산

프로피온산

비타민 B

비타민 K

아세트산은 건강한
근육에 꼭 필요하다

혈액으로 흡수된다

뷰티르산이 소화관세포의
에너지원이 된다

프로피온산은 인슐린의
반응을 돕는다

비타민 B는 음식물에서
에너지를 얻는 데
기여한다

혈류

프로바이오틱스란
무엇일까?

프로바이오틱스(probiotics)란
항생제 치료의 정반대이다. 요거트나 알약의
형태인 프로바이오틱스를 살아 있는 식용
세균으로 먹게 되면 항생제나 질병에 의해
파괴된 장내세균을 회복하여 건강한
환경으로 만든다.

혈액의 정화

혈액은 온몸을 구석구석 다니면서 노폐물이나 남은 영양소를 받아들인다. 혈액에서 해로운 물질을 제거하는 콩팥(신장, kidney)이 없다면 이 노폐물은 머지않아 우리 생명에 위험이 될 것이다.

정수의 과정

혈액이 콩팥을 통과하는 데 걸리는 시간은 5분 정도이다. 노폐물을 싣고 들어간 혈액이 무수히 배열된 미세한 여과장치를 통과하는 동안 노폐물은 소변으로 빠져나가고 깨끗해진 혈액으로 바뀐다. 소변은 방광(urinary bladder)으로 흘러가는데 이곳이 우리가 소변이 마려움을 느끼는 곳이다. 소변의 주성분은 요소(urea)인데 이것은 간에서 만들어진 노폐물이다(156~157쪽 참조).

몸 안에 생기는 돌

많은 노폐물이 콩팥을 통과하다보니 소량의 무기질이라도 모이면 결석이 생길 수 있다. 이런 콩팥돌(신장결석)은 아무 문제없이 우리 몸에서 빠져나오기도 하지만 요관을 막을 정도로 커지는 경우도 있다. 콩팥돌의 원인으로는 비만, 식생활의 불균형, 불충분한 수분 섭취 등이 포함된다.

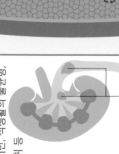

콩팥돌

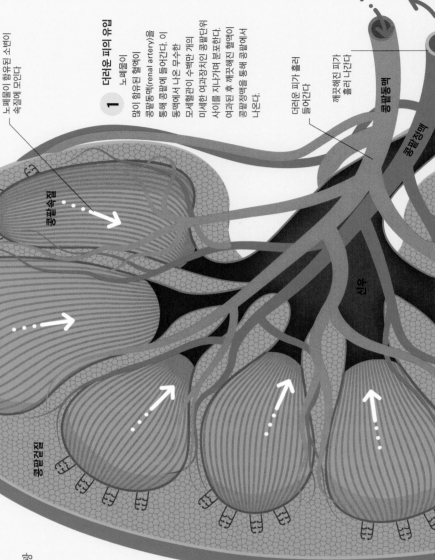

콩팥에서 혈액 전체가 여과되는 횟수는 하루에 20~25회이다.

각각의 콩팥단위는 콩팥속질이라는 콩팥의 중심에 단단히 부착된다

노폐물이 함유된 소변이 속질에 모인다

콩팥속질

콩팥걸질

섬유

콩팥정맥

콩팥동맥

1 더러운 피의 유입

노폐물이 많이 함유된 혈액이 콩팥동맥(renal artery)을 통해 콩팥에 들어간다. 이 동맥에서 나온 무수한 모세혈관이 수백만 개의 미세한 여과장치인 콩팥단위 사이를 지나가며 분포한다. 여과된 후 깨끗해진 혈액이 콩팥정맥을 통해 콩팥에서 나온다.

더러운 피가 흘러 들어간다

깨끗해진 피가 흘러 나간다

콩팥돌

요관

방광의 근육벽

방광

3 소변의 수집

콩팥속질에서 나온 몇 개의 관이 합쳐져 소변을 형성한다. 소변은 여기에서 콩팥동맥과 콩팥정맥를 지나쳐 요관(ureter)이라는 관으로 들어간다. 요관은 콩팥에서 나와 방광으로 들어간다.

요소, 기타 독소, 남는 염이 포함된 노폐물이 소변을 통해 배출된다

4 노폐물의 배출

소변은 요관의 근육 수축에 의해 이동하므로 누워 있어도 방광은 채워진다. 방광이 가득 차면 방광의 근육벽이 소변을 압박하게 되지만 방광 아래쪽에 있는 근육고리가 소변이 배출되는 것을 막는다. 이 근육을 조절하는 법을 터득하면 소변을 볼 시간과 장소를 선택할 능력을 갖추게 된다.

소변이 가득 찬 방광

요도

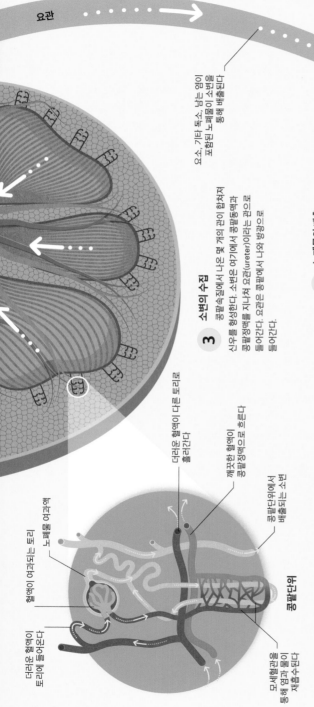

다른 콩팥에서 다른 토리로 흘러간다

깨끗한 혈액이 콩팥정맥으로 흐른다

콩팥단위에서 배출되는 소변

깨끗한 혈액이 콩팥정맥으로 흐른다

노폐물을 여과하는 토리

혈액이 여과되는 토리

다라온 혈액이 토리에 들어온다

모세혈관을 통해 염과 물이 재흡수된다

콩팥단위

2 여과 과정

콩팥단위(nephron)라는 미세한 여과장치를 지나는 혈액은 토리(사구체, glomerulus)라는 미세한 여과장치를 통과해야 한다. 토리에서는 요소와 다른 노폐물은 빠져나가지만 혈구세포나 유용한 단백질은 걸러져 혈액에 남는다. 노폐물이 담긴 액체가 세뇨관이 긴 고리를 지나는 동안 염과 물이 정밀하게 조절된 후 집합관에 모인다.

콩팥이 기능을 못하면 어떻게 될까?

콩팥이 혈액을 여과할 수 없을 정도로 기능이 약하면 콩팥의 역할을 대신할 혈액투석기를 사용할 수 있다. 관을 통해 혈액을 혈액투석기로 흘러보내 여과시킨 다음에 깨끗한 혈액을 몸 안으로 다시 들여보낸다.

수분의 균형

혈액이 수분은 어떤 범위 안에 있도록 조절되어야 하며, 그렇지 않으면 몸을 이루는 세포가 탈수되거나 수분과다로 제 기능을 할 수 없다. 그렇기 때문에 콩팥, 내분비계통, 순환계통은 혈액이 건강하게 균형을 유지하는 역할을 담당한다.

수분 결핍

몸은 항상 우리 몸을 빠져나가지만, 땀, 구토, 설사처럼 물이 한꺼번에 많이 빠져나가는 경우가 있다. 이때에는 혈액의 양이 줄어들 뿐만 아니라 혈액에서 수분에 대한 염분의 농도가 올라가게 된다. 이와 같이 깨어진 균형을 바로잡기 위한 반응이 일어난다.

1 수분 결핍 경보

혈액이 낮아지면 시상하부의 염분이 농도가 높아지면 시상하부(130쪽 참조)에 신호가 전달된다. 이에 대한 반응으로 항이뇨호르몬(ADH)의 생성이 늘어나는데, 이 호르몬은 뇌하수체로 운반되어 가까이에서 혈액으로 분비된다.

혈관의 빨려들수용기가 시상하부에 혈압 하강을 알린다

항이뇨호르몬 분비 촉진

혈관 속의 수분 양 감소

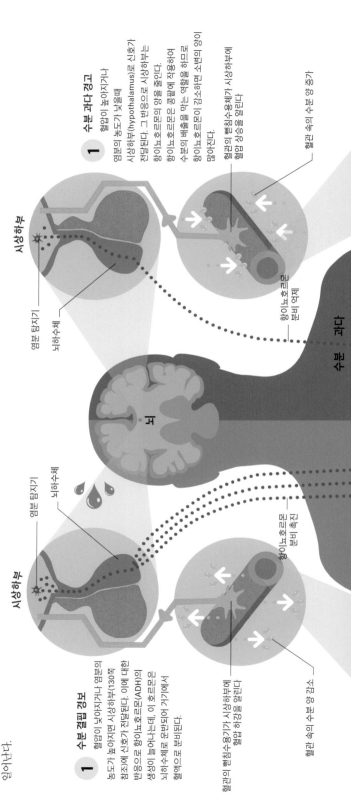

시상하부

염분 탐지기

뇌하수체

뇌

수분 과다

수분 과다

수분의 과다는 공급은 탈수보다 훨씬 더 느릴때 운동 후나 약물 남용, 질병으로 인하여 아주 많은 물을 섭취하는 경우에 생길 수 있다. 이때는 혈액량이 많아지며 혈액에서 물에 대한 염분의 농도가 떨어진다.

1 수분 과다 경고

혈압이 높아지거나 염분이 농도가 낮아질때 시상하부(hypothalamus)로 신호가 전달된다. 그 반응으로 시상하부는 항이뇨호르몬의 양을 줄인다. 항이뇨호르몬은 콩팥에 작용하여 수분의 배출을 만드는 역할을 하므로 항이뇨호르몬이 감소하면 소변의 양이 많아진다.

시상하부

염분 탐지기

뇌하수체

항이뇨호르몬
분비 억제

혈관의 빨려들수용체가 시상하부에
혈압 상승을 알린다

혈관 속의 수분 양 증가

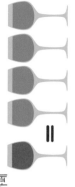

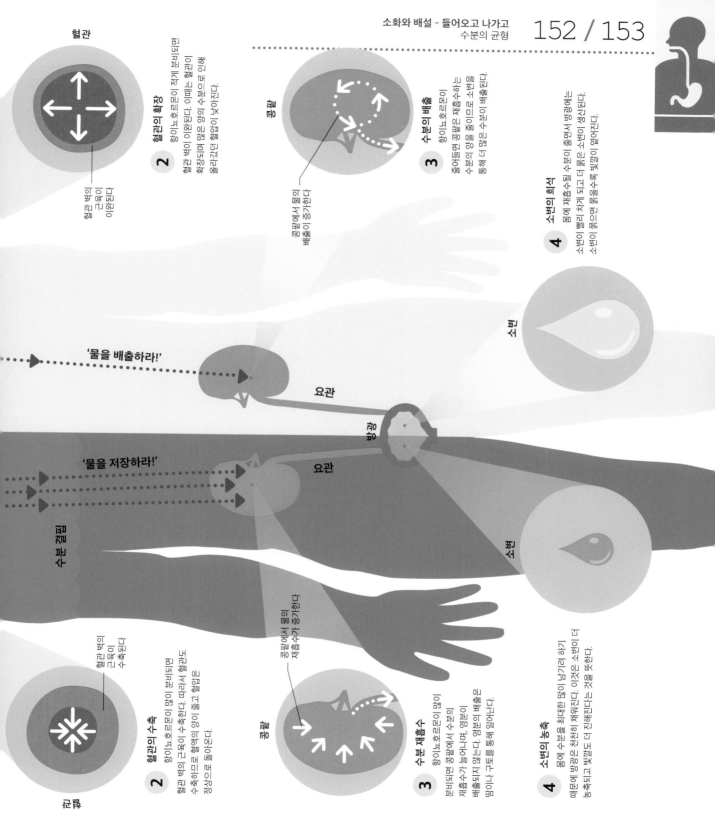

혈관

2 혈관의 확장

항이뇨호르몬이 적게 분비되면 혈관 벽이 이완된다. 이때는 혈관이 확장되며 많은 양의 수분으로 인해 올라갔던 혈압이 낮아진다.

혈관 벽의 근육이 이완된다

콩팥

3 수분의 배출

항이뇨호르몬은 재흡수하는 수분의 양을 줄이므로 소변을 통해 더 많은 수분이 배출된다.

콩팥에서 물의 배출이 증가한다

소변

4 소변의 희석

몸에 재흡수될 수분이 줄면서 방광에는 소변이 빨리 차게 되고 더 묽은 소변이 생산된다. 소변이 묽으면 맑을수록 빛깔이 옅어진다.

'물을 배출하라!'

요관

방광

요관

소변

'물을 저장하라!'

수분 결핍

콩팥에서 물의 재흡수가 증가한다

균형

혈관

2 혈관의 수축

항이뇨호르몬이 많이 분비되면 혈관 벽의 근육이 수축한다. 따라서 혈관도 수축하므로 혈액의 양이 줄고 혈압은 정상으로 돌아온다.

혈관 벽의 근육이 수축된다

콩팥

3 수분 재흡수

항이뇨호르몬이 많이 분비되면 콩팥에서 수분의 재흡수가 늘어나며, 염분이 배출되지 않는다. 염분의 배출은 땀이나 구토를 통해 일어난다.

4 소변의 농축

몸에 수분을 최대한 많이 남기려 하기 때문에 방광은 천천히 채워진다. 이것은 소변이 더 농축되고 빛깔도 더 진해진다는 것을 뜻한다.

간이 일하는 방법

입, 위, 창자를 지나면서 흡수된 영양소가 혈액에 들어가면 곧장 간으로 운반된다.
간(liver)에서는 이들을 저장하고 분해하며 새로운 물질을 만들어 낸다. 어느 때라도
혈액의 10퍼센트는 간으로 가도록 되어 있다.

간소엽

간은 소엽(lobule)이라는 수많은 작은 공장으로
이루어진다. 화학 반응을 담당하는 수많은
간세포가 소엽을 구성하고 있다. 간세포는
쿠퍼세포와 별세포의 도움을 받아 간의 모든
기능을 수행한다. 각 소엽에는 대략 여섯 개의 면이
있으며 그 모서리에는 간으로 들어오는 두 혈관과
간에서 나가는 담관(bile duct)이 있다.

간의 물질 이동 경로

각각의 간소엽마다 들어오는 두 개의 혈관,
나가는 하나의 혈관, 나가는 하나의 담관이
존재한다.

· · ·➤ 창자에서 오는 혈액

——➤ 심장에서 오는 혈액

——➤ 심장으로 가는 혈액

· · ·➤ 담낭으로 가는 담즙

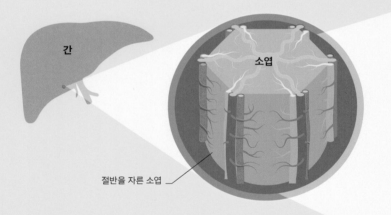

간

소엽

절반을 자른 소엽

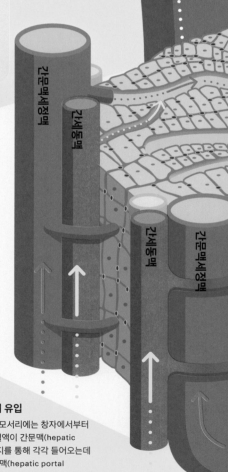

간정맥

간문맥세정맥

간세정맥

간세동맥

간문맥세정맥

이중 혈액 분포

간에 대한 특이한 사실은 두 종
류의 혈액 공급을 받는다는 것
이다. 다른 모든 기관과 마찬가
지로 심장이 보낸 산소가 많은
혈액에서 에너지를 얻지만, 창
자에서부터 온 혈액도 받아 깨
끗하게 처리한다.

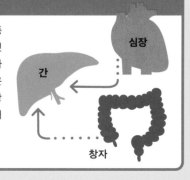

심장

간

창자

① 영양소의 유입

간소엽의 모서리에는 창자에서부터
영양소가 풍부한 혈액이 간문맥(hepatic
portal vein)의 가지를 통해 각각 들어오는데
이들을 간문맥세정맥(hepatic portal
venule)이라고 한다. 소엽에는 또한 심장에서
온 산소가 많은 혈액이 간동맥의 가지를 통해
공급되며 이를 간세동맥이라 한다.

3 **영양소의 배출**
간에서 처리된 혈액은 중심정맥(central vein)을 통해
간으로부터 나간다. 간에서 나온 혈액은 심장, 허파, 다시 심장을 거쳐 결국
콩팥으로 가서 독소를 소변으로 내보낸다.

쿠퍼세포는 세균, 부스러기,
오래된 적혈구를 제거한다

소엽사이정맥

간은 얼마나
빨리 일하고 있을까?

간은 1분마다 1.4리터의 혈액을
여과한다. 또한 매일 1리터의
담즙(bile)을 생산한다.

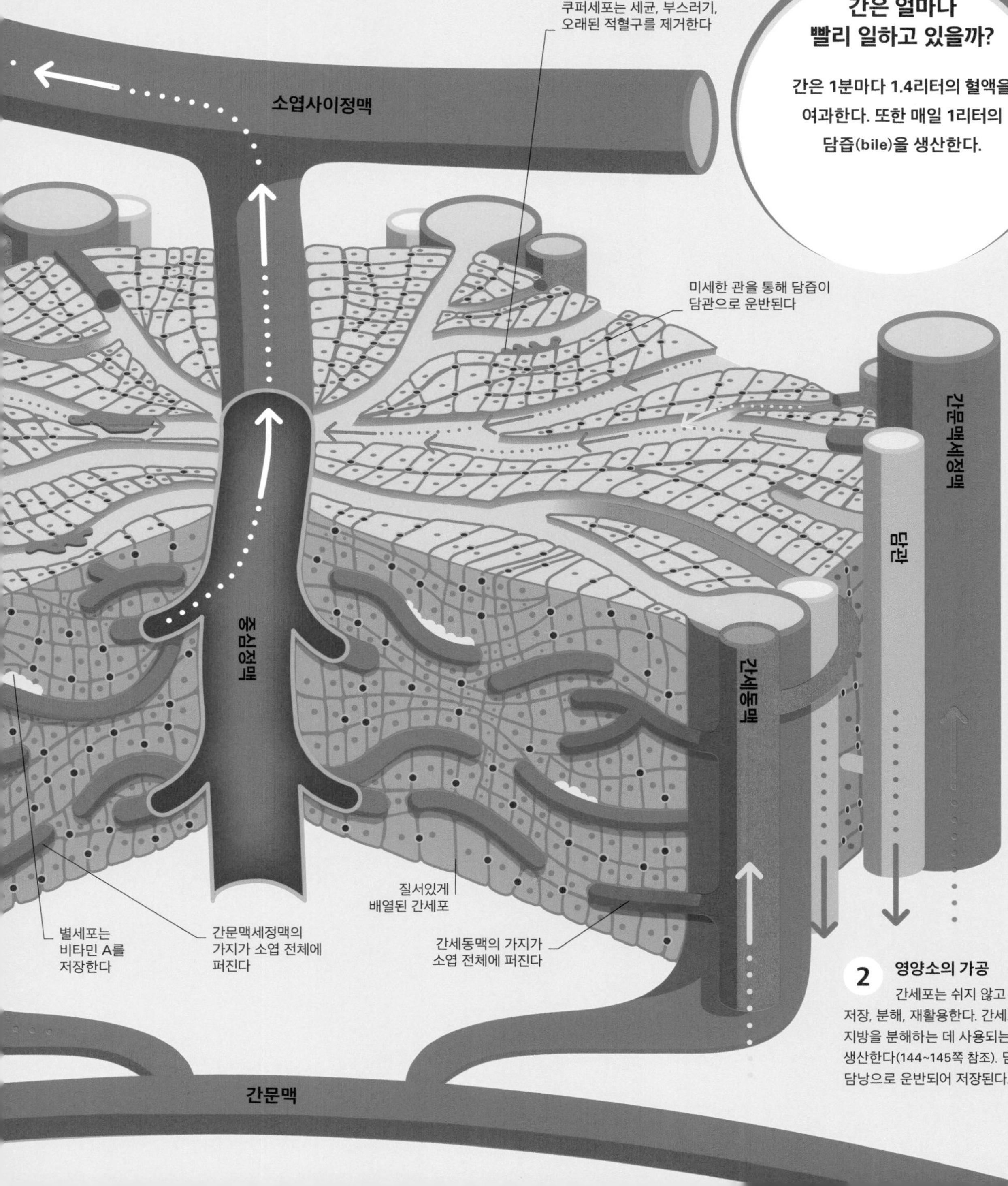

미세한 관을 통해 담즙이
담관으로 운반된다

간문맥세정맥

담관

중심정맥

간세동맥

별세포는
비타민 A를
저장한다

간문맥세정맥의
가지가 소엽 전체에
퍼진다

질서있게
배열된 간세포

간세동맥의 가지가
소엽 전체에 퍼진다

2 **영양소의 가공**
간세포는 쉬지 않고 영양소를
저장, 분해, 재활용한다. 간세포는 또한
지방을 분해하는 데 사용되는 담즙을
생산한다(144~145쪽 참조). 담즙은 끊임없이
담낭으로 운반되어 저장된다.

간문맥

간이 하는 일

간을 하나의 공장이라고 생각하면 이해하기가 쉽다. 공장이라고 가정할 때 간에 있는 세 가지 주요 부서는 가공, 제조, 저장이다. 원료는 소화 과정을 통해 혈액으로 흡수된 영양소이다. 그러나 어느 부서에 먼저 원료를 공급할 것인가는 신체의 우선 순위에 달려 있다.

간이 그 외에 하는 일은 무얼까?

간은 혈액응고 단백질을 만들어 상처가 났을 때 출혈을 멈추도록 한다. 따라서 간에 질병이 있는 사람은 피가 잘 멈추지 않는다.

탄수화물로부터 포도당을

몸에 에너지가 부족하면 간은 글리코겐분해 (glycogenolysis)라는 과정을 통해 탄수화물로부터 포도당을 만들어 낼 수 있다.

지방의 대사

쓰고 남은 탄수화물과 단백질은 지방산으로 바뀐 다음 혈액에 분비되어 에너지로 사용된다. 포도당을 다 써 버리면 이 반응이 아주 중요하다.

가공

간이 하는 일의 대부분은 영양소의 가공이다. 이 임무에는 필요한 영양소를 필요한 곳에 올바르게 보내는 것과 필요에 따라 더 보내는 것이 포함된다. 매우 중요한 기능인 독성물질의 배출도 여기서 담당한다.

음식물의 해독

오염 물질, 세균 독소, 식물의 방어성 화학물질은 덜 해로운 화합물로 변환된 다음, 콩팥을 통해 몸 밖으로 버려진다.

재생되는 기관

상처 난 자리에 흉터가 생기는 대부분의 기관과는 달리 간에서는 필요하다면 새로운 세포가 생겨난다. 해롭고 독성이 있는 화학물질의 공격을 끊임없이 받는 간으로서는 아주 다행스러운 일이다. 화학물질 중에는 치료 약물도 있는데 이들은 자주 간에 손상을 입히지만, 간은 스스로 재생함으로써 자기 임무를 다 한다. 믿기 힘들겠지만 간은 전체의 75퍼센트를 잃더라도 몇 주 안에 완전히 재생될 수 있다.

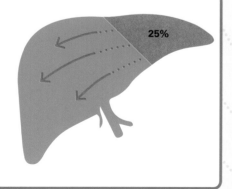

25%

담즙 생산

간에서 꾸준히 생산되는 담즙(bile)은 담낭(gallbladder)으로 운반되어 저장된다. 담즙의 원료는 혈색소이며 오래된 적혈구가 파괴될 때 바깥으로 배출된다.

호르몬 생산

적어도 세 가지 호르몬이 간에서 분비되므로 내분비계통에서도 중요한 역할을 한다(190~191쪽 참조). 간에서 분비된 호르몬은 세포의 성장, 골수의 증식을 자극하고 혈압 조절을 돕는다.

제조

간은 합성이 많이 일어나는 중심 센터로서 특히 중요한 역할은 간단한 물질을 이용하여 화학전령(호르몬), 조직의 구조 성분(단백질), 꼭 필요한 소화액(담즙)을 생산하는 것이다. 간은 항상 일하는 기관이므로 아주 유용한 일을 한 가지 더 한다. 즉 체열을 만들어 내는 것이다.

단백질 합성

간에서는 혈액으로 분비되는 여러 가지 단백질이 만들어진다. 특히 어떤 종류의 아미노산이 음식물에서 결핍되면 이를 생산한다.

비타민

간에는 최대 2년간 사용할 비타민 A를 저장할 수 있는데 이는 면역계통에 필수적이다. 비타민 B_{12}, 비타민 D, 비타민 E, 비타민 K도 필요할 때를 대비해서 저장하고 있다.

저장

간은 저장이 많이 일어나는 기관이며, 주로 비타민, 무기질, 당원 등이 저장된다. 당원(glycogen)은 포도당이 저장되는 형태이다. 이를 통하여 우리 몸은 며칠 또는 몇 주간 음식을 먹지 않아도 생존할 수 있으며, 음식을 통한 영양소의 섭취가 부족하더라도 빨리 보충된다.

무기질

간에는 생명 유지에 필수적인 두 가지 무기질이 저장된다. 철은 몸 전체로 산소를 운반하는 데 필요하며 구리는 면역계통을 건강하게 유지하거나 적혈구를 만드는 데에도 쓰인다.

당원

간에서는 에너지가 당원의 형태로 저장된다. 몸의 에너지가 고갈되면(158~159쪽 참조), 간은 당원을 변환하여 포도당을 만들어 혈액으로 내보낸다.

간에서는 모두 합해 500가지 이상의 화학 반응이 일어난다

간 손상

모든 신체 기관 중에서 유일하게 간은 스스로 재생한다. 그러나 알코올, 약물, 바이러스 등 해로운 물질에 계속 노출되면 간도 결국 손상을 입을 수 있다. 감당할 수 없을 만큼 독소가 파급되면 간은 재생할 기회를 잃는다. 아주 쇠약해진 간에는 결국 흉터가 남는데, 이것을 경화(cirrhosis)라고 한다. 간경화의 흔한 원인 중 하나는 지나친 알코올 섭취이다.

에너지 균형

우리 몸에 있는 대부분의 세포는 포도당이나 지방산을 에너지원으로
사용한다. 규칙적인 에너지 공급을 위해 우리 몸은 음식물을 섭취하여
에너지를 흡수하는 상태와 흡수한 에너지를 소모하는 상태 사이를 왔다
갔다 한다. 이 주기가 몇 시간 간격으로 반복되면 가장 이상적이다.

연료를 채우다

음식물을 섭취하면 포도당(glucose)과 지방산(fatty acid)이 우리 몸
속으로 들어온다. 혈액의 포도당(혈당)이 올라가면서 이자(췌장,
pancreas)는 인슐린(insulin) 호르몬을 분비한다. 이 호르몬 자극을
받은 근육, 지방, 간의 세포는 포도당과 지방산을 흡수하여
나중에 에너지로 사용하기 위해 이를 저장한다.

당이 많은 음식물

많은 당 분자는 식사
후에 혈당이 높아진 것을
가리킨다

지방산 분자

포도당 분자

지방세포에 저장되는 지방산

3 쓰고 남은 포도당 저장
지방산은 에너지 저장소 역할을
하는 지방세포에 대부분 저장된다.
지방세포는 쓰고 남은 포도당을 흡수하여
지방산 분자로 변환하기도 한다.

지방세포로 들어가는
쓰고 남은 포도당

흡수하라!

2 근육의 포도당 연소
근육세포는 수축하는 데
쓰기 위해 포도당을 에너지로 바꾼다.
근육세포는 지방산을 흡수하기도
한다. 또한 포도당이 없을 때는
지방산을 대신 연소한다.

근육세포가 흡수하는 포도당

근육세포가 흡수하는
지방산

흡수하라!

지방을 먹으면 살이 찔까?

달콤한 음식이나 탄수화물과 함께 먹을
때에만 그렇다. 이런 음식에는 포도당이
있는데 포도당은 몸이 영양소를 저장하도록
신호를 보낸다. 따라서 살이 찌게 된다.

1 '흡수하라!'는 신호의 전달
음식을 먹으면 이자는 혈액에
당의 양이 늘어남을 감지한다. 그
반응으로 분비된 인슐린이 혈액을 따라
순환한다. 인슐린 자극을 받은 세포는
입구를 열어 영양소를 받아들인다.
영양소 중 대표적인 것은 포도당으로
모든 세포의 에너지원이다.

이자(췌장)

연료 태우기

세포가 영양소를 흡수하면서 혈당은 떨어지기
시작한다. 더 많은 음식이 소화되지 않으면, 혈당은 계속
떨어져 몸은 에너지를 얻기 위해 포도당 대신 지방을
연소하게 된다. 이 반응도 이자가 주로 담당한다.

당 분자의 수가 적은 것은
혈당이 낮다는 뜻이다

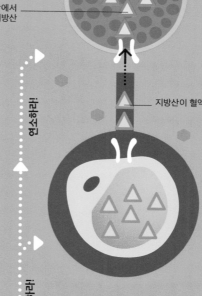

근육세포 안에서
분해되는 지방산

3 **근육세포의
지방 연소**

지방세포로부터 지방산을
받아들인 근육세포는 이를
분해하여 에너지를 얻는다.

지방산이 혈액으로 분비된다

연소하라!

2 **근육으로
보내지는 지방**

글루카곤의 자극을
받은 지방세포는 저장된
지방산을 혈액으로
배출한다. 다른 세포들이
에너지를 얻기 위해 이
지방산을 사용한다.

연소하라!

에너지의 수요와 공급

음식물이 가진 에너지를 칼로리로 환산할 수 있다. 스테이
크의 열량은 약 500칼로리 정도이며 커다란 감자튀김 한 봉
지나 사과 10개와 맞먹는다. 사람은 가만히 있어도 체중을
유지하려면 하루에 1800칼로리가 필요하다. 이보다 더 들
어오면 체중이 늘어나고 덜 들어오면 체중이 줄어든다.

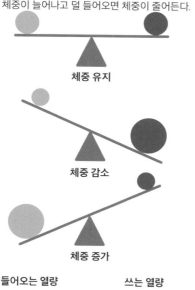

체중 유지

체중 감소

체중 증가

들어오는 열량   **쓰는 열량**

1 **'연소하라!'는
신호의 전달**

음식을 먹고 나서 몇
시간이 지나면 이자의 특수
세포가 혈당이 떨어짐을
감지한다. 이자에서 혈액으로
글루카곤(glucagon)이라는
호르몬이 나온다. 이 호르몬
신호를 받으면 간은 저장된
당원을 포도당으로 변환하여
혈액으로 내보낸다(154~155쪽
참조).

이자(췌장)

슈가트랩

음식물의 칼로리는 그 음식물에 함유된 에너지라는 점에서는 동일하지만, 단백질, 탄수화물 등 그 성분이 무엇인가에 따라 우리 몸에서 어떻게 쓰일 것인지 결정된다. 음식물 중에는 일정한 에너지를 지속적으로 주는 것도 있지만 호르몬이 롤러코스터를 타듯 오르락내리락 분비되게 하는 음식물도 있다.

칼로리는 우리 몸에 해로운가?

칼로리(열량)는 음식을 먹음으로써 우리 몸이 그 음식에서 섭취하는 에너지의 양이다. 우리가 살아가려면 에너지가 필요하다! 하지만 칼로리를 너무 많이 섭취한다면 그 넘치는 양은 지방으로 저장될 것이다.

오르내리는 인슐린

음식물은 빠르게 당으로 바뀌며 이로 인해 혈당이 치솟는다(159쪽 참조). 그 반응으로 인슐린도 따라 증가하며 인슐린에 의해 포도당은 반대로 곤두박질친다. 이때 일어난 슈가크래시(sugar crash)로 인해 피곤을 느낀 나머지 당분을 더 찾게 된다. 반면에 혈액을 아직 돌아다니는 인슐린으로 인해 지방을 에너지원으로 사용할 수 없다.

올라갔다 내려갔다
아침 식사 후 혈액에서 되풀이되는 포도당의 급상승과 급하강, 그리고 여기에 반응하여 인슐린이 오르내리는 현상을 따라가 보자.

→ 포도당

→ 인슐린

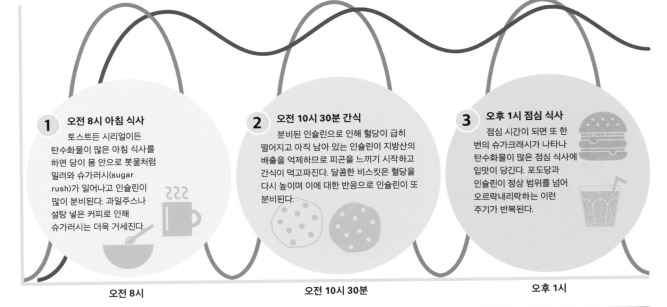

1 오전 8시 아침 식사
토스트든 시리얼이든 탄수화물이 많은 아침 식사를 하면 당이 몸 안으로 봇물처럼 밀려와 슈가러시(sugar rush)가 일어나고 인슐린이 많이 분비된다. 과일주스나 설탕 넣은 커피로 인해 슈가러시는 더욱 거세진다.

2 오전 10시 30분 간식
분비된 인슐린으로 인해 혈당이 급히 떨어지고 아직 남아 있는 인슐린이 지방산의 배출을 억제하므로 피곤을 느끼기 시작하고 간식이 먹고파진다. 달콤한 비스킷은 혈당을 다시 높이며 이에 대한 반응으로 인슐린이 또 분비된다.

3 오후 1시 점심 식사
점심 시간이 되면 또 한 번의 슈가크래시가 나타나 탄수화물이 많은 점심 식사에 입맛이 당긴다. 포도당과 인슐린이 정상 범위를 넘어 오르락내리락하는 이런 주기가 반복된다.

오전 8시 — 오전 10시 30분 — 오후 1시

체중의 증가

슈가트랩(sugar trap)에 걸리게 되면 몸무게가 빠르게 증가하며, 이 때문에 생긴 과체중은 심각한 건강 문제를 일으킬 수 있다. 결과적으로 인슐린민감, 인슐린저항, 제2형당뇨병(201쪽 참조), 심장병, 일부 암, 뇌졸중 등의 질병이 생길 수 있다. 비만을 피하려면 인슐린 농도를 낮추는 것이 중요하며 그 방법 중 하나가 저탄수화물 식단이다.

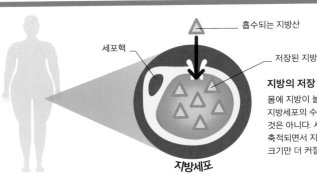

흡수되는 지방산

세포핵

저장된 지방산

지방의 저장
몸에 지방이 늘어난다고 해서 지방세포의 수가 늘어나는 것은 아니다. 세포 안에 지방이 축적되면서 지방세포(fat cell)는 크기만 더 커질 뿐이다.

지방세포

고단백질 식단

일부 식단 전문가들은 탄수화물을 끊으려면 탄수화물이 아닌 단백질과 양질의 지방에서 칼로리를 얻을 것을 권장한다. 몸이 지방을 연소하고 탄수화물에 의존하지 않는 상태에 이르도록 하기 위해 특별히 설계된 3회의 식이요법을 시도할 수 있다.

저탄수화물 식단

슈가트랩에서 벗어나는 일반적인 방법은 논란이 있기는 하지만 탄수화물의 섭취를 줄이는 것이다. 탄수화물은 당으로 분해되지만 저장되는 것은 지방이기 때문이다. 탄수화물을 적게 섭취함으로써 포도당과 인슐린의 롤러코스터를 피할 수 있고 따라서 당분에 대한 강한 욕구와 과다한 지방 축적도 사라진다. 당분과 인슐린이 건강한 범위 안에서 유지되면, 포도당보다는 지방을 에너지원으로 사용할 수 있다.

오늘날 **설탕**은 **코카인보다 더 중독성이 크다**고 생각된다

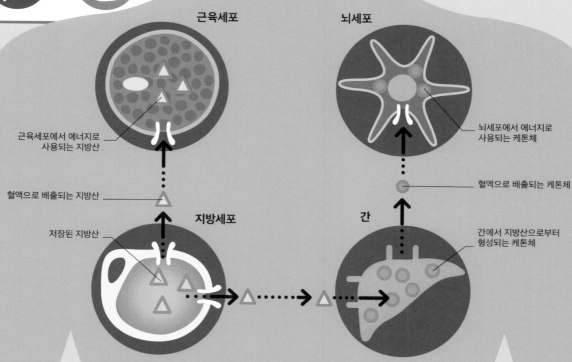

근육세포

근육세포에서 에너지로 사용되는 지방산

혈액으로 배출되는 지방산

저장된 지방산

지방세포

뇌세포

뇌세포에서 에너지로 사용되는 케톤체

혈액으로 배출되는 케톤체

간에서 지방산으로부터 형성되는 케톤체

간

지방산의 배출

혈당이 건강한 수준으로 유지되면 인슐린의 농도가 낮게 나타난다. 이때는 지방세포에서 지방산이 배출되며, 이것은 인슐린이 높다면 일어나지 않을 현상이다.

케톤체의 생산

다른 조직과 달리 뇌는 지방산(fatty acid)을 에너지원으로 사용할 수 없다. 따라서 혈당이 낮으면 간은 지방산을 케톤체(ketone body)로 변환한다. 케톤체는 뇌세포가 에너지로 사용할 수 있다.

포식 아니면 단식?

현재 가장 인기있는 식이요법 두 가지는 칼로리를 전혀 계산할 필요가 없다. 그중 하나인 구석기 식이요법(paleolithic diet)은 고도로 가공된 오늘날의 음식을 거부하고 석기시대처럼 식사하는 것이 목표이다. 이에 비해서, 다른 한 가지인 간헐적 단식(intermittent fasting)은 먹었다 굶었다 하는 방식을 선택함으로써 음식 자체보다는 먹는 시간을 제한한다.

원시의 삶으로 회귀

구석기 식이요법의 원리는 오늘날 슈퍼마켓에 차고 넘치는, 고도로 가공되고 달콤한 탄수화물이 주성분인 음식을 섭취할 수 있을 정도로 우리 신체가 진화하지 않았다는 것이다. 이 식이요법에서는 1만 년 전, 즉 농사가 시작되기 이전에 사냥꾼이자 채집가인 인간의 조상이 얻을 수 있었을 것으로 생각되는 음식만을 권장한다. 물론 그렇다고 동굴 속 생활까지 해야 한다는 말은 아니다. 구석기 식이요법을 따를 경우, 유제품에서 칼슘을 섭취하는 사람은 칼슘이 풍부한 대체식품을 찾지 않으면 칼슘결핍증에 빠질 위험이 있다.

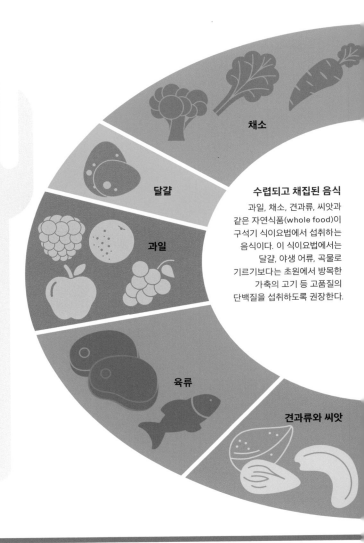

채소

달걀

과일

육류

견과류와 씨앗

수렵되고 채집된 음식

과일, 채소, 견과류, 씨앗과 같은 자연식품(whole food)이 구석기 식이요법에서 섭취하는 음식이다. 이 식이요법에서는 달걀, 야생 어류, 곡물로 기르기보다는 초원에서 방목한 가축의 고기 등 고품질의 단백질을 섭취하도록 권장한다.

간헐적 단식

간헐적 단식은 주기적으로 음식의 섭취를 끊고 저장된 지방으로부터 모든 에너지를 얻으려는 것이다. 단 근육의 단백질을 분해하여 에너지를 얻어야 할 정도로 음식 섭취를 제한하는 것은 아니다. 두 가지 주요 방법은 16:8 식이요법과 5:2 식이요법이다.

16:8 식이요법

이 방법은 매일 낮 12시부터 저녁 8시까지 하루에 8시간 동안만 음식을 먹는다. 그 외의 16시간 동안은 금식을 하지만, 다행히 대부분은 수면 중이므로 견딜 만하다.

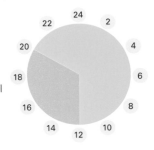

시간 구분 음식 섭취 금식

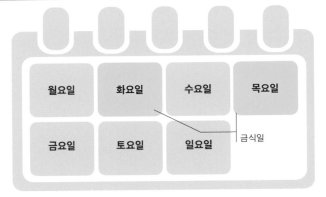

금식일

5:2 식이요법

이 방법은 일주일 중 이틀 동안은 하루 에너지 섭취를 500칼로리, 즉 한 끼니 정도로 제한한다. 나머지 5일은 폭식하는 것만 아니면 제한하지 않고 음식물을 섭취한다.

곡물

설탕

정제가공식품

콩

유제품

생산 및 가공된 음식

설탕, 가공식품, 곡물, 콩, 알코올, 유제품은 농장과 식품공장에서 생산되므로 구석기 식이요법에서 전부 제외된다. 그러나 일부 사람들은 유제품을 섭취하기도 하는데 조상들과 달리 우유를 소화(164~165쪽 참조)할 수 있도록 진화했기 때문이다.

오늘날 전 세계 성인의 3분의 1에서 유제품의 당을 소화하는 효소가 만들어진다

혈당지수

혈당지수(GI)는 탄수화물이 함유된 음식을 먹을 때 혈당이 얼마나 빨리 올라가는가를 가리키는 지표이다. 혈당지수가 낮은 식품일수록 혈당에 미치는 영향이 적다. 구석기 식이요법의 원리는 혈당지수가 낮은 식품을 주로 섭취하는 것이다.

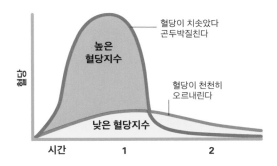

혈당이 치솟았다 곤두박질친다

높은 혈당지수

혈당이 천천히 오르내린다

낮은 혈당지수

시간   1   2

혈당 수치

혈당지수가 높은 음식을 먹으면 혈당이 빨리 올라가지만 빨리 내려가기도 하므로 허기를 금방 느끼게 된다. 혈당지수가 낮은 음식은 혈당을 서서히 올리므로 포만감이 더 오래 간다.

자연적인 지방 연소

우리 몸이 자연적으로 지방을 연소할 때 운동을 하면 여기에 박차를 가하는 것이다. 아침 식사 전 운동은 밤 동안 금식을 통해 우리 몸이 포도당을 다 써버리고 지방을 이미 연소하기 시작한 상태인 것을 이용한다. 이에 비해, 저녁 운동은 낮에 섭취한 혈당이 에너지원으로 사용될 가능성이 크다. 이런 이유로 인해 아침 운동이 살 빼는 데는 더 효과적이다.

포식 상태

당

지방

근육

금식 상태

지방

근육

저녁
신체는 식사를 통해 섭취한 포도당을 이용하면 3~5시간은 움직일 수 있다.

아침
포도당을 다 사용하면 저장된 지방을 태우기 시작한다.

뇌 건강

금식이 뇌 건강에 도움이 된다는 증거가 있다. 운동을 하면 근육에 약간의 스트레스가 가해지듯이 간헐적 단식은 특히 신경세포에 적당한 스트레스를 준다. 이 스트레스로 인해 신경세포의 성장과 유지를 돕는 화학물질이 분비된다.

금식 중인 뇌

신경세포

소화의 골칫거리

소화 기능에서 나타날 수 있는 문제는 음식을 먹은 후 잠시 불편함을 느끼는 것에서부터 평생 동안 괴롭히는 질환에 이르기까지 매우 다양하다. 대부분의 경우 치료는 증상을 유발하는 음식을 피하는 것으로 충분하다.

젖당못견딤증(유당불내성)

성인들 중에는 젖당(lactose)을 분해하는 효소인 젖당분해효소(lactase)가 없는 사람이 많다. 젖당은 우유에 들어 있는 탄수화물이다. 정상적인 아기들은 이 효소를 모두 가지고 있으며 수유가 끝나면 더 이상 만들어지지 않는다. 전 세계적으로 약 35퍼센트의 사람들에서만 젖당분해효소 유전자에 돌연변이가 생겨 성인에서도 이 효소가 만들어진다.

젖당을 소화할 수 있는 사람은 누굴까?

낙농업의 역사가 긴 나라는 성인이 되어서까지 우유를 마시는 데 적응된 사람이 많다. 이런 나라는 대부분 유럽의 국가들이다.

젖당

젖당분해효소

2 젖당분해효소에 의해 분해되는 젖당
젖당분해효소는 젖당을 갈락토스(galactose)와 포도당(glucose)이라는 더 작은 두 개의 당으로 분해한다.

작은창자

포도당

1 젖당이 작은창자에 진입
작은창자에 젖당이 들어오면 작은창자를 덮는 세포는 젖당분해효소라는 소화효소를 만든다.

갈락토스

3 갈락토스와 포도당의 흡수
이들 작은 두 개의 당은 작은창자에서 혈액으로 흡수된다.

2 세균에 의한 발효
큰창자에서 살고 있는 세균(148~149쪽 참조)이 젖당을 발효시켜 가스와 산을 만들어 낸다.

3 창자에서의 재난
발효 과정 중에 생긴 가스로 인해 배가 팽창하며, 만들어진 산으로 인해 창자로 물이 빠져나와 설사가 일어난다.

세균이 생산하는 가스와 산

큰창자

소화되지 않은 젖당이 큰창자로 들어간다

1 소화되지 않은 젖당
젖당분해효소가 없으면 젖당은 흡수될 수 없고 작은창자를 그대로 통과하여 큰창자로 간다.

젖당을 발효시키는 세균

구토

소화의 골칫거리가 될 만한 것을 피하는 방법 중 하나는 토하는 것이다. 상하거나 독소가 있는 음식을 먹게 되면 위, 가로막, 배의 근육이 한꺼번에 수축하여 먹은 것을 식도로 힘껏 역류시켜 입 밖으로 배출한다.

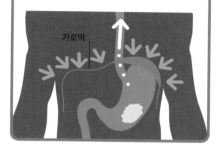

과민대장증후군

과민대장증후군(IBS)은 만성적인 질병으로 복통, 복부팽만감, 설사, 변비가 주된 증상이다. 잘 알려져 있지 않지만, 스트레스, 생활 습관, 그리고 특정한 음식 때문에 생기는 것으로 되어 있다.

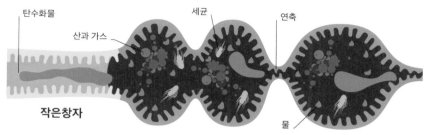

1 세균에 의한 발효
흡수되지 않는 탄수화물은 창자 안으로 많은 물을 끌어당긴다. 이런 탄수화물이 큰창자에 가면 세균에 의해 발효되어 산과 가스가 발생한다.

2 창자연축
과민대장증후군은 창자연축을 일으키는데 이로 인해 폐기물과 가스가 통과하지 못한다. 반대로, 폐기물이 너무 빨리 통과하여 수분이 흡수되지 않아 설사가 생길 수 있다.

글루텐못견딤증

글루텐(gluten)은 밀, 보리, 호밀 등의 곡물에 많이 있는데, 사람들 중에는 글루텐을 섭취하면 복통, 피로, 두통, 그리고 심지어 팔다리가 얼얼함을 호소하는 경우가 많이 있다. 이런 것들은 글루텐민감증에서 복강병에 이르기까지 여러 가지 글루텐과 관련된 질환을 가리키는 증상이다.

 호밀빵 **맥주** **파스타**

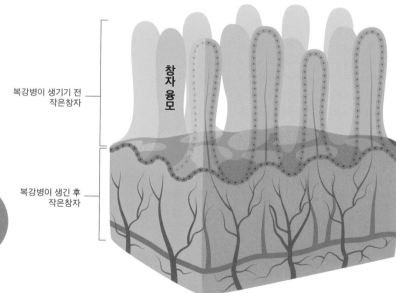

글루텐민감증
글루텐민감증(gluten sensitivity)은 글루텐을 섭취한 후 졸음증, 피로감, 경련성 복통, 설사를 일으키며, 호밀빵, 맥주, 파스타 등 글루텐이 들어 있는 모든 음식을 피해야만 한다. 글루텐민감증은 복강병과는 달리 창자에 손상을 주지는 않는다.

복강병
복강병(coeliac disease)은 신체의 면역계통이 글루텐과 반응을 일으키는 심각한 유전병이다. 이 면역반응은 작은창자의 점막을 손상시켜 영양소의 흡수를 막는다. 치료하지 않으면 손가락 모양의 돌출 구조인 작은창자의 융모가 모두 파괴된다.

면역과 미생물

- 알맞게 건강하게

몸은 전쟁터

인체를 생존하고 번식할 아주 좋은 터전으로 삼는 침입자들은 매일 우리를 공격한다. 그러나 우리 몸에도 이들과 맞서 싸울 우리 자신의 방위군이 존재한다. 해로운 미생물, 즉 병원체(pathogen)는 몸의 외부 방어벽을 뚫는 바로 그 감염(infection) 부위에서부터 우리 자신을 방어하는 몸의 재빠른 대응과 즉시 맞닥뜨리게 된다. 만일 이 초기 대응을 통해 적을 퇴치하지 못하면 임무는 다른 팀에게 돌아간다.

침입자들

세균(bacteria)과 바이러스(virus)는 인간 질병의 주요 원인이다. 기생충(parasite), 곰팡이(fungus), 독소도 면역계통을 자극하여 반응이 나타나게 할 수 있다. 미생물은 이들을 파괴하려는 면역계통의 감시를 피하려고 새로운 방법을 찾아 끊임없이 적응하고 진화한다.

곰팡이(진균)

대부분 해롭지 않으나, 해로운 것도 있다.

기생충

인체 표면이나 속에 살면서 다른 병원체를 숙주의 몸 안으로 들여오기도 한다.

세균

음식, 호흡, 피부에 난 상처를 통해 몸 안으로 들어오는 작은 단세포생물이다.

바이러스

바이러스가 증식하려면 살아 있는 세포가 필요하며 숙주의 몸 속에 오랫동안 죽은 듯이 있을 수 있다.

독소

이것은 인체에 치명적인 질병이나 반응을 일으킬 수 있는 물질이다.

보체

30가지의 보체(도움체)단백질은 혈액을 떠다니며 면역반응을 상승시켜 병원체가 파괴되는 것을 돕는다.

가지돌기세포

이 포식세포들은 병원체를 포식하고 B세포와 T세포가 활동하기 시작할 때 중요한 역할을 한다.

방어벽

상피세포는 우리 몸의 주된 물리적 방어벽으로서, 병원체의 침입을 막아 준다. 단단히 맞물려 있는 세포들로 인해 아무 것도 뚫고 지나갈 수 없다. 상피세포는 병원체의 침입을 막는 액체도 분비한다.

분비물

점액, 눈물, 기름, 침, 위산과 같은 액체에 병원체가 걸려 들면 효소가 이를 파괴한다.

상피

피부, 입, 코, 식도, 방광과 같이 몸 속으로 들어오는 입구에는 상피세포가 보호막처럼 덮고 있다.

분비물

상피

최전방의 방위군

방어막을 뚫고 들어온 병원체에 대해서 선천면역계통(innate immune system)이라는 즉각적인 대응이 이루어진다. 이것은 손상되거나 감염된 세포가 보낸 경고 신호를 받아 한 무리의 세포들과 단백질이 일으키는 반응이다. 침입한 유기체가 잘 알려지도록 일종의 표시를 하는가 하면, 이 병원체 자체를 직접 잡아먹는 포식세포들도 있다.

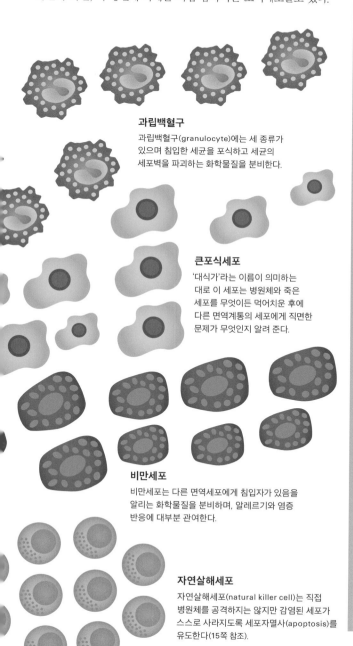

과립백혈구
과립백혈구(granulocyte)에는 세 종류가 있으며 침입한 세균을 포식하고 세균의 세포벽을 파괴하는 화학물질을 분비한다.

큰포식세포
'대식가'라는 이름이 의미하는 대로 이 세포는 병원체와 죽은 세포를 무엇이든 먹어치운 후에 다른 면역계통의 세포에게 직면한 문제가 무엇인지 알려 준다.

비만세포
비만세포는 다른 면역세포에게 침입자가 있음을 알리는 화학물질을 분비하며, 알레르기와 염증 반응에 대부분 관여한다.

자연살해세포
자연살해세포(natural killer cell)는 직접 병원체를 공격하지는 않지만 감염된 세포가 스스로 사라지도록 세포자멸사(apoptosis)를 유도한다(15쪽 참조).

> **면역 반응이 일어날 수 있는 감염성 질병은 얼마나 많을까?**
>
> B세포가 만들어 내는 여러 종류의 항체는 10억 가지 다른 병원체와 맞서 싸울 수 있을 것으로 생각된다.

파괴의 기동대

최전방의 반응이 12시간 내에 감염을 제압하지 못하면 적응면역계통(adaptive immune system)에게 임무가 돌아간다. 이 면역계통은 과거에 병원체에 노출되었던 경험을 되살려 정확한 표적에 대하여 특이적인 면역반응을 일으킨다.

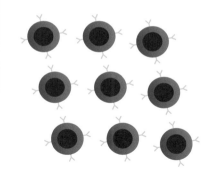

B세포
B세포는 어떤 병원체를 발견하면 이에 대한 반응으로 항체를 만들도록 특별히 훈련된 세포이다. 반응 속도를 높이기 위해 이 세포들은 증식이 가능하다.

항체
항체는 B세포가 만드는 단백질로서 모양이 영문자 Y와 비슷하다. 침입한 병원체의 표면에 항체가 부착됨으로써 표지되면 포식세포가 이들을 파괴한다.

T세포
T세포도 일종의 훈련된 세포로서 감염되었거나 암으로 변한 세포를 직접 공격하며 포식세포가 병원체를 포식하도록 유도한다. 일부 T세포는 B세포의 항체 생산을 자극하기도 한다.

아군 아니면 적군?

우리 몸에 침입한 해로운 병원체를 우리 자신의 세포와 이로운 미생물로부터 구별하여야 하는 것이 면역계통(immune system)이 하는 일이다. 과연 아군인지 아니면 적군인지 정확히 알아내어야 하는 것이다. 이 일을 담당하는 것은 우리 몸의 가장 강력한 면역세포인 T세포와 B세포이며, 이들은 우리 몸이 공격받지 않도록 끊임없이 안전을 점검한다.

자기(self)와 비자기(nonself)

몸을 이루는 모든 세포의 표면에는 사람마다 다른 독특한 분자 무리가 존재한다. 몸의 세포나 이로운 미생물에서 이 분자 무리가 감지되면 면역계통은 이를 '자기(self)'로 인식하여 공존하는 것이 허용된다.

각 사람마다 고유한 항원이 세포 표면에 있다

모양이 다른 항원. 모든 항원에는 항원결정인자라는 독특한 구조가 있다

자기 몸을 이루는 세포

자기 몸이 아닌 세포

자가관용

몸의 모든 세포는 '자기'만의 표면표지단백질, 즉 항원(antigen)을 지님으로써 다른 세포와 공존할 수 있다. 그러나 만일 면역계통이 자기 몸을 표시하는 항원을 알아볼 능력을 잃으면 자가면역질환(autoimmune disease)이 생긴다.

비자기 표지물질

우리 몸이 아닌 세포도 나름대로 표면표지단백질(surface marker protein)을 갖고 있으며 이로 인해 면역반응이 일어난다. 우리가 먹는 단백질마저도 소화계통에 의해 분해되기 전에는 이물질로 인식될 수 있다.

이식

기관을 이식하기 전에는 적합성 검사가 필요하다. 그 이유는 기증받은 조직이나 기관이 맞지 않으면 받는 사람의 면역계통이 이것을 공격하여 파괴하기 때문이다. 이식 받는 사람은 이런 부작용을 최소화하기 위하여 면역억제제를 투여받아야 한다.

출발점

B세포와 T세포 모두 골수의 줄기세포에서 기원한다. B세포는 침입자를 파괴하는 항체를 생산하며(178~179쪽 참조), T세포는 직접 침입자를 파괴한다(180~181쪽 참조).

1 골수

B세포는 골수에서 성숙하며 훈련 과정에 들어간다. 자기의 단백질과 결합하는 항체를 만드는 B세포는 모두 비활성화되고 세포자멸사를 통해 사라진다(15쪽 참조).

뼈

B세포수용체

B세포

2 B세포

B세포가 시험을 통과하면 골수에서 림프계통으로 배출된다. 림프계통은 혈관과 나란히 가는 관이 그물처럼 얽혀 있어 면역세포를 몸 구석구석 운반한다.

T세포 중 2퍼센트만이 훈련 과정을 통과하며 나머지는 우리 자신을 공격할 수 있으므로 도태되어 사라진다

일란성 쌍둥이는 면역계통이 동일할까?

그렇지 않다. 면역은 사람이 살아가면서 노출되는 것에 따라 달라지는 아주 개인적인 특징이다.

검사와 파괴

면역계통의 T세포와 B세포가 자라는 동안 세포의 표면에 발현되는 수용체는 정해져 있지 않고 무작위이다. 그러므로 수용체는 '자기' 항원이나 다른 이로운 항원과 강하게 결합하여 파괴로 이어질 가능성도 있다. 따라서 이들 세포는 몸 속에 분포하기 전에 엄격한 심사를 거쳐야 한다. 그중에서 자기의 단백질과 결합하는 것들은 전부 파괴된다.

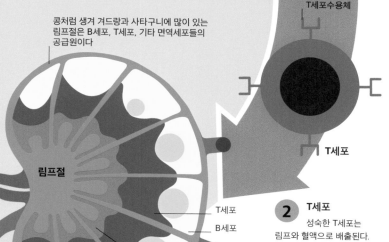

콩처럼 생겨 겨드랑과 사타구니에 많이 있는 림프절은 B세포, T세포, 기타 면역세포들의 공급원이다

림프절

T세포수용체

T세포

1 **가슴샘(thymus)**
T세포는 심장 앞에 있는 가슴샘(흉선)이라는 림프기관으로 이동하여 그곳에서 성숙된다. 이곳에서 T세포는 수용체가 자기 몸의 단백질과 강하게 결합하지 않는지 확인하는 검사를 받는다.

가슴샘

T세포
B세포
기타 면역세포

2 **T세포**
성숙한 T세포는 림프와 혈액으로 배출된다. 그중 한 종류인 조절T세포는 다른 T세포가 자가관용(self-tolerance)을 지니고 있나 다시 검사한다.

목적지

혈액 속에 침입한 병원체는 한 번은 림프절(lymph node)을 반드시 통과해야 하며 여기에서 B세포와 T세포가 기다리고 있다. 이들 세포는 스스로가 가진 수용체에 들어맞는 외부 항원과 접하면 활성화된다.

적합성

적합성(compatibility) 검사에서는 기증 받는이의 면역계통이 기증받은 조직을 공격할 가능성을 검사한다. 적혈구는 혈액형(blood group)이라는 자신의 표지물질을 별도로 갖고 있다. 그중 ABO혈액형과 Rh혈액형 두 가지는 다른 종류의 혈액형을 수혈받으면 면역반응을 일으킨다. 예를 들어 O형인 사람은 다른 어느 혈액형의 혈액과도 반응이 일어나는데 이것은 이들이 항A 항체와 항B항체를 모두 가지고 있기 때문이다.

혈액형 A
적혈구 표면에는 A항원(antigen)이 있으며 혈액에는 B항원에 대한 항체(antibody)가 있다.

A항원

항B항체

혈액형 B
적혈구 표면에는 B항원이 있으며 혈액에는 A항원에 대한 항체가 있다.

B항원

항A항체

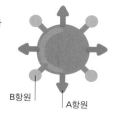

혈액형 AB
적혈구 표면에는 A항원과 B항원이 둘 다 있으며 혈액에는 항체가 없다.

B항원

A항원

혈액형 O
적혈구 표면에는 두 항원이 모두 없으며 혈액에는 A항원과 B항원에 대한 항체가 모두 있다.

항B항체

항A항체

미생물도 우리 몸의 일부

우리 몸속이나 표면에 살면서 아무런 문제를 일으키지 않는 미생물(microbe)은 건강에 도움을 준다. 이들은 대부분 세균과 곰팡이이다. 이 미생물들이 하는 일은 피부의 건강을 지켜주는 것부터 죽은 세포를 분해함으로써 음식물의 소화를 도와주는 것까지 아주 다양하다.

우리 이웃사촌

특별한 천연자원이 있는 곳 주위에 도시가 생겨나듯이 미생물도 우리 몸 특정한 부위를 좋아하여 모여드는데. 예를 들어 피부의 경우, 미생물이 살아가는 데 필요한 영양소를 쉽게 얻을 수 있는 땀샘과 털주머니 주변에 가장 많이 모인다. 몸에서 습기찬 곳, 건조한 곳, 산성인 곳 등 각 부위의 조건에 따라 거기에 사는 미생물의 종류도 달라진다. 미생물 중 피부에 사는 것들의 종류가 가장 다양하다. 기름기가 많은 등에 사는 미생물은 몸 앞쪽의 건조한 피부에 사는 것들과는 다르다.

(원문 상단 일러스트 라벨)
균
팡

공기를 타고 온 미생물이 코에 이미 살고 있던 미생물들과 섞인다

입에는 적어도 600 종류의 미생물이 살고 있다

세균은 젖샘의 피부에서 모유를 통해 아기에게 건너갈 수 있다

젖샘

냄새를 약하게 만드는 것은 세포를 뜯어 먹고 사는 이들이 바로 악취의 원인이다

겨드랑

건조하고 기름기없는 환경을 좋아하는 보기 드문 세균이 배꼽에 살고 있다

배꼽

종류가 몇 안되는 천자의 미생물은 이곳으로는 거의 침네이다

창자

아래팔 피부는 여러 물체와 접촉하므로 어느 곳보다도 미생물의 종류가 많을 수 있다

아래팔

이로운 미생물은 남성과 여성의 생식기에서 해로운 병원체의 번식을 막는 화학물질을 생산한다

생식기

무엇을 만질 때마다 그리고 손을 씻을 때마다 이곳의 구성원은 매번 바뀐다

손

혹시 내 몸에 보기 드문 세균이 사는 것은 아닐까?

그럴 가능성이 크다. 90명의 배꼽을 조사한 연구자들은 1400종류의 세균을 발견하였으며, 그중에는 인체에서 발견된 적이 없는 것과 처음으로 발견된 세균도 있었다.

미생물의 수는 인체 세포 수의 약 10배이다

피부에 사는 미생물의 수는 아주 많지만 대부분 해롭지 않다

자연적으로 생긴 습지에는 따뜻하고 물기를 좋아하는 미생물로 넘쳐난다

피부

방귀를 나오게 하는 것은 곰팡이로, 100종 정도가 서늘하고 축축한 환경에서 살아간다

발바닥

손금

탄생의 선물

아기들은 태어날 때 산도를 지나는 동안 엄마의 미생물을 일부 받아들여 스스로의 미생물 환경을 만든다. 이들 세균은 다른 이로운 미생물이 집락을 이루는 것을 도와주는 화학물질을 생산하기 시작한다. 미생물 환경은 분만 방법에 영향을 주는 요인으로 여러 가지인데 분만 방법, 모유 수유, 아기가 접촉하는 사람 등에 좌우된다. 제왕절개한 아기는 그렇지 않은 아기와 미생물 환경이 다르다.

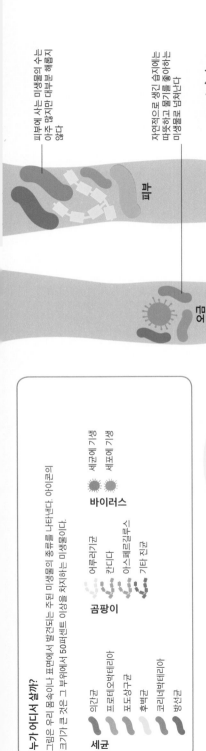

누가 어디서 살까?

그림은 우리 몸속이나 표면에서 발견되는 주된 미생물의 종류를 나타낸다. 아이콘의 크기는 큰 것을 그 부위에서 50퍼센트 이상을 차지하는 미생물이다.

세균
- 이간균
- 프로테오박테리아
- 포도상구균
- 후벽균
- 코리네박테리아
- 방선균

곰팡이
- 아루라기군
- 칸디다
- 아스페르길루스
- 기타 진군

바이러스
- 세균에 기생
- 세포에 기생

이로운 미생물

과학은 아직 미생물이 주는 유익을 고사하고, 인체에 존재하는 미생물의 종류부터 알아가는 단계이다. 미생물이 직접 주는 유익은 죽은 피부를 벗어지우거나 화학적 환경을 바꾸어 해로운 미생물이 자라지 못하게 하는 것이다. 다른 유익은 그렇게 명확하지 않으며 일부 장내세균이 면역계통을 진정시켜 염증을 줄이는 역할 정도이다. 항생제와 같은 약은 이로운 해로운 미생물과 함께 이로운 미생물도 같이 없애 버림으로써 엄청난 결과를 불러올 수 있다.

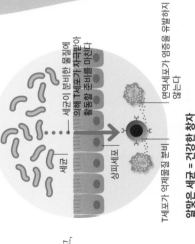

건강한 참자

세균이 분비한 물질에 의해 T 세포가 자극받아 활동할 준비를 마친다

세균

상피세포

면역세포가 염증을 유발하지 않는다

알맞은 세균 = 건강한 참자

올바른 식생활은 이로운 세균이 살아가는 데 도움이 된다. 해로운 세균은 소화관에 생긴 염증을 통해 상피를 뚫고 침입할 수 있지만 이로운 세균이 이런 염증을 완화하는 물질을 생산한다.

청결도 지나칠 수 있을까?

강박적으로 항균비누를 사용하면 이로운 미생물도 피해를 받을 수 있다. 한 연구에 따르면 지나친 손씻기는 더 해로운 미생물이 성장을 유발할 수 있다고 하였으나 이것은 논란의 여지가 있다. 왜냐하면 정반대의 결론을 얻은 연구도 있기 때문이다.

손상을 방어하기

피부와 같은 물리적 장벽이 손상을 받으면, 면역계통은 재빨리 이를 복구하여 감염이 일어나지 않도록 몸을 방어한다. 국소적인 면역세포는 침입자를 막기 위한 초기 방어 작전에 돌입한다. 그러나 이들이 감당할 수준을 넘어서면 더 많은 전문가가 개입되어야 한다.

피 한방울에는 37만 5000개의 면역세포가 존재한다

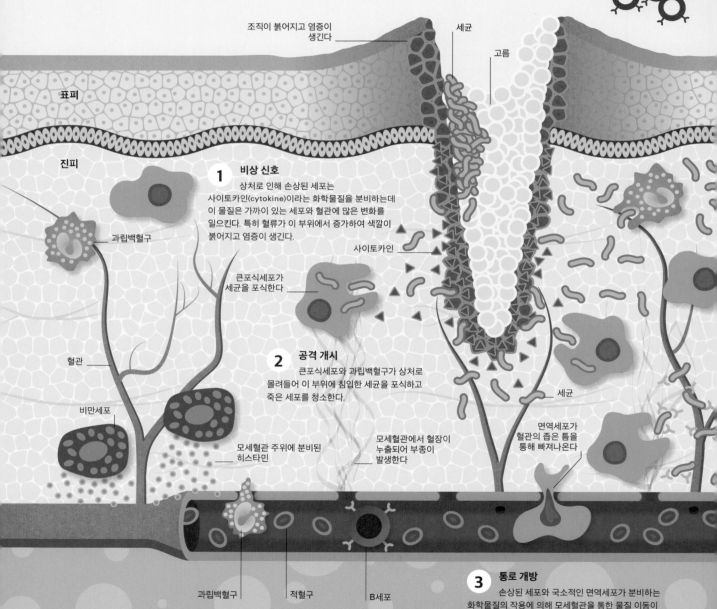

조직이 붉어지고 염증이 생긴다

세균

고름

표피

진피

1 비상 신호
상처로 인해 손상된 세포는 사이토카인(cytokine)이라는 화학물질을 분비하는데 이 물질은 가까이 있는 세포와 혈관에 많은 변화를 일으킨다. 특히 혈류가 이 부위에서 증가하여 색깔이 붉어지고 염증이 생긴다.

과립백혈구

큰포식세포가 세균을 포식한다

사이토카인

2 공격 개시
큰포식세포와 과립백혈구가 상처로 몰려들어 이 부위에 침입한 세균을 포식하고 죽은 세포를 청소한다.

혈관

세균

비만세포

면역세포가 혈관의 좁은 틈을 통해 빠져나온다

모세혈관 주위에 분비된 히스타민

모세혈관에서 혈장이 누출되어 부종이 발생한다

과립백혈구

적혈구

B세포

3 통로 개방
손상된 세포와 국소적인 면역세포가 분비하는 화학물질의 작용에 의해 모세혈관을 통한 물질 이동이 쉬워지므로 혈액의 면역세포가 더 잘 모여든다.

병력 동원

큰포식세포(macrophage), 비만세포(mast cell), 과립백혈구(granulocyte)와 같은 많은 면역세포는 진피에 머무르고 있다. 피부에 상처가 생기면 비만세포는 손상된 세포를 감지하고 인접한 혈관이 확장되도록 히스타민(histamine)을 분비한다. 이 물질은 이곳의 혈류를 증가시키므로 온도가 올라가고 다른 면역세포들도 이곳으로 빠르게 운반된다. 고름(pus)이 형성된 것은 세균이 상처에 침입했다는 뜻이다. 고름은 죽은 면역세포의 잔해가 모인 것이다.

왜 나이 든 사람들은 상처가 치유되는 데 더 오래 걸릴까?

나이가 들면 혈관이 약해져 면역세포를 상처로 운반하기가 더 힘들어진다.

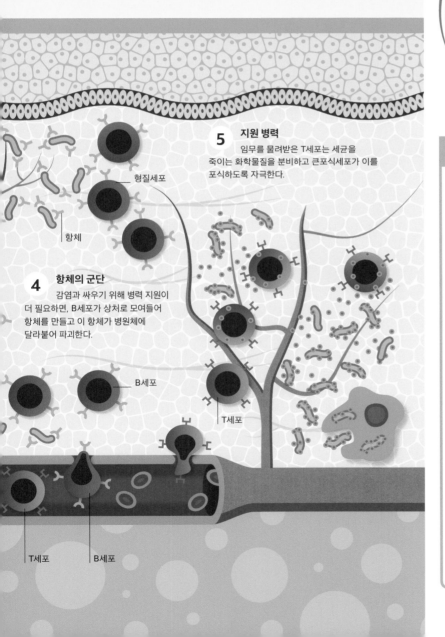

5 지원 병력
임무를 물려받은 T세포는 세균을 죽이는 화학물질을 분비하고 큰포식세포가 이를 포식하도록 자극한다.

형질세포

항체

4 항체의 군단
감염과 싸우기 위해 병력 지원이 더 필요하면, B세포가 상처로 모여들어 항체를 만들고 이 항체가 병원체에 달라붙어 파괴한다.

B세포

T세포

T세포   B세포

구더기 요법

피부의 상처가 잘 아물지 않거나 종전의 방법에 따른 치료에 효과가 없으면 구더기(maggot)가 답이 될 수 있다. 특히 이 작은 파리의 유충은 죽은 세포만을 꼼꼼하게 소화하며 건강한 세포는 건드리지 않는다. 먹는 동안 구더기는 자신을 보호하는 항생물질을 분비하는데, 이 물질은 심지어 항생제에 내성을 가진 세균을 죽이는 효과도 있다. 또 구더기의 분비물은 상처의 염증반응을 억제함으로써 치유 과정에 도움을 준다.

파리의 유충

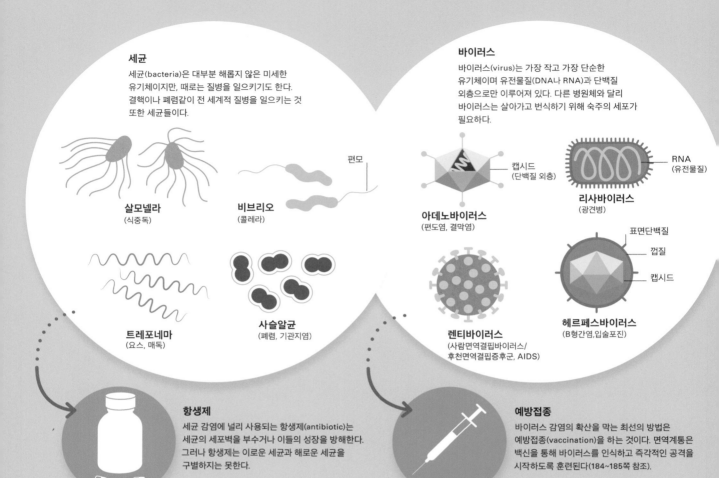

세균

세균(bacteria)은 대부분 해롭지 않은 미세한 유기체이지만, 때로는 질병을 일으키기도 한다. 결핵이나 폐렴같이 전 세계적 질병을 일으키는 것 또한 세균들이다.

살모넬라
(식중독)

비브리오
(콜레라)

편모

트레포네마
(요스, 매독)

사슬알균
(폐렴, 기관지염)

바이러스

바이러스(virus)는 가장 작고 가장 단순한 유기체이며 유전물질(DNA나 RNA)과 단백질 외층으로만 이루어져 있다. 다른 병원체와 달리 바이러스는 살아가고 번식하기 위해 숙주의 세포가 필요하다.

캡시드
(단백질 외층)

아데노바이러스
(편도염, 결막염)

RNA
(유전물질)

리사바이러스
(광견병)

표면단백질

껍질

캡시드

렌티바이러스
(사람면역결핍바이러스/
후천면역결핍증후군, AIDS)

헤르페스바이러스
(B형간염,입술포진)

항생제

세균 감염에 널리 사용되는 항생제(antibiotic)는 세균의 세포벽을 부수거나 이들의 성장을 방해한다. 그러나 항생제는 이로운 세균과 해로운 세균을 구별하지는 못한다.

예방접종

바이러스 감염의 확산을 막는 최선의 방법은 예방접종(vaccination)을 하는 것이다. 면역계통은 백신을 통해 바이러스를 인식하고 즉각적인 공격을 시작하도록 훈련된다(184~185쪽 참조).

불청객

인체의 세포나 조직에 의지해서 살아가는 유기체를 기생충(기생생물)이라고 한다. 여기에 포함되는 다섯 종류의 생물은 세균, 바이러스, 곰팡이, 기생동물, 원생동물이다. 주위환경이 좋아지면 이들은 빠르게 증식하여 질병을 일으킬 수 있는 해로운 물질을 만들거나 함으로써 피해를 준다. 이 시점에서 우리 몸의 면역계통이 대응에 들어간다.

감염성 질환

세균, 바이러스, 기생충, 곰팡이는 우리 몸 안팎에 항상 살고 있다. 이들은 대부분 해롭지 않지만 그중 일부는 살아가기 좋은 환경이 되면 병원체(pathogen)가 되어 질병을 일으킨다. 어떤 질병은 다른 사람이나 동물로부터 우리에게 전염되기도 한다. 열은 거의 언제나 한창 감염이 일어나고 있음을 알리는 징후이다.

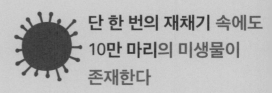

단 한 번의 재채기 속에도
10만 마리의 미생물이
존재한다

기생충과 원생동물

우리 몸속이나 체표면에 사는 작은 기생동물과 원생동물이라는 단세포 유기체도 우리를 공격한다. 어떤 종류는 육안으로 보일 정도로 크지만 설사를 유발하는 편모충과 같은 원생동물이 포함된 일부는 현미경을 통해서만 관찰된다.

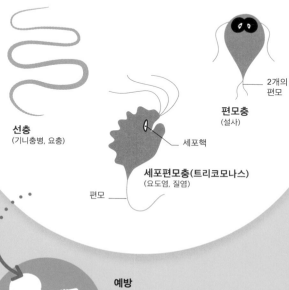

선충
(기니충병, 요충)

2개의 편모

편모충
(설사)

세포핵

세포편모충(트리코모나스)
(요도염, 질염)

편모

곰팡이

곰팡이는 우리 몸 안팎에 항상 존재하지만 무좀이나 아구창 같은 질병을 일으킬 때도 있다.

콕시디오이데스
(계곡열)

분절홀씨

크립토코쿠스
(허파나 뇌막의 크립토코쿠스증)

분생홀씨균사체가지

아스페르길루스
(허파 감염)

예방

감염병에 대한 최선의 대책은 위험하다고 알려진 장소에 가거나 그곳에서 하는 활동을 피하고 안전하지 않은 음식물과 식수원에 주의하며 권장된 예방적 약물을 투여하는 것이다.

항곰팡이 약물 처치

곰팡이 감염은 질병의 위치가 몸속인지 몸 바깥인지에 따라 치료가 달라진다. 이런 약물은 곰팡이의 세포벽을 직접 파괴하여 해를 입히거나 또는 그 성장을 방해한다.

질병이 옮는 과정

감염병은 많지만 그중 어떤 것은 걸리는 사람도 적고 발병 지역도 좁다. 감염병 중에서 사람과 사람이 접촉함으로써 쉽게 파급되는 질병을 접촉전염병이라고 한다. 그러나 많은 병원체는 직접적인 수단을 통하지 않고서도 사람과 사람 사이를 옮겨간다. 공기나 물을 경유하거나 사람이 만졌던 물건 또는 오염된 음식물을 통해서 전염된다. 인수감염(zoonotic disease)이란 사람도 걸릴 수 있는 동물의 전염병이며 동물에게 물려서 옮는 경우가 대부분이다.

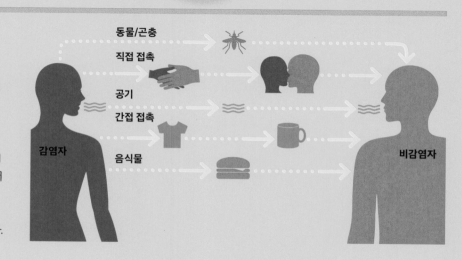

동물/곤충

직접 접촉

공기

간접 접촉

음식물

감염자

비감염자

골칫거리 해결사

면역계통의 초기 대응이 감당할 수 없을 정도로 감염이 확대되면 좀 더 집중된 물리력이 동원된다. B세포는 이전에 몸에 침입한 적이 있는 해로운 미생물(microbe)을 감지하는 능력이 있다. B세포가 생산한 항체(antibody)가 병원체에 달라붙어 둘러싸면 다른 면역세포가 이를 발견하고 파괴한다.

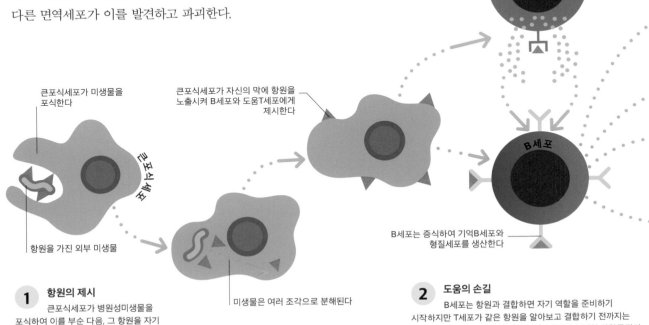

도움T세포는 B세포를 자극하는 물질을 분비한다

큰포식세포가 미생물을 포식한다

큰포식세포가 자신의 막에 항원을 노출시켜 B세포와 도움T세포에게 제시한다

항원을 가진 외부 미생물

미생물은 여러 조각으로 분해된다

B세포는 증식하여 기억B세포와 형질세포를 생산한다

1 항원의 제시
큰포식세포가 병원성미생물을 포식하여 이를 부순 다음, 그 항원을 자기 세포막에 표면단백질로서 제시한다. 이런 세포를 항원제시세포(antigen-presenting cell)라고 한다.

2 도움의 손길
B세포는 항원과 결합하면 자기 역할을 준비하기 시작하지만 T세포가 같은 항원을 알아보고 결합하기 전까지는 완전히 활성화된 상태가 아니다. 도움T세포가 분비한 화학물질의 자극을 받아야만 B세포가 항체를 생산하기 시작한다.

항체의 활성화

백혈구인 B세포는 혈관을 끊임없이 순찰하거나 림프절(lymph node)에서 기다리고 있다(170~171쪽 참조). B세포가 항원과 마주쳐 이것을 감지하면 스스로 복제할 태세에 돌입한다. 이 반응은 또 다른 면역세포인 도움T세포(helper T cell)가 같은 항원을 인식하고 결합하여야만 일어나며, 이를 통해 B세포(B cell)는 자신을 복제하고 항체를 만들어 분비한다.

하나의 B세포는 그 표면에 10만 개의 항체를 결합시킬 능력이 있다

항체의 검사

혈액 검사를 통해 감염되었을 때 생산되는 면역글로불린(항체)의 농도를 알 수 있다. 면역글로불린M(IgM)은 커다란 항체이며 감염의 첫 징후로 나타나지만 곧 사라진다. 평생 지속되는 면역글로불린G(IgG)는 더 특이적이며 감염의 후반에 많이 만들어지는 항체이다. IgM의 농도가 높으면 감염이 현재 진행중이라는 뜻이며, IgG는 과거에 어떤 병원체에 감염된 적이 있다는 것을 의미한다.

IgM복합체는 IgG보다 병원체를 파괴할 항체가 5배 더 많다

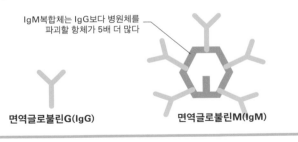

면역글로불린G(IgG)   면역글로불린M(IgM)

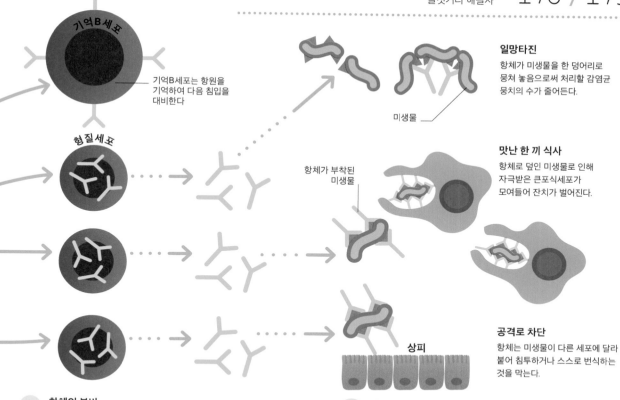

기억B세포

기억B세포는 항원을 기억하여 다음 침입을 대비한다

형질세포

항체가 부착된 미생물

미생물

일망타진
항체가 미생물을 한 덩어리로 뭉쳐 놓음으로써 처리할 감염균 뭉치의 수가 줄어든다.

맛난 한 끼 식사
항체로 덮인 미생물로 인해 자극받은 큰포식세포가 모여들어 잔치가 벌어진다.

상피

공격로 차단
항체는 미생물이 다른 세포에 달라붙어 침투하거나 스스로 번식하는 것을 막는다.

3 항체의 분비
B세포는 스스로 복제한다. 복제를 통해 늘어난 세포는 면역기억세포(memory cell)가 되기도 하지만 대부분 형질세포(plasma cell)가 되어 침입자의 항원에 특이적으로 반응하는 항체를 만든다. 이들 항체는 혈액으로 배출된다.

4 병원체의 중화
침입한 미생물과 결합한 항체는 이들을 중화시키며 다른 면역세포로 하여금 병원체를 파괴하도록 하는 표지가 된다. 면역기억B세포는 이후의 침입에 대비하여 항원을 기억한다.

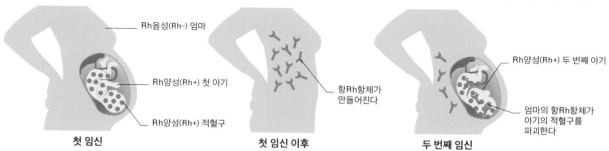

Rh음성(Rh-) 엄마
Rh양성(Rh+) 첫 아기
Rh양성(Rh+) 적혈구

항Rh항체가 만들어진다

Rh양성(Rh+) 두 번째 아기
엄마의 항Rh항체가 아기의 적혈구를 파괴한다

첫 임신　　　　**첫 임신 이후**　　　　**두 번째 임신**

Rh용혈신생아

리서스(Rh)인자는 적혈구 표면에 있는 단백질로, 이것을 가진 사람을 Rh양성(Rh+)이라고 한다. Rh음성(Rh-) 엄마가 출산하는 동안 Rh양성인 태아(아빠가 Rh양성)의 혈액에 노출되면 Rh항원에 대한 항체가 엄마의 몸속에 만들어진다. 이 항체는 다음 번에 Rh양성 아기가 임신될 경우 배아를 공격한다. 임신 초기에 항Rh양성항체를 투여하면 이런 위험을 예방할 수 있다.

더 없이 안전한 엄마 뱃속?
출산 시에 아기의 혈액이 엄마의 혈액과 섞이면 항체가 생산되며 다음에 임신되는 Rh양성 아기는 이 항체에 의해 엄마 면역계통의 공격을 받는다. 이것은 엄마의 항체가 태반을 건너 아기의 혈액으로 들어갈 수 있기 때문에 가능하다.

암살특공대

특수훈련을 받은 면역계통의 세포 한 종류는 준비가 되면 나가서 몸에 침입하는 적을 일대일로 직접 공격하는 능력을 갖추고 있다. 이 일을 담당하는 것이 바로 T세포이다. 이 T세포들은 감염되었거나 비정상적인 세포를 잡아 파괴한다.

통제 상황 유지

백혈구인 T세포는 감염을 제어하는 데 있어 핵심적인 역할을 한다. 혈액과 림프를 순찰하면서 T세포는 표면에 이종의 항원을 가진 세포를 찾는다. 이 이종의 항원은 미생물이 침입했거나 위험한 질병이 생겼음을 의미하는 독특한 단백질이다. T세포는 또한 다른 면역세포의 작용을 통제하며 B세포가 항체를 만들도록 준비시킨다.

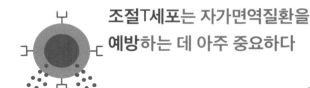

조절T세포는 자가면역질환을 예방하는 데 아주 중요하다

활성화된 T세포

항원을 가진 외부 미생물

큰포식세포가 미생물을 포식한다

미생물이 분해된다

큰포식세포가 미생물의 항원을 T세포에게 제시한다

1 T세포의 활성화

큰포식세포(macrophage)는 병원체를 포식하여 이를 분해한다. 분해된 병원체의 일부, 즉 항원을 큰포식세포는 자신의 세포막에 삽입하여 표면에 드러나게 한다(항원제시). T세포가 이 항원을 알아보고 여기에 결합함으로써 T세포가 활성화된다.

암세포를 꼼짝 못하게

면역요법은 면역계통이 암과 싸우는 것을 돕도록 고안된 치료법이다. 여기에는 여러 가지 방법이 있다. 어떤 방법이든 간에 면역계통이 암세포를 쉽게 발견하고, 실험실에서 세포나 사이토카인(cytokine)을 많이 만들어 환자에게 투여하는 것을 기본으로 한다.

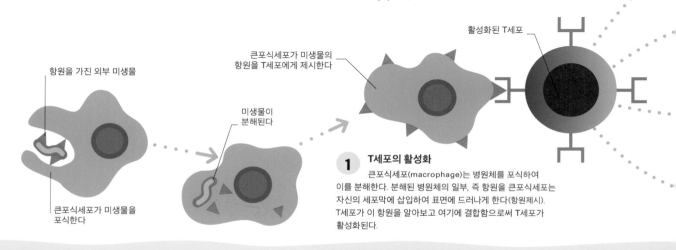

무반응

암세포

T세포

백신 투여

백신

암 백신

백신은 면역요법을 위해 개발된 방법 중 하나이다. 면역계통은 오직 암세포만을 대상으로 하여 공격할 준비를 갖춘다.

1 효력없는 면역 반응

암은 비정상적인 암세포가 무한히 분열하는 질병이다. 암세포도 인체에서 기원하였으므로 면역계통은 이를 비정상으로 인식하지 못할 수도 있다.

2 적군을 인지

암세포는 '자기'항원을 나타내는 동시에 암 자체의 항원도 가지고 있다. 백신은 암항원의 모양에 반응하도록 설계된다.

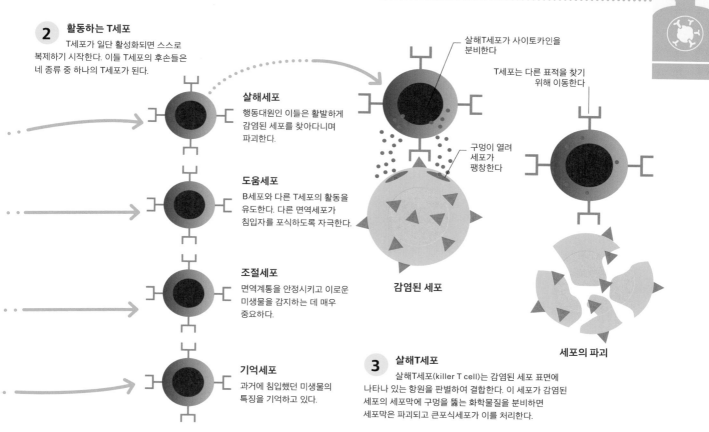

2 **활동하는 T세포**
T세포가 일단 활성화되면 스스로 복제하기 시작한다. 이들 T세포의 후손들은 네 종류 중 하나의 T세포가 된다.

살해세포
행동대원인 이들은 활발하게 감염된 세포를 찾아다니며 파괴한다.

도움세포
B세포와 다른 T세포의 활동을 유도한다. 다른 면역세포가 침입자를 포식하도록 자극한다.

조절세포
면역계통을 안정시키고 이로운 미생물을 감지하는 데 매우 중요하다.

기억세포
과거에 침입했던 미생물의 특징을 기억하고 있다.

살해T세포가 사이토카인을 분비한다

T세포는 다른 표적을 찾기 위해 이동한다

구멍이 열려 세포가 팽창한다

감염된 세포

세포의 파괴

3 **살해T세포**
살해T세포(killer T cell)는 감염된 세포 표면에 나타나 있는 항원을 판별하여 결합한다. 이 세포가 감염된 세포의 세포막에 구멍을 뚫는 화학물질을 분비하면 세포막은 파괴되고 큰포식세포가 이를 처리한다.

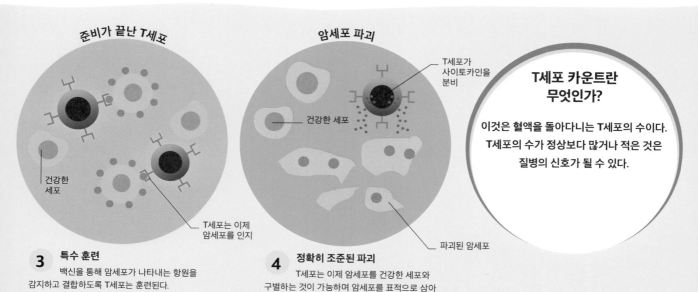

준비가 끝난 T세포

건강한 세포

T세포는 이제 암세포를 인지

3 **특수 훈련**
백신을 통해 암세포가 나타내는 항원을 감지하고 결합하도록 T세포는 훈련된다.

암세포 파괴

T세포가 사이토카인을 분비

건강한 세포

파괴된 암세포

4 **정확히 조준된 파괴**
T세포는 이제 암세포를 건강한 세포와 구별하는 것이 가능하며 암세포를 표적으로 삼아 공격할 수 있다.

T세포 카운트란 무엇인가?

이것은 혈액을 돌아다니는 T세포의 수이다. T세포의 수가 정상보다 많거나 적은 것은 질병의 신호가 될 수 있다.

감기와 인플루엔자

우리가 감기에 여러 번 걸리는 이유는 바이러스(virus)가 매번 돌연변이를 일으켜, 바이러스가 다시 들어와도 우리의 면역계통이 이를 알아채지 못하기 때문이다. 일반적으로 우리가 겪는 증상은 바이러스 자체가 일으키는 것이 아니라 우리 몸의 면역계통이 바이러스에 반응하여 나타나는 결과이다.

감기일까? 인플루엔자일까?

감기와 플루(인플루엔자)의 증상은 비슷한 점이 많아 두 가지를 구분하는 것은 어렵다. 감기의 원인 바이러스는 여러 가지이지만, 플루는 세 종류의 인플루엔자바이러스가 일으킨다. 감기는 플루보다 증상이 훨씬 가벼운 것이 보통이다.

감기
잦은 재채기, 낮거나 중간 정도의 열, 기운이 없고 피곤한 것이 감기(common cold)의 주된 증상이다. 감기의 원인 바이러스는 100가지 정도이며 계절을 가리지 않는다.

공통 증상
감기와 플루는 모두 상기도감염에 포함된다. 콧물, 목아픔, 기침, 두통과 몸살, 오한 등은 두 질병에서 모두 나타날 수 있다.

플루(인플루엔자)
인플루엔자(influenza)는 A형, B형, C형 바이러스에 의해 발병한다. 플루에 걸리면 열이 중간 정도나 높게 날 수 있으며 피곤함이 사라지지 않는다. 주로 겨울에 잘 걸리며, 폐렴과 같은 심각한 질병으로 발전하기도 한다.

바이러스는 어떻게 세포에 들어갈까?

바이러스가 번식하기 위해서는 건강한 세포 안으로 들어가야 한다. 바이러스는 세포가 바이러스 자신을 복제하도록 꾀를 쓴다. 세포의 핵에는 몸의 단백질을 만드는 정보가 저장되어 있다. 바이러스 자체는 단백질 껍질에 둘러싸여 있다. 바이러스는 세포로 하여금 우리 몸의 단백질을 만드는 것이 아니라 바이러스 자신의 단백질을 만들게 한다. 이렇게 하여 복제가 끝난 바이러스는 또 다른 세포에 침입하고 앞의 과정이 반복된다. 이 과정은 감기와 플루에서 모두 동일하다.

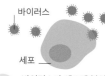

1 바이러스가 세포에 붙어 있다 곧 세포 안으로 들어간다.

2 세포가 가진 물질이 단백질로 이루어진 바이러스의 바깥층을 제거한다.

3 바이러스의 핵산이 자유로워져 복제할 준비를 마친다.

4 몸의 세포가 바이러스 핵산을 마치 자신의 DNA로 생각하고 복제한다.

5 세포는 자신에게 필요한 화학물질을 만드는 대신 바이러스의 핵산을 새로 만드는데 이것이 새 바이러스를 구성하게 된다.

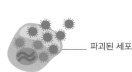

6 바이러스는 숙주 세포로부터 배출된다. 숙주세포는 파괴되며 바이러스는 계속해서 다른 세포에 침입한다.

두통

면역반응이 일어나는 동안에 분비된 화학물질에 의해 뇌가 통각에 더 민감하여 두통이 유발되는 것으로 생각된다.

콧물에 시달리고 수면도 충분하지 못해서 기분이 좋지 않다

참울한 기분

코와 부비동에서 혈관이 확장되고 점액까지 쌓이면 머리가 답답해진다

부비동

부비동(paranasal sinus)의 염증으로 코안이 자극받아 점액의 생산이 늘어난다. 늘어난 점액은 바이러스의 침입을 막는 장벽이 된다

콧물

재채기

히스타민(histamine) 분비에 의해 나오는 재채기는 코에서 바이러스를 청소해 준다. 하지만 재채기는 바이러스를 퍼뜨리는 데도 도움이 된다

열

체온의 상승은 우리 면역계통이 염증과 싸우는 또 하나의 방법이다. 감염을 몰아내는 데 필요한 면역반응을 가속화하기 위해 체온조절중추가 더 고온으로 설정된다. 열이 그리 높지 않다면 걱정할 이유가 없지만 열이 내려가지 않을 때는 주의하여야 한다.

면역 반응

코나 입의 상피세포에 바이러스 입자가 침입하면 면역반응(immune response)이 시작된다. 감기나 플루의 증상도 이러한 면역반응의 결과이다. 침범된 상피세포는 여러 화학물질을 한꺼번에 방출하는데 여기에 포함된 히스타민은 부비동의 염증을 일으키며 사이토카인(cytokine)은 면역반응을 담당하는 세포를 활성화한다.

목이늠

기침은 기도에 쌓인 점액을 청소하는 하나의 반사이며 세포의 염증과 면역 반응으로 인해 분비된 화학물질이 원인이 될 수 있다

기침

목구멍 상피세포의 염증은 감기와 플루의 첫 증상으로 우리에게 주는 경고이다

탈진

이들 증상은 모두 건강한 수면을 방해한다. 사이토카인은 탈진된 느낌을 악화시켜 바이러스를 몰아내기 위한 몸의 기능이 더 둔해진다.

오한

몸을 떨면 체온이 올라가는데 이는 빠른 근육 수축에 의해 열이 발생하기 때문이며 감염을 몰아내기 위한 면역반응에 박차를 가하는 셈이다.

백신이 하는 일

감염(infection)의 확산을 예방하는 가장 효과적인 방법의 하나는 예방접종(vaccination)을 통해 면역계통을 감염에 대비하게 하는 것이다. 백신(vaccine)을 통해 훈련된 면역계통(immune system)은 병원체에 빠르고 격렬한 공격을 펼칠 준비가 되어 있다.

무리면역(herd immunity)

80퍼센트 정도 되는 상당히 많은 수의 인구가 예방접종을 받으면 예방접종을 하지 않은 사람도 면역의 혜택을 누릴 수 있다. 예방접종을 받은 사람에게 질병이 옮으려 하면, 준비된 면역계통이 이것을 차단하여 질병이 더 이상 퍼지는 것을 막는다. 이런 이유 때문에 나이 또는 질병으로 인해 예방접종이 불가능한 사람들까지도 보호할 수 있다. 광범위한 예방접종은 천연두(smallpox)의 경우와 같이 아예 질병을 없앨 수도 있다.

안전이 우선

충분한 수의 사람들이 예방접종을 받으면 전염성 질병은 억제된다. 이미 질병이 있고 다른 질병이 생기면 더 악화될 수 있는 사람에게도 예방접종은 도움이 된다.

예방접종, 할까? 말까?

백신의 필요성에 대해서는 논쟁이 많이 있다. 유해반응에 대한 두려움 때문에 일부 부모들이 자녀들의 예방접종을 거부하였으며, 이로 인해 홍역이나 백일해와 같은 예방 가능한 질병이 많이 발생하는 결과를 낳았다. 적은 수의 인구에게만 예방접종을 한다면 무리면역은 제대로 일어날 수 없다.

구분

예방접종하지 않은 비감염자   예방접종한 비감염자   예방접종하지 않은 감염자

예방접종 하지 않음   **전염병이 만연함**

일부 사람들 예방접종   **전염병이 몇몇 사람들에게 퍼짐**

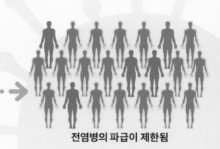

사람들 대부분이 예방접종   **전염병의 파급이 제한됨**

백신의 종류

각각의 백신은 특정한 병원체에 대항하도록
개발되며 면역계통을 급가동하도록 설계된다.
병원체 중 독소가 없는 부분을 주입함으로써
면역계통이 진짜 병원체의 공격을 받을 때 이를
기억나게 하는 원리이다. 이것은 쉽지 않은데
병원체를 죽이면 안전할지 몰라도 만들어진
백신이 면역반응을 일으키지 않을 수 있기
때문이다. 또 질병 중에는 면역계통이 제 시간
안에 기억하는 대로 반응하지 못할 만큼 빠르게
진행되는 것이 있으므로 면역계통의 기억을
강화하기 위해 추가접종을 하는 경우도 있다.

불활성화백신
병원체를 열, 방사선, 화학약품을 이용하여
파괴한다. 인플루엔자(influenza),
콜레라(cholera), 가래톳페스트의 백신을
만드는 데 사용된다.

백신을 맞으면 왜 병을 앓는 것처럼 느껴질까?

예방접종은 면역반응을 일으키므로 마치
질병에 걸린 것처럼 증상이 나타나는
사람이 있다. 하지만 이것은 백신이 자기가
할 일을 하고 있다는 뜻이다.

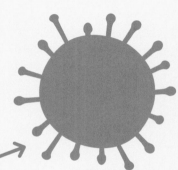

**살아 있지만 위험하지
않은 병원체**
병원체를 계속 살려 두면서 해로운
부분은 제거하거나 못 쓰게 만든다.
홍역(measles), 풍진(rubella),
볼거리(mumps) 백신을 만드는 데
사용된다.

비슷한 미생물
동물에서는 질병을 일으키지만
사람에서는 증상이 거의 또는 전혀 없는
병원체를 사용한다. 예를 들어 결핵균
백신은 가축에 전염되는 세균을 이용하여
만들어진다.

**질병을 일으키는
원래 병원체**

DNA
병원체의 DNA를 몸에 주입하면 우리
몸의 세포가 이 DNA를 가져다가
병원체의 단백질을 만들어 면역반응을
일으킨다. 일본뇌염(Japanese
encephalitis) 백신을 만드는 데
사용된다.

제어된 독소
병원체가 분비하는 독소물질이 질병의
원인인 경우, 이것을 열, 방사선, 화학약품을
이용하여 불활성화한다. 파상풍(tetanus),
디프테리아(diphtheria) 백신을 만드는 데
사용된다.

병원체의 조각
예를 들어 세포 표면의 단백질과
같은 병원체의 한 조각을 병원체
전체 대신 사용하여 백신을
만든다. B형간염(hepatitis B),
사람유두종바이러스(HPV) 백신을
만드는 데 사용된다.

면역계통의 문제

때때로 면역계통의 반응이 너무 강해서 해롭지 않은 대상이나 심지어 우리 자신의 세포가 공격을 받기도 한다. 알레르기(allergy), 건초열(hay fever), 천식(asthma), 습진(eczema)은 모두 면역계통의 과민성 때문에 나타난다. 반대로, 면역계통이 충분히 반응을 일으키지 못하면 우리 몸은 감염에 취약한 상태로 남게 된다.

아나필락시스쇼크

면역계통은 때로 벌침이나 견과류 등의 알레르기항원(allergen)을 만났을 때 발작하듯 극도의 공격을 퍼붓기도 한다. 눈이나 얼굴이 가렵다가 얼굴이 퉁퉁 붓고 삼키거나 숨쉬기가 어려워지는 증상이 나타난다. 이것은 응급상황으로 즉시 아드레날린(adrenaline)을 투여하여 치료하여야 한다. 아드레날린이 작용하면 혈관이 줄어들어 부종이 완화되며 기도 주위의 근육도 이완된다.

음식알레르기는 면역반응인가?

그렇다. 건초열과 마찬가지로 음식에 대해 알레르기가 있으면 입부터 창자에 이르는 소화관 어디에서나 염증 반응이 생길 수 있다. 알레르기가 심한 경우 아나필락시스(anaphylaxis)가 생길지도 모른다.

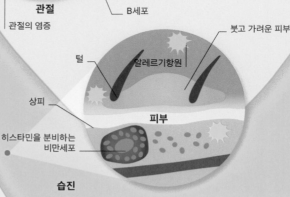

큰포식세포

손상된 연골

관절

관절의 염증

B세포

류마티스 관절염

면역계통이 관절 주변의 세포를 공격하여 염증 반응을 일으키면 류마티스 관절염(rheumatoid arthritis)이라는 자가면역질환이 생길 수 있다. 관절이 붓고 염증이 생기며 아주 통증이 심하다. 관절과 그 주위의 조직은 결국 돌이킬 수 없을 정도로 손상된다.

지나친 면역반응

면역기능의 문제는 대부분 유전과 환경 요인이 함께 작용한다. 면역 질병은 꽃가루, 음식물, 피부와 공기 중에 있는 자극성 물질 등의 환경적 요인에 노출되어 나타나는 경우가 대부분이지만, 어떤 사람들에서는 유전적으로 이런 반응이 더 잘 생기기도 한다. 류마티스 관절염과 같은 자가면역질환(autoimmune disease)마저도 몸의 다른 부분에 염증을 일으키는 자극성 물질로 인해 더 악화될 수 있다. 면역계통이 과민한 사람은 여러 질병을 함께 겪을 수도 있다. 예를 들어 천식 환자는 알레르기가 동반되는 경우가 많다.

붓고 가려운 피부

털

알레르기항원

상피

피부

히스타민을 분비하는 비만세포

습진

습진(eczema)의 원인은 확실치 않으나 면역계통과 피부 사이에 신호가 잘못 전달되어 일어날 것으로 생각된다. 알레르기항원이 피부에 닿으면 그 밑에 있는 면역계통이 자극을 받아 빨갛게 붓는 염증반응을 일으킬 것으로 짐작된다.

알레르기와 오늘날의 생활 습관

선진국일수록 많은 사람이 알레르기로 고생하며,
알레르기의 발병은 제2차 세계 대전 이후로 계속
증가해 왔다. 정확한 원인에 대해서는 아직 논란이
있지만 소아기 동안 면역계통이 미생물에 많이
노출되지 않은 것과 관계가 있다는 데에는 모두
동의한다.

알레르기항원

건초열

꽃가루나 먼지에 알레르기
반응을 보이는 건초열(hay
fever)을 가진 사람은
많다. 알레르기항원이 눈과
코의 상피에 덮인 면역세포
막에 붙으면 이들 세포에서
히스타민(histamine)이
분비된다. 이로 인해 가려움,
눈물, 재채기가 동반된
염증반응이 일어난다.

부비동

상피

코 점막

비만세포가 히스타민을 분비

기관지 점막

알레르기항원

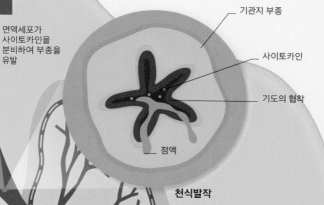

면역세포가
사이토카인을
분비하여 부종을
유발

기관지 부종

사이토카인

기도의 협착

점액

면역세포

정상 면역반응

천식발작

폐포

천식

천식발작은 기관지의 연축으로
쌕쌕거림, 기침, 호흡곤란 등의
증상이 나타난다. 원인은 허파가
공기 중의 자극성 물질에 대해
알레르기 반응을 보이기 때문이다.
유전도 천식이 생기는 데 관여한다는
증거가 있다.

면역의 약화

면역계통이 약해지거나 없어지는 경우를 면역손상이라고 한다. 유
전적인 결함이나 감염, 일부 암이나 만성질환, 화학요법, 이식수술
후 면역억제제(immunosuppressant)의 투여 등이 그 원인이다.
면역이 약해진 사람은 감기와 같은 아주 단순한 감염질환에도 걸려
서는 안된다. 왜냐하면 이들 질병과 제대로 싸울 수 없기 때문이다.
이들에게는 백신마저도 감염을 유발할 위험을 안고 있다.

바이오해저드

내분비

- 화학적인 균형

화학 조절자

내분비계통에는 호르몬을 생산하는 일을 하는 기관이 있는가 하면, 위나 심장처럼 장 알려진 다른 일을 하는 기관들도 있다. 이들은 모두 우리 신체의 상태에 대한 정보를 받아 호르몬을 분비함으로써, 그에 대한 반응을 나타낸다. 이 과정에서 호르몬은 세포로 보내지는 전령(에너지)인 셈이다. 호르몬의 역할은 신체 기능이 '평형'을 유지하거나, 단기간 또는 사춘기와 같이 장기간에 걸쳐 몸의 변화를 이끌어 내는 것이다.

뇌하수체

완두콩만한 크기에도 불구하고 뇌하수체(pituitary gland)는 때로 '분비샘의 책임자'로 불린다. 뇌하수체는 조직의 성장과 발달을 조절할 뿐만 아니라 다른 여러 내분비기관의 기능을 지배한다.

솔방울샘

날이 어둑어둑해지면 솔방울샘(송과체, pineal gland)은 멜라토닌(melatonin)을 분비하며 이 호르몬으로 인해 우리는 졸음을 느낀다. 멜라토닌의 작용은 시상하부와 밀접한 관계가 있다.

수면

신경계통

시상하부

시상하부(hypothalamus)는 뇌의 한 부분이며 신경계통과 내분비계통을 연결하는 역할을 한다. 뇌하수체 바로 위에 위치하는 시상하부는 아래에 있는 뇌하수체와 긴밀히 협력한다. 시상하부는 주로 갈증, 허기, 체온 조절을 담당한다.

에너지

갑상샘

갑상샘(thyroid gland)은 성장과 대사율을 조절하는 호르몬을 분비한다. 칼시토닌(calcitonin)도 여기에서 분비되는데 이 호르몬은 칼슘이 뼈에 저장되도록 돕는다.

부갑상샘

갑상샘에 붙어 있는 네 개의 작은 분비샘으로서 혈액과 뼈에서 칼슘의 양을 조절한다. 부갑상샘(parathyroid gland)에서는 콩팥, 창자, 뼈에 작용하여 혈액의 칼슘 농도를 높이는 호르몬이 분비된다.

칼슘

가슴샘

가슴샘(thymus)에서는 병원체와 싸우는 T세포의 생산을 자극하는 호르몬이 분비된다. 가슴샘은 유아기에서 청소년기까지 활동하며 어른이 되면 활동을 멈추고 쪼그라든다.

면역

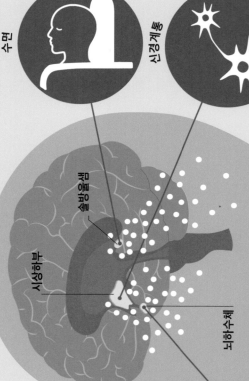

솔방울샘

시상하부

뇌하수체

성장

갑상샘

부갑상샘

가슴샘

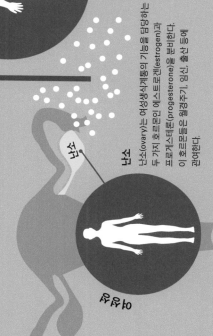

고환

고환(testis)은 남성호르몬인
테스토스테론(testosterone)을 분비한다.
이 호르몬은 남자아이의 신체 발달과 남성의
성욕, 근육 강도, 골밀도를 유지한다.

남성
고환

난소

난소(ovary)는 여성생식계통의 기능을 담당하는
두 가지 호르몬인 에스트로겐(estrogen)과
프로게스테론(progesterone)을 분비한다.
이 호르몬들은 월경주기, 임신, 출산 등에
관여한다.

난선

여성

위

위에 음식물이 가득 차면 위점막
세포에서 가스트린(gastrin)이 분비되며,
이 호르몬은 다른 세포를 자극하여
위산 분비를 촉진한다. 위산은 음식물을
분해하는 데 필요하다(142~143쪽 참조).

위

부신

심장

콩팥

심장에서 분비되는
호르몬은 콩팥에서
물이 배설을 촉진한다. 이
호르몬이 나오면 혈액량이
줄어들어 혈압이 떨어진다.

부신

여기에서는
아드레날린(adrenaline, 또는
에피네프린, epinephrine)
같은 응급상황'의 반응을
주도하는 호르몬들이 분비된다.
부신(adrenal gland)은
호르몬들을 통해 혈압과 다시 물을
조절하며, 작은 양이지만
남성호르몬과 여성호르몬을
분비하기도 한다.

활동

이자

소화 효소를 만드는 것 외에도
이자(췌장, pancreas)는
인슐린(insulin)과
글루카곤(glucagon)을
생산하며 이들 호르몬이
혈당을 조절한다
(158~159쪽 참조).

소화

콩팥

혈액이 산소 농도가 떨어지면 콩팥은 이를
감지하여 골수(bone marrow)에서 적혈구
생산을 자극하는 호르몬을 분비한다.

이자

콩팥

호르몬 공장

호르몬(hormone)이란 온몸을 돌아다니며 조직의
변화를 일으켜 수면, 생식, 소화, 성장, 임신에
이르는 모든 것을 조절하는 물질이다. 호르몬을
혈액으로 분비하는 기관들을 모두 합해서
내분비계통(endocrine system)이라고 한다.

호르몬이 작용하는 방법

호르몬(hormone)은 신체의 기관과 조직들 사이에서 정보를 전달하는 전령의 역할을 한다. 호르몬은 혈액으로 분비되어 혈류를 따라 온몸을 돌아다닌다. 그러나 이들 호르몬에게는 각각 자신과 특별히 들어맞는 수용체(receptor)가 있어 이 수용체를 가진 세포에만 들어가서 영향을 미친다. 수용체 중에는 호르몬이 작용하는 표적세포(target cell)의 세포질 안에 있는 것도 있고 세포막 표면에 붙어 있는 것도 있다.

에스트로겐이 만든 이 단백질이 옥시토신을 생산하면 옥시토신은 몸이 출산을 준비하도록 유도한다

이자

세포핵

에스트로겐 표적세포

호르몬수용체

에스트로겐이 세포막을 통과한다

수용체와 결합한 호르몬은 함께 세포핵으로 들어가 유전자가 특정한 단백질을 만들도록 조절한다

세포막

에스트로겐이 수용체와 결합한다

세포질

에스트로겐 분자

세포핵으로 직접 배달

일부 호르몬은 목표가 되는 표적세포(target cell)의 세포막을 직접 통과하기도 한다. 이들 호르몬에 대한 수용체는 세포질에서 호르몬을 기다리고 있다. 호르몬이 일단 세포막을 통과하면 수용체와 결합하여 이들이 결합한 상태로 함께 세포핵(nucleus)에 들어간다. 이 호르몬과 수용체 결합체는 다시 세포핵의 DNA와 결합함으로써 특정한 유전자가 활성화된다.

에스트로겐

에스트로겐(estrogen)은 난소에서 분비되는 지용성 호르몬이다. 에스트로겐의 표적은 거의 모든 세포이며 이 호르몬이 에스트로겐수용체와 결합하면 유전자가 활성화되어 여성생식기관의 기능이 조절되고 유지된다.

난소

호르몬 분비의 유발

내분비샘이 호르몬을 분비하도록 유발하는 원인에는 몇 가지가 있다. 세 가지 주요 원인으로는 혈액 내 물질의 변화, 신경 신호, 다른 호르몬에 의한 자극이다. 그러나 이런 원인들도 외부 환경 변화에 대한 반응인 경우가 많다. 예를 들어 날이 어둑어둑해지면 멜라토닌 호르몬이 분비되어 잠자리에 들도록 유도한다 (198~199쪽 참조).

혈액을 통한 자극

일부 호르몬은 혈액이나 다른 체액에 변화가 생긴 것을 감각세포가 감지했을 때 분비된다. 예를 들어 혈액의 칼슘 농도가 떨어져 부갑상샘이 자극을 받으면 부갑상샘호르몬(PTH)을 분비한다(194~195쪽 참조).

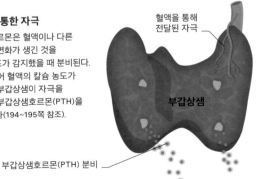

혈액을 통해 전달된 자극

부갑상샘

부갑상샘호르몬(PTH) 분비

표적세포에는
5,000~10만 개의
호르몬 수용체가 있다

호르몬요법이란 무엇일까?

몸 전체에 변화를 일으키기 위해 호르몬이 사용되기도 한다. 예를 들어 사람의 성별에 맞는 특징을 더 뚜렷이 나타내도록 하기 위해 성호르몬이 사용되는 경우가 있다.

세포막

호르몬수용체

세포핵

세포질

간세포

글루카곤 분자

글루카곤이 세포 표면의 수용체와 결합한다

자극받은 수용체

글루카곤의 자극으로 이차전령 단백질이 만들어진다. 그 역할은 간에서의 포도당 생산을 촉진하는 것이다

글루카곤

이자에서 분비된 글루카곤(glucagon)은 표적인 간에 가서 간세포 표면의 수용체와 결합한다. 글루카곤의 자극을 받은 간세포 안에서는 당원(glycogen)이 포도당(glucose)으로 분해되기 시작한다(156~157쪽 참조).

문 앞에서 기다리는 전령

호르몬 중에는 세포막을 통과하지 못하는 것도 있다. 이들은 그 대신 세포 표면에 있는 수용체와 결합하여야 한다. 이 경우에는 '이차전령' 단백질이 만들어져 이 단백질이 다음 단계로 반응을 진행시킨다.

신경을 통한 자극

많은 내분비샘이 신경 자극을 받아 활동을 시작한다. 예를 들어 우리 몸이 스트레스를 받으면 신경을 따라 전기 자극이 부신에 전달되어 응급상황의 호르몬인 아드레날린(adrenaline)이 분비된다(240~241쪽 참조).

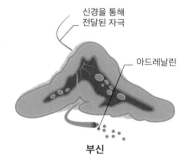

신경을 통해 전달된 자극

아드레날린

부신

호르몬에 의한 자극

하나의 호르몬이 다른 호르몬의 분비를 자극하기도 한다. 예를 들어 시상하부(hypothalamus)에서 만들어진 호르몬은 뇌하수체로 운반되는데, 뇌하수체(pituitary gland)가 이 호르몬의 영향을 받으면 또 다른 호르몬(예를 들어 성장호르몬)을 만들어 성장과 대사를 담당한다.

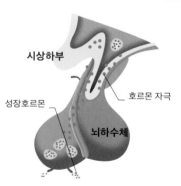

시상하부

호르몬 자극

성장호르몬

뇌하수체

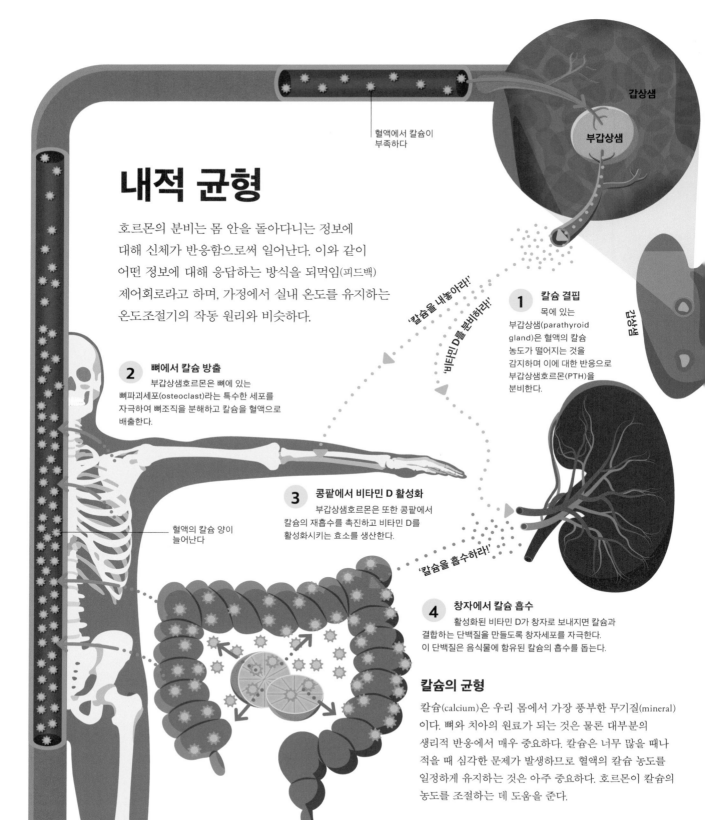

내적 균형

호르몬의 분비는 몸 안을 돌아다니는 정보에 대해 신체가 반응함으로써 일어난다. 이와 같이 어떤 정보에 대해 응답하는 방식을 되먹임(피드백) 제어회로라고 하며, 가정에서 실내 온도를 유지하는 온도조절기의 작동 원리와 비슷하다.

갑상샘

부갑상샘

혈액에서 칼슘이
부족하다

갑상샘

'칼슘을 내놓아라!'

'비타민 D를 분비하라!'

1 칼슘 결핍
목에 있는 부갑상샘(parathyroid gland)은 혈액의 칼슘 농도가 떨어지는 것을 감지하며 이에 대한 반응으로 부갑상샘호르몬(PTH)을 분비한다.

2 뼈에서 칼슘 방출
부갑상샘호르몬은 뼈에 있는 뼈파괴세포(osteoclast)라는 특수한 세포를 자극하여 뼈조직을 분해하고 칼슘을 혈액으로 배출한다.

혈액의 칼슘 양이
늘어난다

3 콩팥에서 비타민 D 활성화
부갑상샘호르몬은 또한 콩팥에서 칼슘의 재흡수를 촉진하고 비타민 D를 활성화시키는 효소를 생산한다.

'칼슘을 흡수하라!'

4 창자에서 칼슘 흡수
활성화된 비타민 D가 창자로 보내지면 칼슘과 결합하는 단백질을 만들도록 창자세포를 자극한다. 이 단백질은 음식물에 함유된 칼슘의 흡수를 돕는다.

칼슘의 균형

칼슘(calcium)은 우리 몸에서 가장 풍부한 무기질(mineral)이다. 뼈와 치아의 원료가 되는 것은 물론 대부분의 생리적 반응에서 매우 중요하다. 칼슘은 너무 많을 때나 적을 때 심각한 문제가 발생하므로 혈액의 칼슘 농도를 일정하게 유지하는 것은 아주 중요하다. 호르몬이 칼슘의 농도를 조절하는 데 도움을 준다.

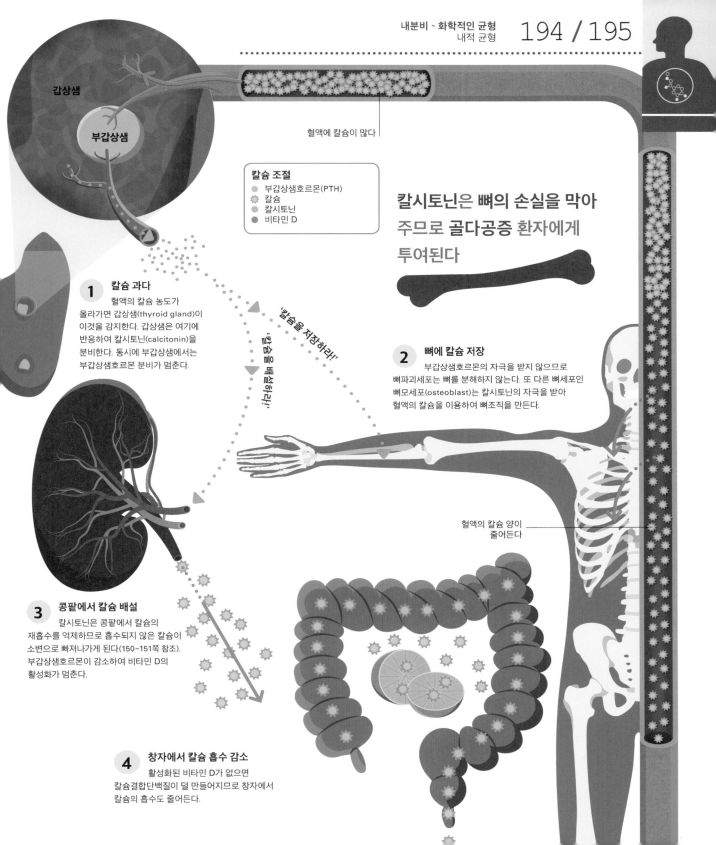

갑상샘

부갑상샘

혈액에 칼슘이 많다

칼슘 조절
- 부갑상샘호르몬(PTH)
- 칼슘
- 칼시토닌
- 비타민 D

칼시토닌은 뼈의 손실을 막아 주므로 골다공증 환자에게 투여된다

1 칼슘 과다
혈액의 칼슘 농도가 올라가면 갑상샘(thyroid gland)이 이것을 감지한다. 갑상샘은 여기에 반응하여 칼시토닌(calcitonin)을 분비한다. 동시에 부갑상샘에서는 부갑상샘호르몬 분비가 멈춘다.

'칼슘을 저장하라!'

'칼슘을 배설하라!'

2 뼈에 칼슘 저장
부갑상샘호르몬의 자극을 받지 않으므로 뼈파괴세포는 뼈를 분해하지 않는다. 또 다른 뼈세포인 뼈모세포(osteoblast)는 칼시토닌의 자극을 받아 혈액의 칼슘을 이용하여 뼈조직을 만든다.

혈액의 칼슘 양이 줄어든다

3 콩팥에서 칼슘 배설
칼시토닌은 콩팥에서 칼슘의 재흡수를 억제하므로 흡수되지 않은 칼슘이 소변으로 빠져나가게 된다(150~151쪽 참조). 부갑상샘호르몬이 감소하여 비타민 D의 활성화가 멈춘다.

4 창자에서 칼슘 흡수 감소
활성화된 비타민 D가 없으면 칼슘결합단백질이 덜 만들어지므로 창자에서 칼슘의 흡수도 줄어든다.

호르몬의 변화

십대의 변화무쌍한 기분과 같이 몸에 커다란 변화가 일어날 때의 행동을 우리는 호르몬 탓으로 돌리는 경우가 많다. 그러나 반대로 우리가 매일 하는 행동이 호르몬에 영향을 줄 수 있으며 따라서 건강에 심각한 문제가 생길 수 있다.

호르몬과 스트레스

비활동, 불안, 장기간의 스트레스가 주를 이루는 생활을 하면 다음 세 가지 호르몬의 역할이 커진다.

 코티솔

 인슐린

 멜라토닌

뇌하수체가 부신피질자극호르몬 (ACTH)을 분비하면 이것은 부신에서 코티솔 분비를 촉진한다

불안

주로 앉아서 지내는 생활을 하는 사람은 스트레스를 견딜 능력이 적다. 그 이유는 아마 현대 생활의 스트레스에 대한 반응으로 분비되는 코티솔(cortisol)이나 다른 응급상황 호르몬이 일으키는 신체적 효과를 해소할 수단이 없기 때문일 것이다.

흡연은 모든 내분비샘의 기능에 영향을 준다

이자에서 많은 양의 인슐린이 분비된다

불면증과 피로

밤 늦게까지 TV나 스마트폰의 눈부신 화면을 들여다보면 멜라토닌(melatonin)의 생산이 억제된다. 이로 인하여 수면의 질이 떨어지고 체온, 혈압, 혈당을 조절할 능력이 상실된다.

면역 기능의 저하

나쁜 식생활과 운동 부족은 코티솔의 농도를 높이는 원인이 된다. 코티솔은 염증을 줄이는 데 유용하지만 오랫동안 노출되면 면역계통을 억제하여 감염을 물리칠 능력이 떨어진다.

피부

지나치게 많은 피하지방

높은 인슐린 농도

앉아서 지내는 생활 방식은 인슐린(insulin) 농도를 높이며, 이로 인해 몸은 지방을 연소하기보다는 저장한다.

힘없는 근육

건강에서 멀어지는 선택

좋지 않은 식생활, 신체 활동이 없는 일상으로 인해 호르몬의 변화도 건강하지 않은 생활 습관이 계속되는 방향으로 일어난다. 활동이 적어지면 기분을 좋게 하는 호르몬 분비가 감소한다. 이렇게 되면 나쁜 식생활로 이어져 혈당을 조절하는 호르몬이 영향을 받아 또다시 체중 증가와 운동 감소가 지속된다.

포옹을 하면 옥시토신 호르몬이 분비된다. 이 호르몬은 혈압을 낮춤으로써 심장병의 발생 위험을 줄여 준다

건강한 생활 습관

규칙적인 운동은 우리 몸과 마음을 건강하게 하는 방향으로 호르몬 변화를
유도하는 가장 효율적인 방법이다. 우리가 신체 활동을 할 때 갖춰야 할 체온 조절,
수분의 평형, 산소 요구량에 몸을 적응시킴으로써 신체 운동을 할 수 있도록
준비시키는 호르몬을 '좋은 기분' 호르몬이라고 하기도 한다.

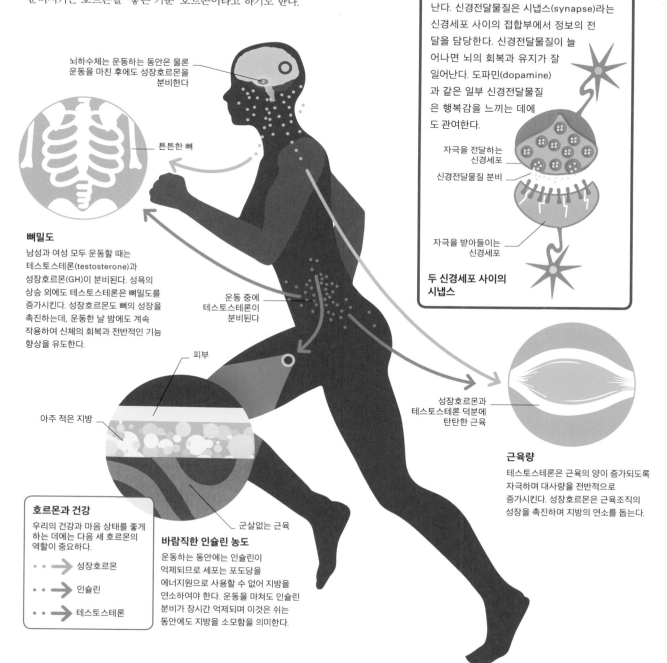

뇌하수체는 운동하는 동안은 물론
운동을 마친 후에도 성장호르몬을
분비한다

튼튼한 뼈

뼈밀도

남성과 여성 모두 운동할 때는
테스토스테론(testosterone)과
성장호르몬(GH)이 분비된다. 성욕의
상승 외에도 테스토스테론은 뼈밀도를
증가시킨다. 성장호르몬도 뼈의 성장을
촉진하는데, 운동한 날 밤에도 계속
작용하여 신체의 회복과 전반적인 기능
향상을 유도한다.

운동 중에
테스토스테론이
분비된다

피부

아주 적은 지방

호르몬과 건강
우리의 건강과 마음 상태를 좋게
하는 데에는 다음 세 호르몬의
역할이 중요하다.

• • → 성장호르몬

• • → 인슐린

• • → 테스토스테론

군살없는 근육

바람직한 인슐린 농도
운동하는 동안에는 인슐린이
억제되므로 세포는 포도당을
에너지원으로 사용할 수 없어 지방을
연소하여야 한다. 운동을 마쳐도 인슐린
분비가 장시간 억제되며 이것은 쉬는
동안에도 지방을 소모함을 의미한다.

운동 중독

신경전달물질은 신경계통의 정보를 전달하는
화학적 전령인데 운동을 하면 그 분비가 늘어
난다. 신경전달물질은 시냅스(synapse)라는
신경세포 사이의 접합부에서 정보의 전
달을 담당한다. 신경전달물질이 늘
어나면 뇌의 회복과 유지가 잘
일어난다. 도파민(dopamine)
과 같은 일부 신경전달물질
은 행복감을 느끼는 데에
도 관여한다.

자극을 전달하는
신경세포

신경전달물질 분비

자극을 받아들이는
신경세포

두 신경세포 사이의
시냅스

성장호르몬과
테스토스테론 덕분에
탄탄한 근육

근육량
테스토스테론은 근육의 양이 증가되도록
자극하며 대사량을 전반적으로
증가시킨다. 성장호르몬은 근육조직의
성장을 촉진하며 지방의 연소를 돕는다.

하루의 리듬

우리 몸에는 시간 관리자의 기능이 갖추어져 있어 매일의 생활, 특히 음식 섭취와 수면의 리듬이 조절된다. 이 리듬의 기본은 각성호르몬인 세로토닌(serotonin)과 수면 호르몬인 멜라토닌(melatonin)이 매일 보여 주는 화학적 변화이다. 이 변화의 주기는 24시간 정도이다.

매일 반복되는 주기

많은 호르몬이 매일 리듬있게 상승과 하강을 반복한다. 이런 주기성은 외부 환경의 변화와는 큰 상관이 없다. 우리가 창문이 없는 깜깜한 방에 있다 해도 아침이 되면 몸에서는 세로토닌이 솟구쳐서 잠을 깬다. 그러나 이 리듬은 절대불변의 것이 아니며 끊임없이 재조정된다. 또한 다른 시간대를 여행할 때는 이 리듬에 근본적인 변화가 생긴다.

하루주기시계

우리 몸은 대체적으로 24시간의 호르몬 주기를 따르는데 이것을 하루주기리듬(circadian rhythm)이라고 한다. 우리 몸 전체의 리듬을 관장하는 하루주기시계가 이 생리적인 리듬도 주관한다. 이 생체 시계의 가장 중요한 톱니바퀴에 해당하는 것은 시각신경교차상핵(SCN)이라는 뇌의 아주 작은 부분이다. 시각신경에 매우 가까이 있는 이 신경핵은 눈으로 들어오는 빛의 양을 이용하여 하루주기시계를 조정한다.

몸속의 시계

시각신경교차상핵에서는 각성의 호르몬인 세로토닌과 수면의 호르몬인 멜라토닌의 화학적 변환이 양쪽 방향으로 일어난다.

3 허기호르몬

허기호르몬은 하루 종일 오르락내리락한다. 식욕을 나게 하는 그렐린(ghrelin)은 밤 사이에 많은 양이 분비되어 아침에 허기를 느끼게 된다. 식욕을 떨어뜨리는 렙틴(leptin)은 배가 부르다는 신호를 보낸다.

오전 9시

2 스트레스를 처리하는 코티솔

하루를 시작할 때면 몸에서 스테로이드 호르몬인 코티솔(cortisol)이 분비되는데 이 호르몬은 혈당을 높이고 대사를 촉진함으로써 우리 몸이 스트레스를 견디도록 도와준다.

오전 8시

1 잠을 깨우는 세로토닌

눈에 들어온 빛은 시각신경교차상핵을 자극하여 멜라토닌을 세로토닌으로 변환한다. 세로토닌은 뇌와 몸, 특히 창자가 활동을 시작하도록 도와주는 호르몬이다.

오전 6시

시각신경교차상핵은 멜라토닌이나 세로토닌을 시간에 맞춰 알맞게 분비한다

밝기가 다양한 광선

세로토닌

멜라토닌

잠들어라!

일어나라!

오전 3시

10 테스토스테론 급상승

남성에서는 잠이 들었거나 깨어 있거나 밤에 테스토스테론(testosterone)의 양이 상승한다. 실제로 늦은 밤 클럽에서 다툼이 자주 일어나는 것도 이런 이유이다.

시각신경교차상핵으로 가는 전기 신호

스트레스로 질병을 얻을 수 있을까?

스트레스호르몬은 긴급 상황을 대비하여 필요하지만 신체의 일부분, 특히 면역계통에 큰 피해를 줄 수 있다. 따라서 만성적인 스트레스는 질병으로 이어진다.

4 정점에 이르는 코티솔
아침에 치솟았던 코티솔은
정오 즈음에 한 번 더 올라가면서
신체를 자극한다. 하지만 이후에는
코티솔의 역할이 줄어든다.
멜라토닌의 양은 가장 낮다.

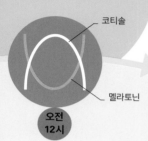

코티솔

멜라토닌

오전
12시

5 알도스테론의 급상승
정오에서 오후 사이에는
알도스테론(aldosterone) 호르몬이
최대로 분비된다. 이 호르몬은
콩팥에서 물의 재흡수를 늘려 혈압을
일정하게 유지한다.

오후
3시

시차증

항공기를 타고 여행할 때는 우리 몸이 적응할
수 있는 것보다 더 빠르게 다른 시간대로 이
동한다. 새로운 낮 시간의 리듬에 맞도록 신
체 시계를 재설정하는 데는 시간이 필요하다.
일부 호르몬의 주기는 다른 것보다 덜 엄격하
며, 코티솔은 적응하는 데 때로 5~10일이 걸
린다. 우리 몸의 리듬이 조정되는 동안 신체
는 시간에 맞지 않게 허기와 졸림을 경험하는
데 이것이 시차증(jet lag)이라는
현상이다. 야간교대근
무자는 주기적으로 이
를 경험하는데 장기간에
걸쳐 우리 몸이 받는 영향
에 대해서는 아직 완전히
밝혀지지 않았다.

오후
6시

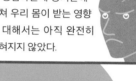

**6 졸음을 오게 하는
멜라토닌**
빛의 양이 줄면 세로토닌은
멜라토닌으로 변환된다.
이 호르몬은 수면에 들도록 몸을
준비시키며 결국에는 졸음을
유발한다.

갑상샘

오후
8시

7 갑상샘의 자극
저녁에는
갑상샘자극호르몬(TSH)이 갑자기
상승한다. 이로 인해 성장과 복구가
촉진되지만 또한 신경의 활동이
억제되어 수면을 준비하게 된다.

오후
9시

오후
12시

멜라토닌

코티솔

9 정점에 이르는 멜라토닌
혈액의 멜라토닌 양은 한밤중에
최고에 도달한다. 이때는 코티솔의 양이
가장 낮은 때이기도 하다. 이와 같은
호르몬의 조합을 통해 신체는 밤새
완전한 휴식을 취할 수 있다.

8 성장호르몬
잠든 지 처음 두 시간 동안은
성장호르몬(GH)이 급상승하여 아동의 성장과
성인의 신체 재생을 돕는다. 이 호르몬은
낮에도 분비되지만 밤에 더 많이 생산되므로
잠자는 동안 신체는 회복에 집중할 수 있다.

**점심시간에 잠깐
걷는 것으로도 세로토닌
양을 높이는 데 도움이 된다**

당뇨병

인슐린(insulin)은 근육과 지방세포의 에너지원인 포도당을 받아들일 수 있도록 세포의 문을 여는 열쇠이다. 인슐린이 없다면 포도당(glucose)은 혈액에 남게 되고 세포는 필요한 에너지를 얻지 못하여 건강에 심각한 문제가 발생한다. 인슐린이 일을 할 수 없는 질병이 당뇨병(diabetes mellitus, DM)이다. 당뇨병은 1형과 2형이 있으며 오늘날 전 세계적으로 3억 8200만 명의 환자가 있다.

당뇨병의 치료

달콤한 음식과 일부 탄수화물로 인해 세포에는 지방이 축적되며 이 지방은 인슐린의 기능을 방해한다. 따라서 지방이 많으면 많을수록 2형 당뇨병이 발병할 위험은 더 커진다. 건강하고 균형잡힌 식단은 질병이 발생할 위험을 낮출 뿐만 아니라 이미 발생한 질병을 관리하는 데 아주 중요하다. 일반적으로 당뇨병 식단의 목표는 혈당을 최대한 정상으로 유지하는 것이며 포도당을 급격히 늘리거나 줄이는 음식을 피한다. 또한 인슐린 치료를 시행할 때 투여량을 계산하는 데에도 도움이 된다.

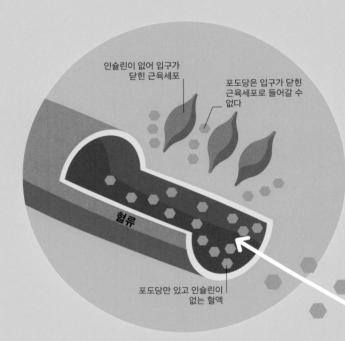

인슐린이 없어 입구가 닫힌 근육세포

포도당은 입구가 닫힌 근육세포로 들어갈 수 없다

혈류

포도당만 있고 인슐린이 없는 혈액

1 포도당의 증가
소화가 일어나는 동안에 포도당이 혈액으로 흡수된다. 포도당의 농도가 올라가면 이것을 낮추기 위해 몸은 여러 가지 일을 하는데 이자(췌장, pancreas)에서 인슐린이 분비되는 것도 그중 하나이다(158~159쪽 참조).

포도당분자

3 포도당의 유입 차단
인슐린 없이는 포도당이 세포 안으로 들어갈 수 없다. 따라서 혈액에 포도당이 많아지며 우리 몸은 소변 등 여러 가지 수단을 이용하여 이것을 제거하려 한다.

1형 당뇨병

1형 당뇨병은 신체의 면역계통이 이자의 인슐린을 합성하는 세포를 공격하여 이자가 더 이상 인슐린을 만들어 낼 수 없는 질병이다. 증상은 몇 주 안에 나타나지만 인슐린 치료 한 번에 사라지기도 한다. 1형 당뇨병은 어느 나이에나 생길 수 있지만, 대부분 40세 이전에 진단이 내려지며 소아기에 진단되는 경우가 많다. 1형 당뇨병은 전체 당뇨병 중 10퍼센트 정도를 차지한다.

2 인슐린 결핍
그러나 1형 당뇨병에서는 이자의 인슐린을 만드는 세포가 면역세포들에 의해 파괴된 상태이다. 따라서 포도당이 많아져도 이것을 줄일 수 있는 인슐린이 존재하지 않는다.

이자

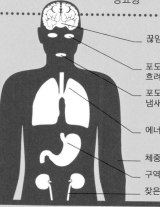

당뇨병의 증상

1형과 2형 당뇨병(diabetes)은 증상이 비슷하다. 콩팥을 통해 배출되지 않은 포도당이 몸에 남아 있으므로 이것을 배출하기 위해 갈증, 물 섭취, 소변 보는 양이 증가한다. 그러는 동안에도 몸의 세포는 포도당을 얻지 못해 굶주린 상태가 되므로 몸 전체가 피로를 느낀다. 또한 포도당 대신 지방을 연소하므로 체중 감소도 나타난다.

끊임없는 갈증, 허기, 피곤함

포도당이 침착된 수정체로 인해 흐려진 시력

포도당 대신 연료로 사용되는 케톤 냄새가 나는 날숨

에너지 부족으로 인한 과호흡

체중 감소

구역과 구토

잦은 소변

근육세포의 입구를 여는 인슐린

인슐린에 의해 들어온 포도당

지방의 축적

3 **포도당 유입 차단**
세포 안에 축적된 지방으로 인해 인슐린은 자신의 주요 기능인 세포의 입구를 여는 일을 못하게 된다. 포도당을 얻지 못해 굶주린 세포는 더 많은 포도당을 분해하라는 신호를 간에 보내어 혈당은 더욱 올라간다.

근육세포

혈류

위

1 **포도당이 들어오다**
소화가 일어나는 동안 여느때처럼 포도당이 혈액으로 들어간다.

4 **인슐린 과다분비**
혈당이 올라감으로 인해 인슐린의 분비가 더욱 더 늘어난다. 이렇게 되면 이자는 약해지고 결국 기능을 멈출 수도 있다.

인슐린 분자

2 **인슐린 분비**
혈액에 포도당이 있는 것을 감지하고 이자는 인슐린을 분비한다.

2형 당뇨병

2형 당뇨병은 신체가 충분한 양의 인슐린을 만들지 못하거나 인슐린이 제대로 기능하지 않는 것이다. 이런 당뇨병은 비만인 사람에서 더 자주 발생하지만, 체중이 정상인 사람에서도 생길 수 있다. 증상은 더 서서히 나타나며, 증상이 전혀 나타나지 않는 사람도 있다. 실제로 전 세계에 1억 7500만 명의 2형 당뇨병 환자가 진단받지 않은 채 살고 있을 것으로 생각된다. 2형 당뇨병은 당뇨병 환자 중 90퍼센트를 차지한다.

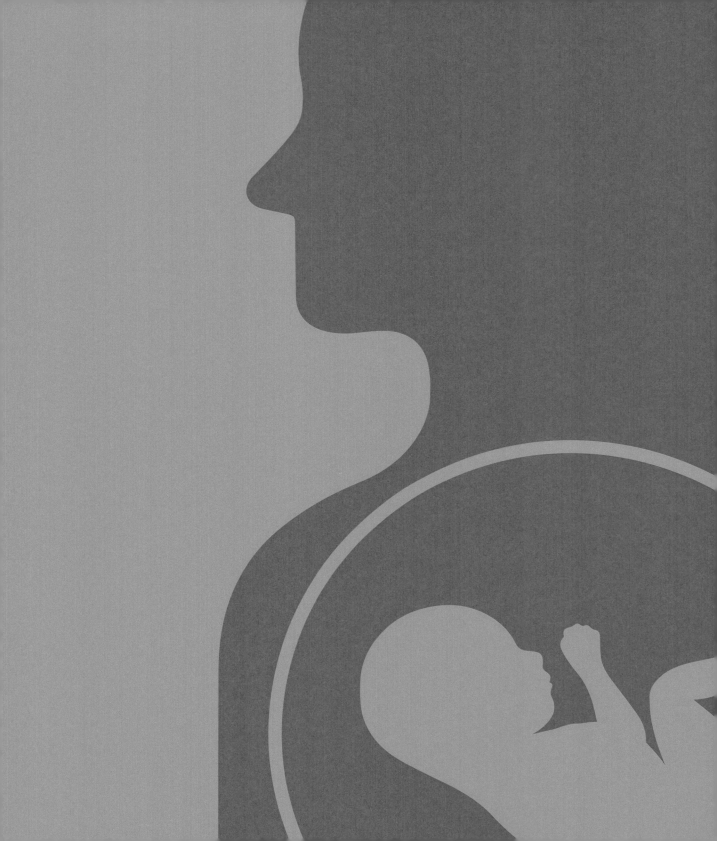

삶의 주기

- 생명의 연결고리

유성생식

우리는 번식하라는 유전자의 지시에 따라 번식하므로 우리 유전자는 대를 이어 전달된다. 이것이 우리가 성관계를 갖는 이유에 대한 진화론적 관점이다. 수백만 개의 정자(sperm)가 경쟁을 거쳐 그중 하나의 정자가 하나의 난자(ovum)와 결합하면 새로운 인간이 창조되는 과정이 비로소 시작된다.

정자와 난자를 한 곳으로

성행위의 주요 목적은 남성 유전자와 여성 유전자를 합쳐서 하나로 만드는 것이다. 남성은 정자에 수백만 꾸러미의 유전자(gene)를 담아 여성이 가진 여러 난자 중 하나에 수정시키고자 여성의 몸 안으로 들여보낸다. 수정에 성공하면 남성과 여성의 유전자가 합쳐져 새롭고 독특한 유전자의 조합을 가진 후손을 얻게 된다. 이를 위해서는 남성과 여성이 서로에 대해 성적으로 흥분하여야 하며 신체적인 변화도 뒤따른다. 남성과 여성 모두 혈액의 흐름이 증가하고 생식기가 팽창하여 음경은 발기하며 질은 음경의 진입을 돕기 위해 윤활액을 분비한다.

정액 1밀리리터에는 보통 4000만~3억 개의 정자가 있다

정낭(정액샘)이 분비한 액체가 정자에 더해진다

전립샘의 액체가 정자에 더해져 정액이 만들어진다

망울요도샘이 소변의 산성도를 중화하여 정자의 손상을 막는다

여성은 왜 오르가즘을 느낄까?

음핵에 있는 민감한 신경종말에서 보낸 쾌감 신호를 받은 뇌는 음경이 삽입된 질을 강하게 수축시킴으로써 남성이 가능한 한 많은 정자를 배출할 수 있게 한다.

정자가 음경 안의 요도를 통과한다

정자가 부고환에서 성숙한다

발기는 어떻게 일어나나?

음경(penis)은 안에 스펀지(해면) 모양의 조직이 있는 두 기둥으로 이루어지는데 이것을 음경해면체라고 한다. 음경의 뿌리에 있는 작은 혈관이 확장되면 이것을 통해 들어온 혈액이 음경해면체를 가득 채워 음경을 단단하게 만든다. 단단해진 음경의 벽이 정맥을 압박함으로써 혈액은 외부로 빠져나가지 못한다. 사정을 하면 이 압력이 감소하여 정맥이 다시 열려 혈액이 빠져나가고 음경의 발기가 풀린다.

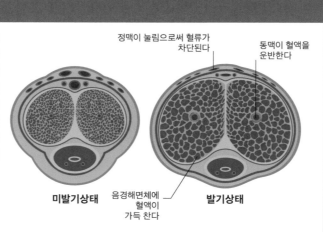

정맥이 눌림으로써 혈류가 차단된다

동맥이 혈액을 운반한다

미발기상태

음경해면체에 혈액이 가득 찬다

발기상태

위험이 도사린 정자의 여행

성행위를 할 때는 질(vagina)에 발기한 음경이 삽입된다.
남성이 오르가즘을 느끼는 순간 음경에서 정액이 분출되고 정자는 난자를 찾기 위한
여행을 시작한다. 수백만 개의 정자는 채찍 같은 꼬리의 운동에 힘입어 질을 헤엄쳐 지나
자궁목을 통해 자궁(uterus)으로 들어간다. 자궁을 지난 정자는 자궁관(uterine tube) 점막
세포의 운동에 의해 생긴 액체의 흐름을 타고 운반된다. 150개 정도의 정자만이 수정이
일어나는 장소인 자궁관 위쪽으로 가는 길을 찾아간다. 다른 정자들은 질 바깥으로 쓸려
내려간다.

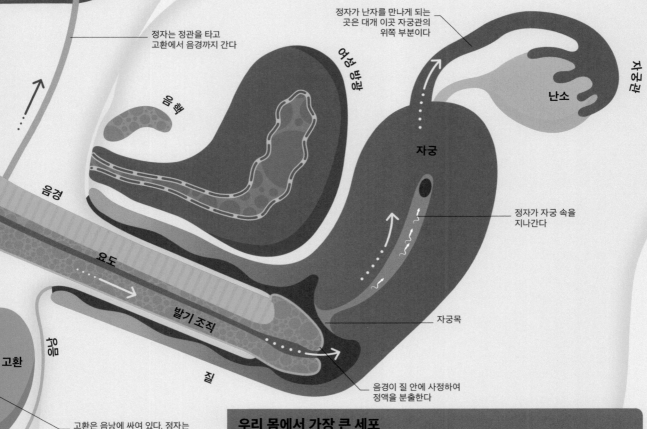

정자는 정관을 타고
고환에서 음경까지 간다

남성 방광

여성 방광

음핵

음경

요도

발기 조직

고환

음낭

질

정자가 난자를 만나게 되는
곳은 대개 이곳 자궁관의
위쪽 부분이다

난소

자궁관

자궁

정자가 자궁 속을
지나간다

자궁목

음경이 질 안에 사정하여
정액을 분출한다

고환은 음낭에 싸여 있다. 정자는
낮은 온도에서 형성되므로 양쪽
고환은 몸 바깥에 있어야 한다

우리 몸에서 가장 큰 세포

난자(ovum)는 인체에서 가장 큰 세포로
육안으로 보일 정도이다. 두껍고 투명한
껍질이 난자를 보호한다. 몸에서 가장 작
은 세포 중 하나인 정자(sperm)는 길이
가 0.05밀리미터 정도이며 그 대부분도
꼬리가 차지한다.

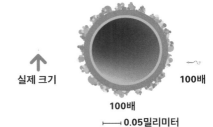

실제 크기

100배

100배

0.05밀리미터

반복되는 한 달 주기

여성의 몸은 한 달에 한번 임신에 대한 준비를 한다. 난소(ovary)에 저장된 약 50만 개의 잠자는 난자(ovum)는 배란될 차례가 오기를 기다리고 있다. 호르몬이 최고점에 도달하면 하나의 난자가 난소를 뚫고 나와 수정(fertilization) 준비 상태가 된다. 두꺼워진 자궁 점막도 수정된 난자(수정란)에 대한 준비를 한 상태이다.

월경주기

월경주기(menstrual cycle)는 뇌에 있는 뇌하수체(pituitary gland)에 의해 조절된다. 사춘기가 되면 뇌하수체에서는 난포자극호르몬(FSH)이 생산된다. 난포자극호르몬의 자극을 받아 난소(ovary)에서는 에스트로겐(estrogen)과 프로게스테론(progesterone) 호르몬이 생산된다. 뇌하수체는 한 달에 한 번 난포자극호르몬과 황체형성호르몬(LH)을 급격히 분비하여 한 달 주기를 시작한다. 난소에서는 성숙한 하나의 난자가 배출되고 자궁 점막, 즉 자궁내막(endometrium)은 두꺼워졌다가 떨어져 나간다. 배출된 난자가 수정된 경우에는 자궁내막에 착상(implantation)되고 월경주기가 멈춘다. 나이가 들면 난소에 저장된 난자의 수가 줄어 월경주기를 유지할 만큼 호르몬을 충분히 생산하지 못하므로 폐경(menopause)이 되고 월경주기가 더 이상 일어나지 않는다.

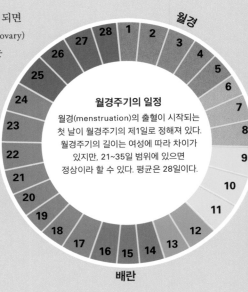

월경

월경주기의 일정
월경(menstruation)의 출혈이 시작되는 첫 날이 월경주기의 제1일로 정해져 있다. 월경주기의 길이는 여성에 따라 차이가 있지만, 21~35일 범위에 있으면 정상이라 할 수 있다. 평균은 28일이다.

배란

월경통

자궁 점막에 있는 근육은 월경 기간 중 자발적으로 수축하여 작은 혈관을 압박함으로써 출혈을 막는다. 이런 수축이 강하거나 지속되면 인접한 신경까지 압박을 받아 통증이 유발된다.

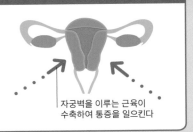

자궁벽을 이루는 근육이
수축하여 통증을 일으킨다

3 호르몬의 급상승
에스트로겐은 난소에서 성숙한 난자를 둘러싸는 난포(follicle)의 세포에 의해 생산된다. 에스트로겐의 양이 최고점에 도달하면 뇌하수체로부터 난포자극호르몬과 황체형성호르몬의 분비가 급상승하여 배란(ovulation)이 일어난다.

1 월경 출혈
자궁내막에 수정된 난자가 착상하지 않으면 프로게스테론의 양이 떨어지고 혈액 공급이 차단되어 자궁 점막의 바깥층이 떨어져 나가게 된다. 따라서 임신이 일어나지 않았다는 것이 확실해진다.

2 자궁내막의 발달
월경주기의 처음 두 주에는 에스트로겐의 양이 서서히 증가하며 이로 인해 자궁내막도 성장한다.

에스트로겐

자궁내막이 떨어져 나와 질을
통해 출혈이 일어난다

난포자극호르몬과 황체형성호르몬

난포자극호르몬(FSH)과 황체형성호르몬(LH)의 양이 조금 늘어나고 이들에 의해 에스트로겐과 프로게스테론의 생산이 촉진된다

3 이차난포의 발달
성장이 가장 빠른 난포 안에 액체가 차 있는 공간이 생기며 난자도 계속 발달하여 배란을 준비한다.

난자는 자궁관을 통해 자궁으로 들어가며 여기에서 수정될 수도 있다

4 난포의 성숙
난포는 자라서 약 2~3센티미터가 되며 난소의 표면에 작은 돌출부로 보이기도 한다.

자궁관

자궁

2 두드러진 난포의 선택된 성장
하나의 난포가 가장 빠르게 성장하면, 그 외의 난포들은 성장을 멈춘다.

액체가 찬 공간

난소

수정란이 자궁 점막에 달라붙는다

난자가 난소에서 배출된다(배란)

난자가 배출되기 위해 파열되는 난포

난포 안에 있는 난자

5 배란
뇌하수체로부터 다량의 난포자극호르몬(FSH)과 황체형성호르몬(LH)이 급격히 분비되면 배란(ovulation)이 일어난다. 난포가 터지면서 난자가 난소의 벽을 뚫고 나와 자궁관으로 들어간다.

1 일차난포 형성
난포자극호르몬(FSH)이 난소에서 성장이 빠른 여러 난포의 성장을 더 촉진하며 이들 모두가 에스트로겐을 분비하기 시작한다.

난소술이라는 구조에 의해 난자가 자궁관으로 쉽게 들어간다

6 퇴화
속이 빈 난포는 주저앉고 황체(corpus luteum)라는 주머니 모양의 구조가 형성된다. 황체에서 분비가 늘어나는 프로게스테론 호르몬에 의해 두꺼운 자궁 점막이 유지된다.

7 흉터 형성
임신되지 않으면 황체는 프로게스테론의 분비를 멈춘다. 황체는 흉터조직으로 대체되고 새로운 월경주기가 시작된다.

자궁내막

4 호르몬 유지
배란 후에는 난소에 있는 퇴화하는 황체에 의해 프로게스테론이 생산된다. 이 호르몬의 영향을 받은 동맥이 자궁내막으로 자라 들어간다. 이로 인해 자궁내막은 부드러워지고 공간이 많이 생겨서 수정된 난자를 받아들일 준비가 된다.

프로게스테론

자궁내막

호르몬의 분비 양상
월경주기를 조절하는 주요 호르몬들의 변화를 나타냈다.

난포자극호르몬(FSH), 황체형성호르몬(LH)

에스트로겐

프로게스테론

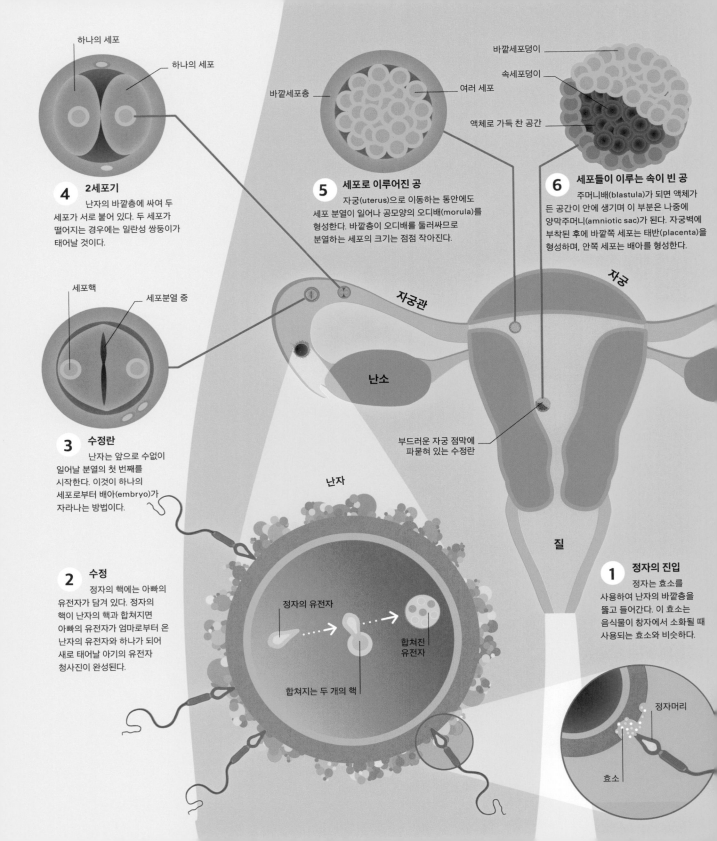

하나의 세포

하나의 세포

4 **2세포기**
난자의 바깥층에 싸여 두 세포가 서로 붙어 있다. 두 세포가 떨어지는 경우에는 일란성 쌍둥이가 태어날 것이다.

바깥세포층

여러 세포

5 **세포로 이루어진 공**
자궁(uterus)으로 이동하는 동안에도 세포 분열이 일어나 공모양의 오디배(morula)를 형성한다. 바깥층이 오디배를 둘러싸므로 분열하는 세포의 크기는 점점 작아진다.

바깥세포덩이

속세포덩이

액체로 가득 찬 공간

6 **세포들이 이루는 속이 빈 공**
주머니배(blastula)가 되면 액체가 든 공간이 안에 생기며 이 부분은 나중에 양막주머니(amniotic sac)가 된다. 자궁벽에 부착된 후에 바깥쪽 세포는 태반(placenta)을 형성하며, 안쪽 세포는 배아를 형성한다.

세포핵

세포분열 중

자궁관

자궁

3 **수정란**
난자는 앞으로 수없이 일어날 분열의 첫 번째를 시작한다. 이것이 하나의 세포로부터 배아(embryo)가 자라나는 방법이다.

난소

부드러운 자궁 점막에 파묻혀 있는 수정란

난자

2 **수정**
정자의 핵에는 아빠의 유전자가 담겨 있다. 정자의 핵이 난자의 핵과 합쳐지면 아빠의 유전자가 엄마로부터 온 난자의 유전자와 하나가 되어 새로 태어날 아기의 유전자 청사진이 완성된다.

정자의 유전자

합쳐진 유전자

합쳐지는 두 개의 핵

질

1 **정자의 진입**
정자는 효소를 사용하여 난자의 바깥층을 뚫고 들어간다. 이 효소는 음식물이 창자에서 소화될 때 사용되는 효소와 비슷하다.

정자머리

효소

미세한 시작

성교 후 약 48시간 동안 3억 개 정도의 정자는 난자와 수정하기 위해 두 자궁관 중 한쪽을 향해 달리는 경주를 벌인다. 난자(ovum)는 화학물질을 분비하여 정자(sperm)의 방향을 유도하며 15센티미터나 되는 여행을 돕는다. 하나의 정자와 난자가 수정하면 여러 변화가 연속적으로 일어난다.

난자의 여행

난소에 있는 난자 중 많은 수가 한 달에 한 번 성숙하기 시작한다. 그러나 정상적으로는 성숙된 단 하나의 난자만이 배란된다. 배란된 난자는 한쪽 자궁관(uterine tube)으로 들어간다.

수정

배란된 여성이 성교를 했다면 수정(fertilization)의 기회가 생긴다. 난자와 정자가 합쳐지는 것은 임신(pregnancy)의 시작을 의미한다. 정자가 난자의 바깥층을 뚫는 순간 난자도 빠른 화학적 변화를 통해 벽을 단단하게 함으로써 다른 정자가 들어오지 못하게 한다. 결합된 난자와 정자를 접합자(zygote)라고 한다. 접합자가 자궁에 들어가면서 세포분열이 일어나기 시작한다. 수정은 일어났지만 아기가 태어나기까지는 아직 갈 길이 멀다.

임신의 시작은 언제일까??

수정란이 부드러운 자궁 점막에 파묻히는 데 성공하기 전에는 임신의 시작이라고 할 수 없다. 이 시점에서는 새로운 생명이 잠재적으로 잉태된 상태이다.

불임증의 해결책

불임(infertility)의 문제는 남성과 여성 모두에서 흔하며 부부 여섯 쌍 중 한 쌍 정도가 불임을 호소한다. 여성에서 불임의 원인은 배란이 잘 안 되거나, 자궁관이 막혔거나, 난자가 너무 오래된 경우이다. 이에 비해 남성은 정자 수가 너무 적거나, 정자의 운동이 너무 약할 때 불임이 잘 생긴다. 하지만 치료 방법은 많이 있다. 그중 하나는 시험관내수정(in vitro fertilization)으로 난자와 정자를 모아 이들을 '시험관'에서 인위적으로 수정이 일어나게 하는 방법이다. 이렇게 얻은 수정란을 조금 자라게 한 다음 자궁에 착상시켜 계속 성장시킨다. 더 진보된 시술 방법은 세포질내 정자주입(intracytoplasmic sperm injection)으로 정자의 핵을 난자에 직접 주입하는 것이다.

정자   난자

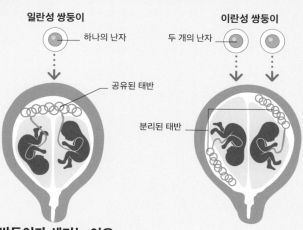

일란성 쌍둥이 — 하나의 난자

이란성 쌍둥이 — 두 개의 난자

공유된 태반

분리된 태반

쌍둥이가 생기는 이유

배란될 때 두 개의 난자가 나와 둘 다 수정되면 이란성 쌍둥이가 태어난다. 이란성 쌍둥이(non-identical twin)는 성별이 같을 수도 있고 다를 수도 있으며 각자의 태반을 지니게 된다. 하나의 수정란이 세포분열의 초기 단계에 나뉘어 각각의 배아가 계속 성장하면 일란성 쌍둥이(identical twin)가 태어나는데, 이 경우 각각 자신의 태반을 가지게 된다. 수정란이 나중에 나뉘면 태반을 공유하는 일란성 쌍둥이가 태어날 수 있다.

세대를 건너가는 유전 형질

우리는 모두 유일무이한 존재지만 각자 가족이 공유한 친숙한 특징을 얼마 정도는 갖고 있을 것이다. 이런 형질은 엄마의 난자와 아빠의 정자가 운반하는 유전자(gene)에 의해 세대를 건너 물려져 내려온다.

유전 형질

유전자에는 우리 몸이 갖게 될 형태에 대한 정보가 저장되어 있다(23쪽 참조). 염색체(chromosome)라는 구조에 의해 이런 유전자들이 운반된다(16쪽 참조. 아빠로부터 받은 정자와 엄마로부터 받은 난자 각각에는 무작위로 선택된 아빠와 엄마의 유전자들이 있다. 수정될 때 두 세포가 합쳐지면 두 쪽의 유전자도 하나가 되어 세포가 유일무이한 청사진대로 내가 '나'로 생겨난다. 만약 형제나 자매가 있다면 내가 물려받은 유전자와 비슷한 유전자 조합을 그들도 물려받을 수 있으므로 일을 생김새나 신체 형태에서 서로 닮은 부분이 있을 것이며, 비슷한 성격을 갖게 될 수도 있다. 반대로 형제자매라도 같은 유전자가 거의 없으면 이웃처럼 보여서 가족으로 생각되지 않을 수도 있다.

발현 가능한 형질

엄마와 아빠의 유전자라면 어느 것이라도 자녀에게 전달되어 그들의 신체 특징이나 성격을 나타내는 네 기여할 가능성이 있다. 아래에 설명한 예는 서로 다른 세 가지 특징이 유전을 통해 전달될 수 있는 가능한 경우를 설명한 것이다. 세 가지 특징 중 아빠의 뾰족한 앞머리와 주근깨, 엄마의 매부리코이다.

세포핵의 염색체는 유전자를 운반한다

아빠의 주근깨 유전자는 첫째 아이에게 전달되지 않는다

엄마의 매부리코 유전자

엄마가 둘째에게 물려준 다른 유전자

아빠의 뾰족한 앞머리 유전자가 첫째 아이에게 전달된다

선택된 형질

유전자의 조합은 정자와 난자마다 다르다. 이 경우는 첫 임신에서 아빠의 뾰족한 앞머리 유전자를 가진 정자가 엄마의 매부리코 유전자를 가진 난자와 만나 수정된 경우이다. 그러나 아빠의 주근깨 유전자는 첫째 아이를 이룬 난자나 수정된 정자에는 없었고 둘째 아이를 이룬 난자와 수정된 정자에 있었다.

뾰족한 앞머리
주근깨

아빠

엄마

매부리코

정자

난자

난자

정자

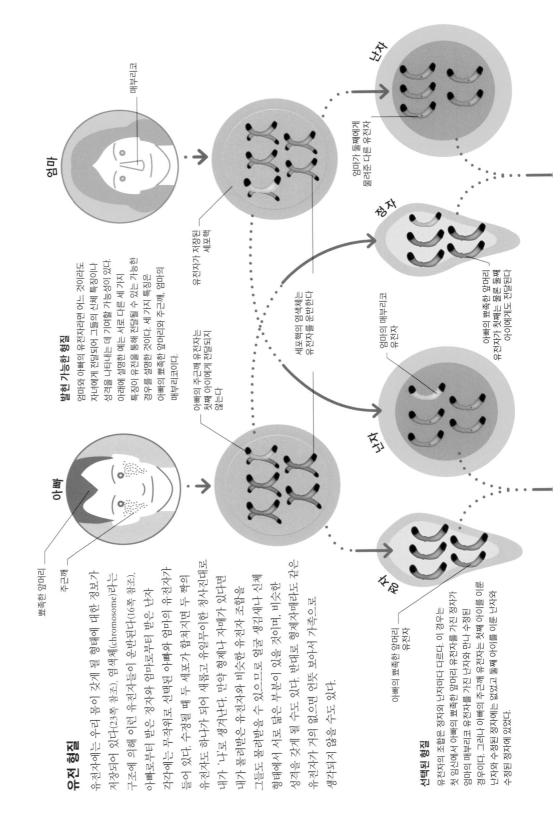

엄마 아빠 모두에게서 받은 형질

첫째 아이를 이룬 난자와 정자를 통해 엄마 아빠의 뾰족한 앞머리 유전자와 엄마의 매부리코 유전자가 첫째 아이에게 물려졌다. 그러므로 첫째 아이는 엄마 아빠의 특징을 모두 갖게 되었다. 이 아빠의 주근깨 유전자도 물려주긴 했지만 그것은 단지 우성일 뿐이다.

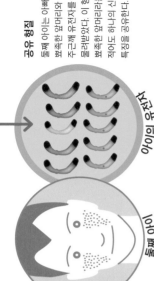

첫째 아이

아이의 유전자

공유 형질

둘째 아이는 아빠의 뾰족한 앞머리와 주근깨 유전자를 모두 물려받았다. 이 형제는 뾰족한 앞머리라는 적어도 하나의 신체적 특징을 공유한다.

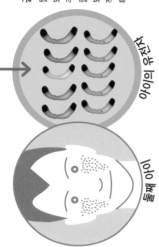

둘째 아이

아이의 유전자

우성형질과 열성형질

형질(trait)은 우성(dominant) 또는 열성(recessive)의 형태로 유전된다. 한 형질의 우성유전자와 열성유전자를 맞섬유전자(allele)라고 하며 염색체에서 같은 자리에 놓여 있다.

우성맞섬유전자가 존재하는 경우는 대개 그대로 발현되지만, 열성유전자는 우성유전자가 없는 경우에만 나타난다. 만약 맞섬 유전자 둘이 떨어져 있는 사람이라면, 우성맞섬유전자를 적어도 하나는 갖고 있다. 열성유전자는 한 쌍이 모두 있어야만 열성 형질이 나타난다. 따라서 붙은 귓불은 보기 드물다.

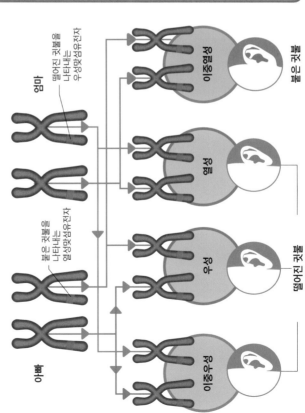

아빠

엄마

붙은 귓불을 나타내는 열성맞섬유전자

떨어진 귓불을 나타내는 우성맞섬유전자

이중우성

우성

열성

이중열성

떨어진 귓불

붙은 귓불

성별과 관련된 유전

엄마의 X염색체에 색약(vision deficiency)의 열성유전자가 있어도 엄마가 가진 또 하나의 X염색체의 정상 유전자로 인해 효과가 발현되지 않아서 엄마는 정상 시각을 갖게 된다. 열성유전자를 물려받은 딸은 보인자(carrier)가 되며 다른 X염색체의 유전자에 의해 효과가 가려져서 나타나지 않는다. 그러나 남자는 X염색체가 하나뿐이므로 아들에게는 유전자의 특성이 그대로 나타나 시각에 이상이 나타난다.

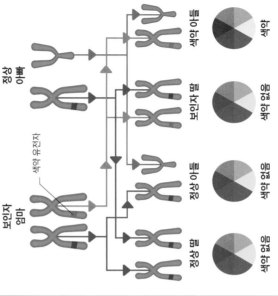

보인자
엄마

정상
아빠

색약 유전자

정상 딸

정상 아들

보인자 딸

색약 아들

음영 색약 없음

음영 색약 있음

음영 색약 없음

색약

자라나는 생명

새로운 생명의 발생은 수정된 난자가 세포분열을 통해 9개월 만에 완전히 자란 아기로 변하는 과정에서 보듯 말 그대로 기적이다. 엄마와 아기를 이어주는 태반(placenta)은 성장하는 태아가 필요로 하는 모든 것을 공급하는 특수한 기관(organ)이다.

세포에서 기관으로

처음 8주 동안의 아기를 배아(embryo)라고 한다. 유전자의 활동 여부에 따라 세포가 어떻게 발생될지가 결정된다. 배아의 바깥층을 이루는 세포는 뇌(brain), 신경(nerve), 피부(skin)를 이루는 세포가 된다. 배아의 속층은 창자 (intestine)와 같은 기관이 되며 바깥과 안을 연결하는 세포들은 근육(muscle), 뼈(bone), 혈관, 생식기관으로 발달한다. 이들 주요 구조의 형태가 일단 갖춰지면 아기는 태어날 때까지 태아(fetus)라는 이름을 갖는다.

4주 배아
척추(spine), 눈, 팔다리, 기관이 형성되기 시작한다. 배아는 길이가 5밀리미터에 무게는 1그램 정도이다.

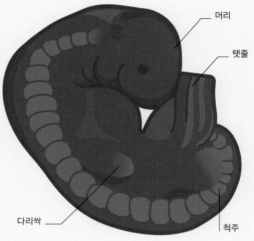

머리

탯줄

다리싹

척주

첫 심박동
심장의 성장은 6주 안에 거의 다 끝나며, 네 개의 심방과 심실이 1분에 114회 정도로 빠르게 뛴다. 이 심장 박동은 초음파 검사로 관찰할 수 있다.

소변의 배출
소변은 30분마다 콩팥에서 양수(amniotic fluid)로 배출된다. 양수로 배출된 소변은 태아가 양수를 삼킬 때 함께 삼켜지나 태아에게는 무해하다. 태아의 소변은 결국 태반을 통해 엄마에게 흡수되어 엄마의 소변을 통해 배출된다.

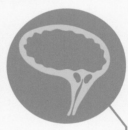

조그만 팔다리
팔싹(upper limb bud)은 팔로 발달하고 다리싹(lower limb bud)은 다리로 발달한다. 손가락과 발가락은 합쳐져 있다가 갈라진다.

허파의 형성
이 즈음에 두 개의 허파(lung)가 생겨나기 시작한다. 허파는 아기가 태어날 준비를 다 마치기 전까지는 아직 공기를 호흡할 준비가 되어 있지 않다.

태아 발달
모든 태아는 자신의 고유한 발달 속도가 있으며 주요 사건이 일어나는 시기도 모두 같지 않은 편이다.

임신 일정표

1 개월

2 개월

3 개월

4 개월

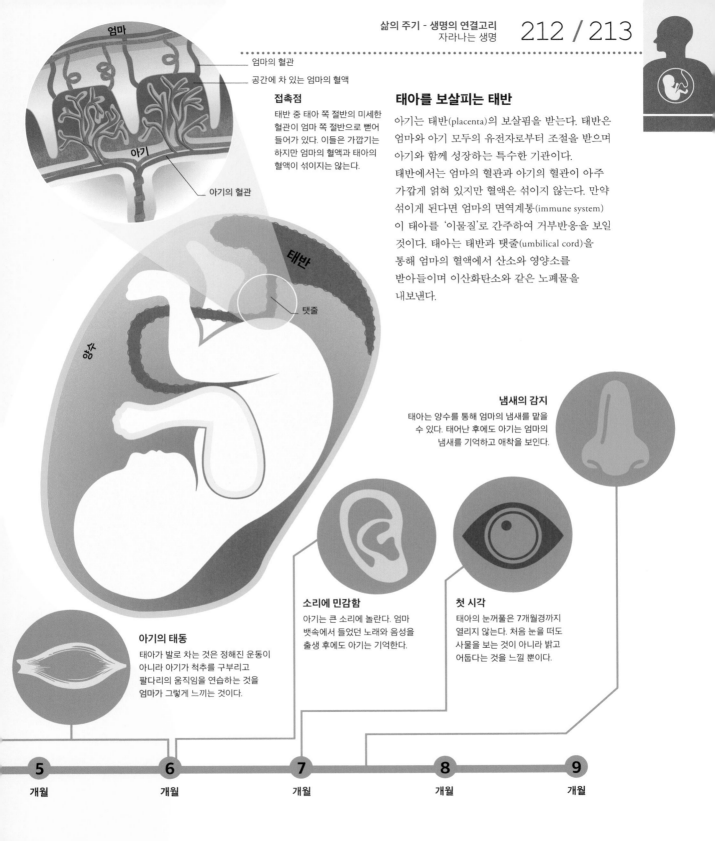

엄마

엄마의 혈관

공간에 차 있는 엄마의 혈액

아기

접촉점

태반 중 태아 쪽 절반의 미세한 혈관이 엄마 쪽 절반으로 뻗어 들어가 있다. 이들은 가깝기는 하지만 엄마의 혈액과 태아의 혈액이 섞이지는 않는다.

아기의 혈관

태아를 보살피는 태반

아기는 태반(placenta)의 보살핌을 받는다. 태반은 엄마와 아기 모두의 유전자로부터 조절을 받으며 아기와 함께 성장하는 특수한 기관이다.
태반에서는 엄마의 혈관과 아기의 혈관이 아주 가깝게 얽혀 있지만 혈액은 섞이지 않는다. 만약 섞이게 된다면 엄마의 면역계통(immune system)이 태아를 '이물질'로 간주하여 거부반응을 보일 것이다. 태아는 태반과 탯줄(umbilical cord)을 통해 엄마의 혈액에서 산소와 영양소를 받아들이며 이산화탄소와 같은 노폐물을 내보낸다.

양수

태반

탯줄

냄새의 감지

태아는 양수를 통해 엄마의 냄새를 맡을 수 있다. 태어난 후에도 아기는 엄마의 냄새를 기억하고 애착을 보인다.

소리에 민감함

아기는 큰 소리에 놀란다. 엄마 뱃속에서 들었던 노래와 음성을 출생 후에도 아기는 기억한다.

첫 시각

태아의 눈꺼풀은 7개월경까지 열리지 않는다. 처음 눈을 떠도 사물을 보는 것이 아니라 밝고 어둡다는 것을 느낄 뿐이다.

아기의 태동

태아가 발로 차는 것은 정해진 운동이 아니라 아기가 척추를 구부리고 팔다리의 움직임을 연습하는 것을 엄마가 그렇게 느끼는 것이다.

5	6	7	8	9
개월	개월	개월	개월	개월

엄마 몸의 변화

엄마의 뱃속에서 아기가 자라는 것은 경이롭고 신비스럽지만 또한 많은 것이 요구되기도 한다. 임신한 산모의 몸에는 엄청난 변화와 함께 양보해야 하는 것들도 생긴다.

임신으로 인한 변화

임신(pregnancy)은 신체적 및 정서적 변화가 크게 일어나는 때이다. 이런 변화가 일어나는 것은 산모가 임신에 필요한 여러 가지를 준비해야 하기 때문이다. 엄마의 몸은 자기 자신의 필요를 채울 뿐만 아니라 자라나는 아기가 필요로 하는 산소, 단백질, 에너지, 체액, 비타민, 무기질을 공급해야만 한다. 또한 아기의 노폐물을 흡수하여 자신의 노폐물과 함께 처리하여야 한다. 엄마의 기관(organ)은 엄마 자신과 아기 두 사람의 필요를 모두 충족시켜야 하므로 엄마는 쉽게 피로를 느낀다. 그런데도 불구하고 임신의 경이로운 점이로운 변화는 신체의 적응력을 보여 주는 놀라운 사례이다.

뇌에 영양 공급

엄마와 바는 아기의 뇌가 필요로 하는 지방산(fatty acid)을 공급하기 위해 지방산을 재활용한다. 지방산의 결핍은 임신 말기가 될수록 많은 산모들이 경험하는 명확하지 않고 다소 혼란스러운 사고를 유발하는 원인이 될 수 있다. 산모의 식단에 충분한 지방산을 공급함으로써 이 문제를 해결할 수 있다.

젖가슴의 확대

에스트로젠(estrogen) 호르몬의 양이 늘어남에 따라 젖샘(breast)과 젖꼭지(nipple)가 더욱 발달한다. 또 다른 호르몬인 프로게스테론(progesterone)의 영향을 받으면 젖샘은 더욱 성숙한다. 임신 말기가 되면 젖샘에서 모유 비슷한 액체가 조금씩 흘러나오기 시작한다.

호흡과 맥박의 빈도 상승

혈액이 3분의 1 정도 더 늘어나므로 심장은 더 열심히 뛰어야 한다. 엄마의 맥박은 빨라지지만 정맥이 확장하므로 혈압은 내려가는 것이 정상이다. 태아가 필요로 하는 산소를 더 흡입해야 하므로 호흡도 조금 가빠진다.

별난 음식을 애타게 찾는 것은 왜일까?

음식물에 대한 강한 욕구는 임신에서 나타나는 가장 특이한 현상이다. 영양소가 결핍되는 경우에 이런 증상이 나타날 수 있다. 산모의 몸이나 아기가 어떤 영양소를 애타게 찾으면 피클과 아이스크림처럼 어울리지 않는 음식 조합에 대한 욕구로 나타나기까지 한다. 흙이나 석탄처럼 먹지 못할 것을 찾는 현상도 드물지만 간혹 일어난다.

뇌

척주

허파

가로막(횡격막)

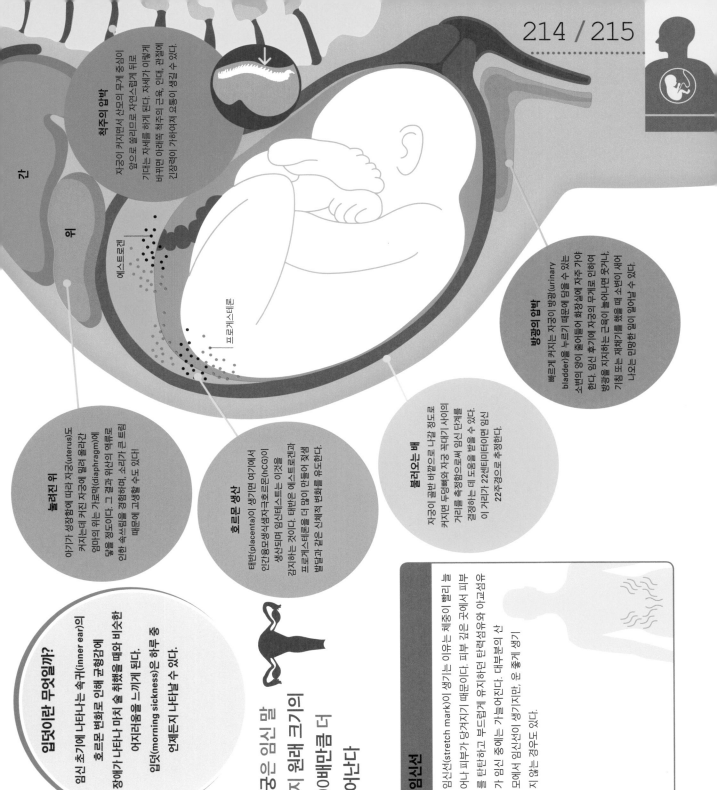

척추의 압박

자궁이 커지면서 신장으로 무게 중심이 앞으로 쏠리므로 자연스럽게 뒤로 기대는 자세를 하게 된다. 자세가 이렇게 바뀌면 아래쪽 척추의 근육, 인대, 관절에 긴장력이 가하져 요통이 생길 수 있다.

에스트로겐

프로게스테론

간

위

놀려진 위

아기가 성장함에 따라 자궁(uterus)도 커지는데 커진 자궁에 밀려 올라간 엄마의 위는 가로막(diaphragm)에 닿을 정도이다. 그 결과 위산의 역류로 인한 속쓰림을 경험하며, 소리가 큰 트림 때문에 고생할 수도 있다.

호르몬 생산

태반(placenta)이 생기면 여기에서 인간융모생식샘자극호르몬(hCG)이 생산되며 임신테스트는 이것을 감지하는 것이다. 태반은 에스트로겐과 프로게스테론을 더 많이 만들어 젖샘 발달과 같은 신체적 변화를 유도한다.

방광의 압박

빠르게 커지는 자궁이 방광에 담을 수 있는 소변의 양이 줄어들어 화장실에 자주 가야 한다. 임신 후기에 자궁의 무게로 인하여 방광을 지지하는 근육이 늘어나면 웃거나, 기침 또는 재채기를 했을 때 소변이 새어 나오는 민망한 일이 일어날 수 있다.

불러오는 배

자궁이 골반 바깥으로 나갈 정도로 커지면 두덩뼈와 자궁 꼭대기 사이의 거리를 측정함으로써 임신 단계를 결정하는 데 도움을 받을 수 있다. 이 거리가 22센티미터이면 임신 22주경으로 추정한다.

입덧이란 무엇일까?

임신 초기에 나타나는 속귀(inner ear)의 호르몬 변화로 인해 균형감에 장애가 나타나 마치 술 취했을 때와 비슷한 어지러움을 느끼게 된다.

입덧(morning sickness)은 하루 중 언제든지 나타날 수 있다.

자궁은 임신 말까지 원래 크기의 500배만큼 더 늘어난다

임신선

임신선(stretch mark)이 생기는 이유는 체중이 빨리 늘어나 피부가 당겨지기 때문이다. 피부 깊은 곳에서 피부를 탄탄하고 부드럽게 유지하던 탄력섬유와 아교섬유가 임신 중에는 가늘어진다. 대부분의 산모에서 임신선이 생기지만, 운 좋게 생기지 않는 경우도 있다.

출생의 놀라움

새로운 삶이 태어나는 것은 놀랍고 흥미진진한 경험이다. 9개월의 임신 기간 동안 엄마와 아기는
분만을 준비해 왔다. 분만(labor)은 짧게는 30분에서 길게는 며칠에 걸쳐 이루어질 수 있다.

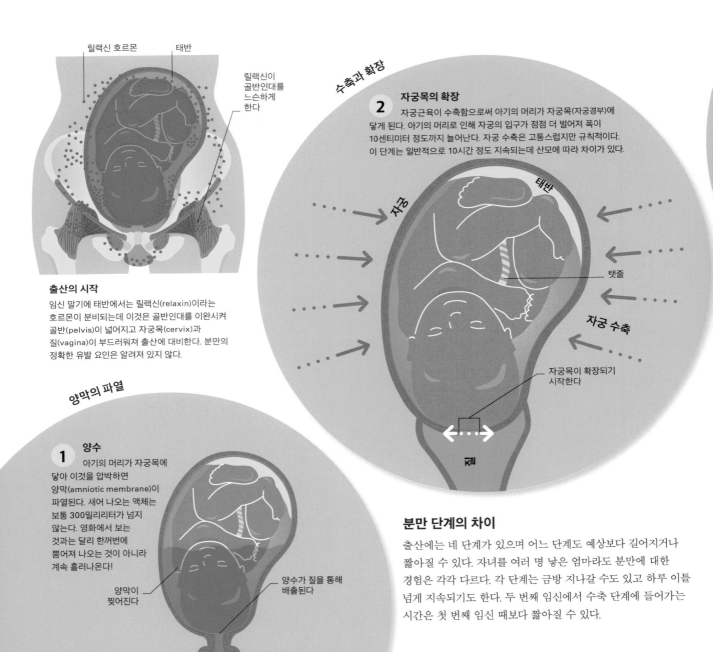

릴랙신 호르몬 태반

릴랙신이
골반인대를
느슨하게
한다

출산의 시작
임신 말기에 태반에서는 릴랙신(relaxin)이라는
호르몬이 분비되는데 이것은 골반인대를 이완시켜
골반(pelvis)이 넓어지고 자궁목(cervix)과
질(vagina)이 부드러워져 출산에 대비한다. 분만의
정확한 유발 요인은 알려져 있지 않다.

수축과 확장

2 **자궁목의 확장**
자궁근육이 수축함으로써 아기의 머리가 자궁목(자궁경부)에
닿게 된다. 아기의 머리로 인해 자궁의 입구가 점점 더 벌어져 폭이
10센티미터 정도까지 늘어난다. 자궁 수축은 고통스럽지만 규칙적이다.
이 단계는 일반적으로 10시간 정도 지속되는데 산모에 따라 차이가 있다.

태반

자궁

탯줄

자궁 수축

자궁목이 확장되기
시작한다

질

양막의 파열

1 **양수**
아기의 머리가 자궁목에
닿아 이것을 압박하면
양막(amniotic membrane)이
파열된다. 새어 나오는 액체는
보통 300밀리리터가 넘지
않는다. 영화에서 보는
것과는 달리 한꺼번에
뿜어져 나오는 것이 아니라
계속 흘러나온다!

양막이
찢어진다

양수가 질을 통해
배출된다

질

분만 단계의 차이
출산에는 네 단계가 있으며 어느 단계도 예상보다 길어지거나
짧아질 수 있다. 자녀를 여러 명 낳은 엄마라도 분만에 대한
경험은 각각 다르다. 각 단계는 금방 지나갈 수도 있고 하루 이틀
넘게 지속되기도 한다. 두 번째 임신에서 수축 단계에 들어가는
시간은 첫 번째 임신 때보다 짧아질 수 있다.

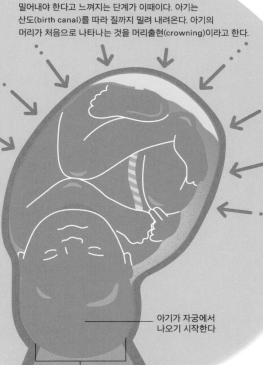

머리출현

3 밀어낼 시점

수축은 멈추었다가 더 강해지는데 산모가 밀어내야 한다고 느껴지는 단계가 이때이다. 아기는 산도(birth canal)를 따라 질까지 밀려 내려온다. 아기의 머리가 처음으로 나타나는 것을 머리출현(crowning)이라고 한다.

아기가 자궁에서 나오기 시작한다

완전히 벌어진 자궁목

만석의 아기

임신은 변이가 심하다. 임신 초기에 계산했던 출산예정일에 태어나는 아기는 20명 중 1명뿐이다. 의사들은 단독 출산의 경우 40주에 2주를 더하거나 뺀 것을 만삭(full term)이라고 한다. 마찬가지로 쌍둥이는 37주, 세쌍둥이는 34주이면 만삭이라는 것이 의사들의 기준이다. 쌍둥이와 세쌍둥이는 발달이 완성되기 전에 일찍 태어나므로 의학적인 관심이 더 필요하다.

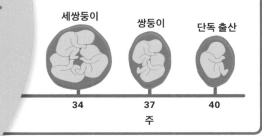

세쌍둥이   쌍둥이   단독 출산

34   37   40
주

출생 후에 일어나는 일

아기는 태어나면 첫 숨을 쉬게 된다. 이 순간부터 아기의 순환계통과 호흡계통이 엄마를 떠나 처음으로 독립적으로 기능하기 시작한다. 스스로 허파에서 산소를 얻기 위해 혈류의 경로가 즉시 교체된다. 심장으로 들어가는 혈액의 압력으로 인해 심장에 있는 구멍이 막히면 정상적인 순환이 완성된다.

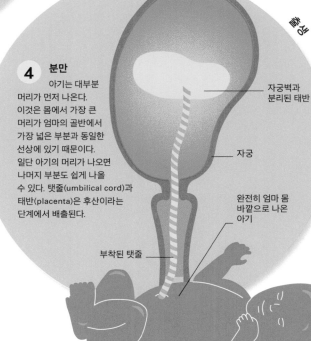

4 분만

아기는 대부분 머리가 먼저 나온다. 이것은 몸에서 가장 큰 머리가 엄마의 골반에서 가장 넓은 부분과 동일한 선상에 있기 때문이다. 일단 아기의 머리가 나오면 나머지 부분도 쉽게 나올 수 있다. 탯줄(umbilical cord)과 태반(placenta)은 후산이라는 단계에서 배출된다.

자궁벽과 분리된 태반

자궁

완전히 엄마 몸 바깥으로 나온 아기

부착된 탯줄

엄마의 태반에서 혈액을 모아 저장해 두었다가 아기의 줄기세포 치료에 사용할 수 있다

생존을 위해 갖추어진 것

우리는 우리의 성장과 발달에 알맞게 갖추어진 신체의 특징을 갖고 태어난다. 신생아의 머리뼈 사이에는 말랑말랑한 섬유조직으로 채워진 틈이 있어 뇌가 커질 때 머리도 함께 확장될 수 있다. 아기는 태어난 첫 해에 빠른 성장을 보이며 출생 시 몸무게의 세 배가 된다.

아기의 반사

아기는 70가지의 생존반사를 갖고 태어난다. 손가락을 아기의 볼에 대면 아기는 손가락이 있는 쪽으로 머리를 돌리고 입을 벌린다. 이것은 먹이찾기반사(rooting reflex)이며 배고픈 아기가 엄마의 젖꼭지를 찾을 때 도움이 된다. 수유가 규칙적으로 이루어지면 이 반사는 점점 사라진다. 잡기반사(grasp reflex)는 넘어질 때 중심을 잡도록 도와주며 아기를 엎드리게 하면 기는반사(crawling reflex)를 시작한다. 이들 두 반사는 시간이 더 지나야 사라진다.

1개월

1 미소의 출현

생후 1년 안에 아기는 듣고 보며, 사람, 사물, 장소를 알아보기 시작한다. 아기는 보통 4~6주 경에 처음으로 미소를 짓는다.

3개월

2 뒤집기 시도

3개월 무렵 아기는 머리를 가누고, 차고 꼼지락거리며, 누워 있다가 엎드린 자세로 뒤집기를 시도한다.

6개월

3 옹알이 시작

아기는 옹알이로 말을 시작한다. 소리를 흉내내기 시작하며 '응', '아니' 같은 단순한 언어로 반응한다.

9개월

4 일어나 앉기

아기는 9개월 무렵 일어나 앉으며 발을 끌면서 걷거나 기어간다. 운동 기능이 발달함에 따라 끊임없이 움직인다.

발달의 이정표

태어난 첫 해의 아기에서는 주위 세계를 탐험하는 데 도움이 될 기술이 발달한다. 첫 미소나 첫 걸음마와 같은 발달의 이정표 덕분에 아기의 발달은 누가 보더라도 뚜렷하다.

10개월

5 일어서려는 자신감

걷기 시작하는 것은 대부분 10개월에서 18개월 사이이다. 첫 걸음마는 무언가를 잡고 시작하는 것이 보통이다.

12개월

6 스스로를 인지

12개월까지 자기 이름을 알아듣고 18개월까지 자기 자신의 모습을 알아보기 시작한다.

신생아 뇌의 크기는
성인 뇌의 약 1/4이다

집중된 감각

신생아는 반경 25센티미터 안에 있는 물체에 주목하며
모양과 무늬가 다른 것을 구별할 수 있다. 아기들은 자궁
안에서부터 엄마의 목소리에 익숙해지며, 엄마의 심장박동
같은 부드럽고 리듬있는 소리를 듣고 안정감을 느낀다.
아기는 엄마의 냄새를 알아차릴 수 있다.

3일
아기는 처음에 흑백
이미지만을 볼 수 있다.
특별히 흥미로운 얼굴을
아기는 잘 찾아낸다.

1개월
1개월 정도 되면 정상적인
색각(색채시각)과
두눈보기(양안시각)가
발달하기 시작한다.

6개월
6개월이 되면 아기는
뛰어난 시력을 갖게 된다.
이제는 사람의 얼굴을
구별할 수도 있다.

모유 수유를 하면
치아가 건강해진다

모유 수유의 중요성

모유는 자라나는 신생아에게 아주 중요한 음식이다. 모유는
영양소가 매우 풍부하여 생후 4~6개월까지 아기가 필요로
하는 모든 에너지, 단백질, 지방, 비타민, 무기질, 액체를
제공할 수 있다. 모유는 또한 이로운 세균을 공급하고,
질병으로부터 보호하는 항체(antibody)와 백혈구를
운반하며, 뇌와 눈의 발달에 꼭 필요한 필수지방산
(essential fatty acid)의 원천이 된다. 모유 수유의
장점은 여러 가지이며 아기의 모든 뼈와 조직,
그리고 대부분의 기관들에 영향을 준다.

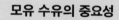

모유 수유를 하면 호흡기관의
문제가 줄어든다

모유 수유한 아기는
심박동이 느리다

6개월간 모유 수유한 아기는
음식알레르기(food allergy)를
잘 나타내지 않는다

모유 수유를 하면
소아관절염(juvenile
arthritis)의 발생 빈도가
낮아진다

남을 이해하기

1세에서 5세까지의 아동은 대부분 다른 사람도 각자의 마음과 관점을 가지고 있음을 이해하는 데까지 발전한다. 이것을 '마음이론(theory of mind)'이라고 한다. 모두가 자신만의 생각과 느낌을 가지고 있음을 아동이 깨닫게 되면, 차례를 지키게 되고, 장난감을 공유하며, 감정을 이해하고, 일상적인 생활에서의 역할을 모방하는 소꿉놀이를 즐기게 된다.

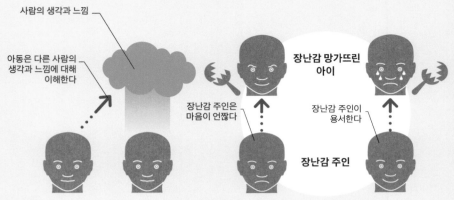

사람의 생각과 느낌

아동은 다른 사람의 생각과 느낌에 대해 이해한다

장난감 망가뜨린 아이

장난감 주인은 마음이 언짢다

장난감 주인이 용서한다

장난감 주인

남을 이해하기
마음이론을 아는 아동은 어떤 상황에서 다른 사람들이 어떻게 느낄지 예측할 수 있으며, 다른 누군가의 행동 뒤에 숨은 의도를 이해할 수 있고, 어떻게 반응할지를 결정할 수 있다.

분개
친구가 일부러 장난감을 망가뜨렸음을 알게 되면 아동은 그의 악의를 깨닫고 마음이 언짢아진다.

용서
장난감 망가진 것이 사고였다는 것을 알게 되면, 아동은 친구가 미안해하는 것을 이해하고 우정은 지속된다.

지속적인 성장

아동기는 신체와 정서가 빠르게 성장하는 시기이다. 성인에게 있어 사회성 기술(social skill)은 큰 도움이 되므로 아동은 자기 자신과 서로를 이해하고 자기 영역을 설정하며 사회적 유대감을 형성하는 법을 배우기 위해 동갑내기 아이들과 시간을 보내야 한다. 꾸준한 신체 성장과 함께 언어, 정서, 행동 규칙 등도 발달한다. 뇌에는 신경세포의 새로운 연결이 생겨 정신이 발달하는 밑바탕을 이룬다.

소아기의 발달
자라나면서 신체가 성인의 비율에 점점 가까워진다. 5세에서 8세 사이에는 성장이 조금 느려진다.

마음이론   첫 친구   규칙 이해하기

3세   4세   5세

폭발적 성장

아동기에 우리는 호기심과 에너지가 왕성하다. 아동기에서 사춘기(puberty)까지의 중요한 시기에 우리는 언어를 습득하고, 다른 사람들도 그들 자신의 마음을 가지고 있음을 이해하며, 다른 사람의 감정에 대해 알게 되고, 적극적으로 주위의 환경을 탐험하기 시작한다.

2세에서 10세 어린이는 매 시간마다 약 24개의 질문을 한다

친구 관계 형성

많은 아동은 4세가 지나면서 관심거리와 활동 범위가 비슷한 다른 아이들과 어울리면서 우정을 쌓는다. 이제는 미래에 대해 생각할 수 있으며 우정의 가치를 이해하고 그들만의 비밀을 공유하기도 한다.

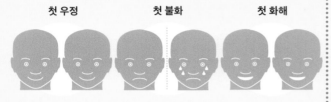

첫 우정　　　　**첫 불화**　　　　**첫 화해**

생애 첫 화해

마음이론을 이해하게 되면 우정을 지속하는 데 도움이 된다. 친구와 갈등이 생기면 아동은 갈등을 해소하기 위해 무엇이 친구를 기분 나쁘게 만들었는지 반성함으로써 화해할 수 있다.

규칙 이해하기

규칙을 지켜야 하는 게임은 5세 이상의 아동들로 하여금 규칙을 따르면서 이기려는 욕구를 조절하고 속임수나 좋지 않은 행동을 억제하도록 유도한다. 이것은 옳고 그른 것을 판별하고 사회 생활이 이루어지는 방식을 이해하는 데 도움이 된다.

규칙을 지키는 행동은 보상으로 이어진다

규칙을 어김

규칙을 준수

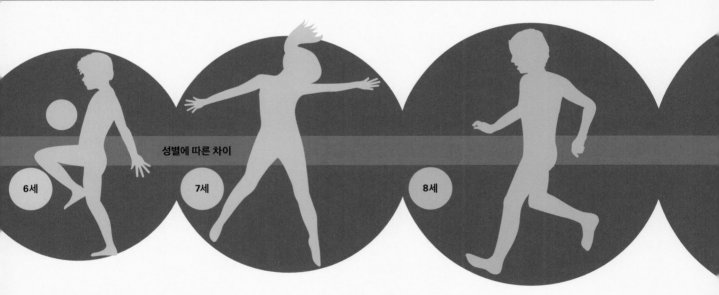

성별에 따른 차이

6세　　　7세　　　8세

친구와의 우정

남자아이와 여자아이가 갖는 친구 관계는 7세가 되면서 달라지며 자신들만의 계층구조(hierarchy)를 이룬다. 남자아이는 리더, 아주 가깝게 지내는 절친한 친구들, 조금 거리가 있는 추종자 등이 포함된 큰 무리의 친구들을 사귀는 경향이 있다. 이와는 달리 여자아이는 동등한 위치의 한두 명의 친구를 사귀는 것이 일반적이다. 인기가 가장 많은 여자아이는 '가장 친한' 친구가 되어 모두가 가까이 하고 싶어 한다.

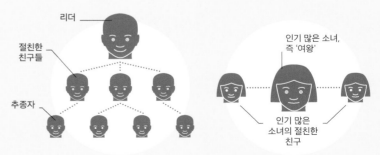

리더

절친한 친구들

추종자

인기 많은 소녀, 즉 '여왕'

인기 많은 소녀의 절친한 친구

남자아이의 친구 관계　　　**여자아이의 친구 관계**

호르몬과 성대

사춘기는 아동기에서 성인기로 이어지는 시기로, 생식기가 성숙하여 생식이 가능해지는 때이다. 호르몬이 오르내리락하여 커다란 정서적 신체적 변화를 겪게 뇌므로 십대들은 어리수하고, 기분의 변화가 심하며, 자의식이 커진다.

뇌하수체

시상하부(hypothalamus)

지방세포

사춘기의 시작

몸무게가 늘고 지방세포에서 만들어지는 호르몬인 렙틴(leptin)이 농도가 어느 수준에 이르면 시상하부에서 생식샘자극호르몬분비호르몬(GnRH)이 분비되어 남녀 모두 급격한 변화가 일어난다.

소녀의 변화

여자아이의 사춘기는 남자아이보다 한 해 정도 더 일찍 일어나며 8~11세에 시작된다. 여자아이의 사춘기는 15~19세 때 완결된다.

젖가슴 성장

젖샘싹(breast bud)이 발달하면서 약간의 통증을 느낄 수 있다. 젖꼭지도 더 두드러진다.

체모

십대의 뇌

뇌도 나름대로 변화를 일으켜 오래된 신경 연결을 정리하고 새로운 연결을 형성하지만 빠르게 성장하는 팔다리와 근육, 신경을 제대로 조정하는 데 어려움을 느낀다. 십대들의 행동이 정상이 아닌 듯 어설프다고 느끼는 이유가 이 때문이다.

소년의 변화

남자아이는 보통 9~12세에 사춘기가 시작된다. 사춘기의 진행은 사람마다 속도 차이가 아주 크며 17세 또는 18세에 완결된다.

굵은 목소리

호르몬으로 인해 후두가 넓어지고 성대(vocal cord)는 길고 두꺼워져 목소리가 굵어진다.

굵어진 음성

넓어진 가슴

흉곽이 자라서 커지고 체모도 날 수 있지만 남자라고 모두 가슴에 털이 나는 것은 아니다.

체모

자궁과 난소

난소(ovary)에서 에스트로겐(estrogen)이 생산되어 사춘기의 변화를 가속화한다

월경의 시작

첫 월경(초경)은 10~16세에 시작되며 평균 12세 정도이다. 배란은 불규칙하며 자궁(uterus)이 자라서 크기가 주먹만 해진다.

질 분비물

질(vagina)은 더 넓어지고 길어지며 투명하거나 하얀 크림같은 분비물이 나오기 시작하는데 이것이 사춘기의 첫 신호이다. 십대의 자연적인 체취도 점점 강해진다.

음모

십대에는 왜 여드름이 날까?

사춘기의 호르몬은 피부의 피부기름샘(피지선)의 활동을 촉진한다. 새롭게 활동하기 시작한 상태에서 기름 분비 속도가 아직 정상이 아니기 때문에 사춘기에는 많은 십대들이 여드름(acne)으로 고생한다.

사람에 따라 다른 성숙

동갈내기보다 덜 성숙했다

12세 소녀들

사춘기가 시작되는 나이는 다 다르기 때문에 동갈내기 중에도 키가 크고 다른 아이보다 더 성숙해 보이는 아이가 있다. 따라서 12세인 세 여자아이들에서는 키와 몸무게에서 아주 두렷한 차이가 나기도 한다. 47킬로그램 남짓한 작은 몸무게가 여자아이의 사춘기 유발하는 열쇠로 생각되므로 여자아이는 남자아이보다 발달이 먼저 일어나는 편이다. 남자아이의 경우는 몸무게가 좀 늘어난 55킬로그램 정도일 때 사춘기가 시작되는 듯하다.

성장이 치솟는 사춘기에는 키가 1년에 9센티미터까지 자랄 수 있다!

음모

고환에서 테스토스테론이 생산되어 사춘기의 변화를 가속화한다

고환에서 정자 생산

첫 사정

음경(penis)과 고환(testis)이 성장하고 정자의 형성이 시작된다. 첫 사정(ejaculation)은 흔히 잠자는 동안 일어나므로 몽정이라고 부른다.

음모

늙는다는 것

노화(aging)는 느리지만 필연적인 과정이다. 우리가 늙는 속도는 유전자, 식생활, 생활 습관, 환경의 상호작용에 좌우된다.

왜 우리는 늙어 갈까?

늙는 이유는 아직 미스터리이다. 우리 몸의 세포는 분열을 통해 재생되지만 그 횟수는 정해진 만큼만 가능하다. 이 분열의 한계는 각 염색체의 끝에 있는 끝분절(telomere)을 이루는 DNA 반복 단위의 길이와 관계가 있다. 염색체(chromosome)는 영문자 X 모양의 구조로 모든 세포핵(nucleus)에 있는 DNA의 집합체이다. 물려받은 끝분절이 길면 세포는 분열을 더 많이 할 수 있고 따라서 더 오래 살 수 있다.

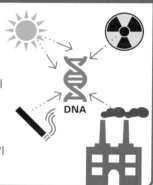

자유라디칼

자유라디칼(free radical)이 유전자를 손상시키면 조로증(premature aging)이 생길 수 있다. 햇빛, 흡연, 방사선, 공해 등에 의해 형성되는 이 분자 조각은 우리 DNA에 손상을 준다. 식사할 때 채소나 과일을 먹음으로써 항산화제를 섭취하면 자유라디칼을 중화하는 데 도움이 되며 따라서 장수할 기회도 늘어난다.

DNA

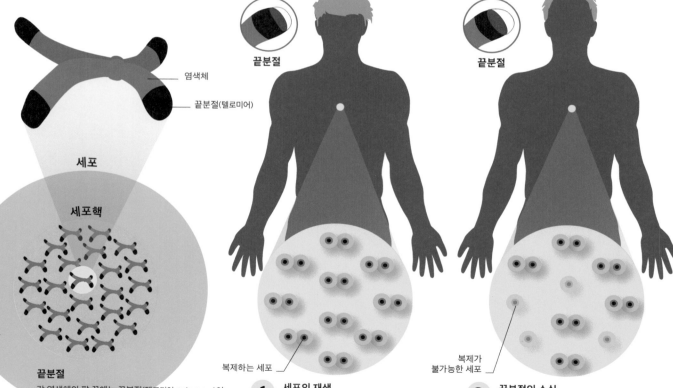

염색체

끝분절(텔로미어)

세포

세포핵

끝분절

끝분절

끝분절

복제하는 세포

복제가 불가능한 세포

끝분절
각 염색체의 팔 끝에는 끝분절(텔로미어, telomere)이 있는데 이것은 DNA가 반복되는 구조이다. 세포분열이 일어날 때 이 끝분절에는 효소(enzyme)가 부착된다. 이 효소에 의해 세포분열에서 일어나는 화학 반응이 빨라진다.

1 세포의 재생
효소는 끝분절에 단단히 부착되어 세포를 복제할 준비를 한다. 효소가 떨어져 나가면서 끝분절의 일부 조각을 가져가므로 분열할 때마다 염색체의 끝분절의 길이가 짧아진다.

2 끝분절의 소실
결국 끝분절은 너무 짧아져 효소가 제대로 부착할 수 없게 된다. 이와 같이 끝분절이 짧은 세포는 더 이상 세포분열을 할 수 없다. 세포마다 끝분절이 줄어드는 속도는 각각 다르다.

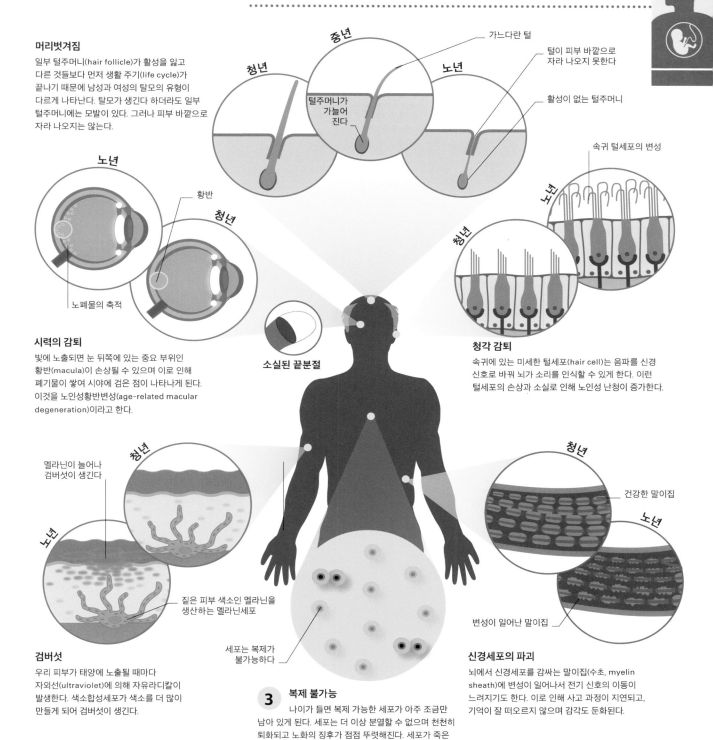

머리벗겨짐

일부 털주머니(hair follicle)가 활성을 잃고 다른 것들보다 먼저 생활 주기(life cycle)가 끝나기 때문에 남성과 여성의 탈모의 유형이 다르게 나타난다. 탈모가 생긴다 하더라도 일부 털주머니에는 모발이 있다. 그러나 피부 바깥으로 자라 나오지는 않는다.

중년
청년
노년

가느다란 털

털이 피부 바깥으로 자라 나오지 못한다

털주머니가 가늘어 진다

활성이 없는 털주머니

속귀 털세포의 변성

노년

황반

청년

노폐물의 축적

시력의 감퇴

빛에 노출되면 눈 뒤쪽에 있는 중요 부위인 황반(macula)이 손상될 수 있으며 이로 인해 폐기물이 쌓여 시야에 검은 점이 나타나게 된다. 이것을 노인성황반변성(age-related macular degeneration)이라고 한다.

소실된 끝분절

청각 감퇴

속귀에 있는 미세한 털세포(hair cell)는 음파를 신경 신호로 바꿔 뇌가 소리를 인식할 수 있게 한다. 이런 털세포의 손상과 소실로 인해 노인성 난청이 증가한다.

청년

멜라닌이 늘어나 검버섯이 생긴다

노년

짙은 피부 색소인 멜라닌을 생산하는 멜라닌세포

청년

건강한 말이집

노년

변성이 일어난 말이집

검버섯

우리 피부가 태양에 노출될 때마다 자외선(ultraviolet)에 의해 자유라디칼이 발생한다. 색소합성세포가 색소를 더 많이 만들게 되어 검버섯이 생긴다.

세포는 복제가 불가능하다

3 복제 불가능

나이가 들면 복제 가능한 세포가 아주 조금만 남아 있게 된다. 세포는 더 이상 분열할 수 없으며 천천히 퇴화되고 노화의 징후가 점점 뚜렷해진다. 세포가 죽은 자리는 흉터조직이나 지방으로 대체된다.

신경세포의 파괴

뇌에서 신경세포를 감싸는 말이집(수초, myelin sheath)에 변성이 일어나서 전기 신호의 이동이 느려지기도 한다. 이로 인해 사고 과정이 지연되고, 기억이 잘 떠오르지 않으며 감각도 둔화된다.

삶의 종말

죽음은 인간의 생애에서 떼려야 뗄 수 없는 부분이다. 죽음은 세포가 생존하기 위하여 유지하는 모든 생물학적 기능이 멈추는 것이다. 때로 고령 그 자체가 죽음의 원인인 경우가 있지만 질병과 손상이 죽음을 불러 오기도 한다.

주요 사망 원인
여기 열거된 것은 세계보건기구(WHO)가 제공한 2012년 전 세계의 사망 원인이다.

우리를 사망에 이르게 하는 것
사망진단서에 가장 많이 기재되는 사인은 심장질환과 폐질환, 암, 당뇨병 등의 비감염성질환이다. 건강하지 못한 식생활, 운동 부족, 흡연과 관련이 있으나 영양소 결핍도 원인이 될 수 있다.

고혈압 4%
고혈압을 진단과 치료없이 방치하면 노년에 치명적일 수 있다.

설사성 질환 5%
만성 설사에 시달리는 환자는 치명적인 탈수와 영양실조의 위험을 안고 있다.

사람면역결핍 바이러스(HIV) 5%
사람면역결핍바이러스에 의한 사망자는 해가 갈수록 줄어든다.

폐감염 및 호흡기능상실 16%
폐암과 하기도감염을 합한 것이 2012년에 두 번째로 큰 사인이다.

교통사고 5%
2012년에도 교통사고로 인하여 많은 사람이 희생되었다.

심장과 순환기질환 60%
심장마비(heart attack)와 뇌졸중(stroke)은 전 세계적으로 두 가지의 주요 사인이다.

당뇨병 5%
당뇨병 환자는 질병으로 인해 심장병이나 뇌졸중으로 사망할 수 있다.

부유함이 수명에 어떤 영향을 미쳤을까?
고소득 국가에서 사망하는 10명 중 7명은 70세나 그 이상이며 행복한 삶을 충분히 길게 영위했다. 가장 가난한 나라에서는, 아직도 아동 10명 중 한 명은 유아기에 사망한다.

전 세계 인구의 1퍼센트가 매년 사망한다

뇌의 활동

사람의 죽음을 결정하는 한 가지 방법은 뇌의 활동을 검사하는 것이다. 뇌사(brain death)는 뇌파검사(EEG)에서 뇌의 상부 및 하부의 기능이 돌이킬 수 없이 모두 소실되어 자발적인 호흡이나 맥박이 없는 경우이다. '뇌줄기사망'인 사람은 인공의료기의 도움을 받아야만 살아 있을 수 있다.

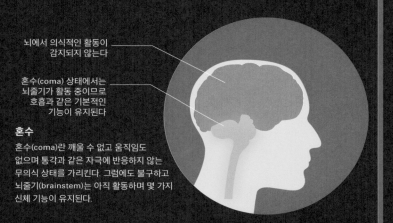

뇌에서 의식적인 활동이 감지되지 않는다

혼수(coma) 상태에서는 뇌줄기가 활동 중이므로 호흡과 같은 기본적인 기능이 유지된다

혼수

혼수(coma)란 깨울 수 없고 움직임도 없으며 통각과 같은 자극에 반응하지 않는 무의식 상태를 가리킨다. 그럼에도 불구하고 뇌줄기(brainstem)는 아직 활동하며 몇 가지 신체 기능이 유지된다.

임사체험

거의 사망 직전까지 갔다가 소생술로 살아난 사람들은 공중 부양, 또는 자신의 몸을 내려다보았거나 터널을 통과하여 밝은 빛을 보는 것 등 비슷한 경험을 했다고 하는 경우가 많다. 임사체험에 대해 일반적인 다른 진술에는 아주 어릴 때의 회상, 생생한 기억, 환희나 평온함과 같은 강한 감정에 압도되는 것 등이 있다. 이런 경험의 원인으로 산소 농도 변화, 뇌에서 화학물질의 빠른 분비, 전기 활동의 급상승이 생각되지만 그 누구도 알 수는 없다.

사후의 인체

심장이 혈액의 펌프질을 멈출 때 신체의 세포는 더 이상 산소를 받지도 못하고 독소를 제거할 수도 없다. 초기의 축 늘어진 상태가 지나면 근육 세포의 화학적 변화와 신체의 냉각으로 인해 시체의 팔다리가 단단히 굳어진다. 이런 현상을 사후경축(rigor mortis)이라 하며 2일 정도 지나면 사라져 원래 상태로 되돌아간다.

사후경축

사후경축은 눈꺼풀에서 시작하여 다른 근육으로 퍼져가며 그 속도는 주위 온도, 나이, 성별, 그밖의 요인에 따라 달라진다.

혈액의 이동
사망 후 몇 시간이 지나면 신체의 가장 낮은 곳에 혈액이 모두 모여 자줏빛을 띠게 된다.

사후경축의 최고점에 도달한다

피부 세포
24시간 후에라도 의학적인 목적으로 피부세포를 채취할 수 있다.

체온이 실온과 같아진다

괴상한 소리
뱃속에 차 있는 가스와 단단해진 근육의 합작품으로 소름돋게 하는 괴상한 소리가 나타나기도 한다.

세균
기관과 조직은 세균에 의해 파괴된다.

100

사후경축이 생긴 부분의 비율(%)

℃
35
30
25
20
15
10
5

체온

1 2 3 4 5 6 7 8 9 10 11 12 13 14 15 16 17 18 19 20 21 22 23 24 시간

정신 기능
- 마음이 중요하다

학습의 기초

우리가 새로운 사실, 능력을 배우거나 자극에 반응할 때, 신경세포 사이에 연결이 형성된다. 하나의 신경세포에서 다른 신경세포로 메시지가 전달되는 것은 신경세포에서 신경전달물질 (neurotransmitter)이 분비되는 화학적인 과정이다. 우리가 배운 것을 더 자주 기억하면 할수록, 신경세포는 더 많은 메시지를 보내고 연결은 더 굳건해진다.

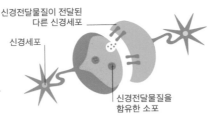

신경전달물질이 전달된 다른 신경세포

신경세포

신경전달물질을 함유한 소포

학습 이전

신경세포가 자극을 처음 보낼 때는 신경전달물질이 적게 분비되며 받아들이는 신경세포에도 아주 적은 양의 수용체만 존재한다.

신경세포의 수용체

학습 이후

신경세포는 신경전달물질을 더 많이 분비하고 받아들이는 신경세포에도 수용체가 더 많이 형성됨으로써 연결이 강화된다.

학습의 종류

우리가 정보를 학습하는 방법은 그 정보가 무엇이며 어떤 방식으로 제시되는 지에 따라 다양하다. 우리의 능력 중에는 기량을 완전히 익힐 수 있는 '결정적 시기'가 있는 것이 있다. 나이가 든 후에 새로운 언어를 배우게 되면, 기본적인 발음을 습득할 결정적 시기를 놓치게 되어 사투리와 비슷한 발음을 하게 된다.

무시하는 법을 학습

대수롭지 않은 자극

새로운 자극이 주어지면 우리는 자동적으로 그것에 주의를 집중한다. 그러나 그 자극에서 별로 중요한 것을 발견하지 못하면 다음에는 그것을 무시하게 된다.

소리에 놀란다

소리에 무반응

연상에 의한 학습

연상 학습

두 사건이 규칙성을 가지고 우연히 동시에 일어난다면 우리는 그 둘을 연관짓게 된다. 만약 우리가 음식을 먹을 때마다 일관성있게 종이 울린다면, 종소리를 듣는 것만으로 군침이 돌게 될 것이다.

두 자극이 합해져서 유발된 허기

소리만으로 허기를 느낀다

행위의 강화

보상과 책망

좋은 행동으로 칭찬을 받고 나쁜 행동으로 벌 받는 것은 어떤 것이 바람직하고 어떤 것이 그렇지 않은지에 대한 개념을 강화하는 데 도움이 된다.

칭찬받은 행동

벌 받은 행동

배움의 기술

우리가 의식적으로 노력하지 않아도 끊임없이 학습(learning)이 일어나는 것은 신경세포(nerve cell) 사이의 연결 덕분이다. 반복은 이런 역량을 유지하는 데 큰 도움이 된다.

새로운 도시를 탐방하는 것은 신경세포의 새로운 연결을 형성함으로써 뇌의 크기를 늘린다

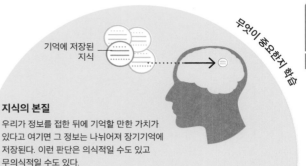

가장 많이 배우는 나이는 언제일까?

아동기에는 인지능력, 운동능력, 언어능력이 일취월장한다. 2세 때는 보통 1주일에 10~20개의 단어를 배우는 것으로 되어 있다.

무엇이 중요한지 학습

지식의 본질

우리가 정보를 접한 뒤에 기억할 만한 가치가 있다고 여기면 그 정보는 나뉘어져 장기기억에 저장된다. 이런 판단은 의식적일 수도 있고 무의식적일 수도 있다.

기억에 저장된 지식

이후에 필요하여 접근된 지식

시험에 사용된 지식

학습된 운동

자동화되다

운전을 처음 배울 때 우리는 나 자신의 동작은 물론 주위의 교통 상황까지 신경을 써야 한다. 반복을 통해 몸의 움직임이 학습되고 자동화되면 운전하면서 다른 사물에 주의를 기울이는 것이 자연스럽다.

운전에 완전히 몰입

운전하면서 대화

시험 공부

기억이 희미해지기 시작할 때 그것을 되새기면 되새길 때마다 기억력이 상승된다. 이런 행위를 통해 습득한 정보가 사라지지 않고 우리의 장기기억에 확실히 남아 있게 된다. 작은 크기의 정보를 자주 복습하는 것이 기억하는 데 가장 유리하다. 시험이나 발표를 급하게 준비할 때는 많은 정보를 단숨에 받아들이지만 이것들을 다시 되새기지 못하므로 놓쳐 버리게 된다. 벼락치기 공부가 단기기억 외에는 사용될 수 없는 이유가 바로 이 때문이다.

사건에 대한 반응

일화기억

우리는 비오는 날 우산을 잊어 불편했던 경험을 떠올리고 그러지 않도록 학습된다.

옷이 젖은 경험

과거 경험을 기억하여 행동이 변화

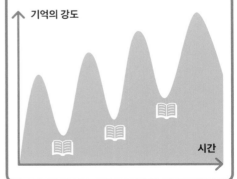

기억의 강도

시간

기억의 형성

우리가 무언가를 경험할 때마다 뇌는 기억을 형성한다. 대수롭지 않은 순간과 삶을 바꾸는 사건 모두 저장되지만 자주 이것을 회상하느냐에 따라 기억으로 남기도 하고 잊혀지기도 한다. 기억은 단기기억에 잠시 저장되었다가 그중에서 중요한 것은 장기기억으로 옮겨진다.

왜 우리는 기시감(데자뷰, deja vu)을 경험할까?

익숙하지 않은 상황을 익숙하다고 느끼는 것은 아마 비슷한 기억을 떠올렸지만 그 시점을 현재와 혼동하였기 때문일 것이다. 따라서 무엇을 알아본다는 느낌은 구체적인 기억이 없어도 생길 수 있다.

미각

시각

후각

청각

촉각

1 감각기억

어떤 사물에 대한 감각은 우리가 의식하지 않아도 일시적으로 기억을 형성한다. 이때는 우리의 감각기억(sensory memory)에 저장되며 단기기억으로 운반되지 않으면 순식간에 사라지고 만다.

2 신경 신호

부호화(encoding)란 감각기억이 실제 기억으로 변환되는 과정이다. 우리가 주의를 집중하면 감각기억은 우리 의식으로 들어오며 기억을 부호화하는 신경세포가 더 빨리 흥분한다. 신경세포의 연결이 일시적으로 강화되어 단기기억이 생겨난다.

부호화

단기기억

우리의 단기기억(short-term memory)에는 5개에서 7개의 단편적인 정보가 저장될 수 있다. 전화번호나 방향 등과 같은 기억은 우리가 필요할 때까지만 저장된다. 스스로 반복함으로써 우리는 기억을 연장할 수 있지만, 주의를 다른 데 돌리면 잊어버리는 경우가 많다. 단기기억은 뇌의 이마앞엽겉질(전두전피질, prefrontal cortex)의 일시적 활동 방식에 따라 나타나는 것으로 생각된다.

신경세포

이전 기억과 연결된다

시냅스

강화

최종적인 기억

3 기억의 강화

비교된 후 연결 관계가 형성됨으로써 새로운 기억으로 저장된다. 기억에 감정이 동반되면 더 중요하게 간주되어 강화되고 잘 잊어지지 않는다. 수면은 이 강화(consolidation)가 효율적으로 이루어지는 데 있어 아주 중요하다.

기억 소실

불필요한 기억은 사라진다

2 저장

몇 개월이 지나면 신경세포 사이의 연결은 영구적이 된다. 특별히 기억할 만한 경험은 바로 그 장기기억으로 곧장 저장된다.

개월

3 희미해지는 기억

몇 개월이나 몇 년이 지나고 나서 기억을 회상한다면 그 기억은 희미해졌을 가능성이 크다. 자신의 결혼식과 같은 특별한 사건이라도 그때 먹은 음식과 같은 특정한 세부 사항은 잊힐 수 있다.

년

수십 년

4 망각

중요한 기억이라도 결국에는 희미해진다. 잊힌 기억이 사라진 것인지, 존재하고 있지만 우리가 접근할 수 없는 것인지에 대해서는 신경과학적으로 아직 설명되지 않고 있다.

저장된 기억

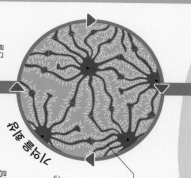

기억

신경세포의 연결

기억 통합

강화된 신경세포의 연결

잊힌 기억

1 기억의 반복

기억을 회상할 때는 그 기억을 부호화했던 신경세포가 다시 활성화된다. 이것이 일어날 때마다 더 많은 신경세포의 연결이 생겨나며 기존의 것은 강화되어 기억이 잘 희미해지지 않게 된다. 자주 회상되지 않는 기억은 잊힐 가능성이 높다.

휴가

생일

데이트

여행

가정사

인간관계

장기기억

우리가 아는 한 장기기억(long-term memory)에 저장할 수 있는 정보의 양은 무한하다. 평생 남을 기억으로는 결혼과 같이 정서적 영향이 큰 사건들과 배우자의 이름과 같은 그 의미 가치가 큰 것들이다. 이런 기억은 해마(hippocampus)와 같이 뇌에서 기억을 담당하는 부분의 성장과 연결되어 있어 단기기억보다 훨씬 안정적이다.

기억 작화증

우리가 기억을 회상할 때 기억은 변형되기 쉬운 상태가 된다. 작화(confabulation)라는 과정에서는 이런 취약한 상태인 기억이 다시 강화될 때 우리의 무심한 의도없이 새로운 정보가 첨가될 수 있다. 새로운 정보는 우리 기억과 분리할 수 없는 부분으로 굳어져 버린다.

작화된 기억

실제 기억

진짜 기억으로 떠올리게 된다

잠의 비밀

수면은 신비로운 현상으로 매일 우리에게 일어나지만 왜
일어나는지는 모르고 있다. 수면은 우리 몸과 뇌가 스스로
회복하거나, 하루 종일 쌓인 독소를 내버리거나, 기억을
더 강화하는 기회일 수도 있다. 잠을 빼앗기는 것은
우리 신체에 큰 부담이 된다.

오전 7시

전신 마비

REM 수면(rapid eye movement sleep)
단계에서는 근육이 마비되므로, 우리가
꿈꾸는 대로 실제로 행동하는 경우는
없다. 그리고 이 단계에서 깨어나는 것도
가능하다. 이것은 무서운 경험일 수
있는데, 의식이 절반은 있지만 몸을 전혀
움직일 수 없기 때문이다.

오전 6시

개운하게 잠을 자고
나면 수면 압박이
적다

오전 5시

아데노신이 수면 중에
제거된다

수면 압박

깨어 있는 시간이 길수록
수면 압박(sleep pressure)은
더 커진다. 이 압박감은
아데노신(adenosine)과 같은
화학물질의 양이 많아지는 것이
그 원인인데, 이 물질은 뇌의
신경세포를 억제함으로써 피곤을
느끼게 한다. 활동이 많은 날
밤에는 아데노신이 많이 생산된다.

오전 4시

빠른눈운동수면(REM 수면)

꿈을 꾸는 것은 대부분 빠른눈운동수면에 있을
때다. 수면 중 이 단계에 있을 때 잠을 깨우면 꿈을
기억할 가능성이 크다. 꿈을 꾸는 동안에는
우리 눈이 눈꺼풀에 덮인 채 움직인다.

오전 3시

잠잘 시간이 되면 수면
압박이 최고에 이른다

몽유병

몽유병(sleepwalking)은 깊은 수면에서 나타나는
경우가 가장 많지만 왜 나타나는지는 아직
미스터리다. 몽유병 환자는 걸어다니거나, 음식을
먹거나 심지어 자동차를 운전할 수도 있다!

오전 2시

4단계

3단계

2단계

1단계

잠이 옴

오전 1시

REM 수면

각성

**우리는 인생의 1/3을 잠자면서
보내지만 왜 잠을 자는지 모른다**

오후 12시

잠이 들자마자
REM 수면에
진입하기는 어렵다

얕은 잠

깊은 잠

잠의 회피

우리는 잠을 쫓기 위해서 카페인(caffeine)을 섭취한다. 카페인은 졸리게 만드는 아데노신(adenosine)이라는 물질을 뇌에서 차단함으로써 의식을 또렷하게 한다. 하지만 카페인의 효과가 사라지면 갑작스럽게 피로가 들이닥친다.

수면 단계

매일 밤마다 우리가 통과하는 수면의 단계는 다르다. 1단계는 수면과 각성 사이이다. 이 단계에서는 근육 활동이 느려져서 단일수축(twitch)이 생길 수 있다. 진정한 수면에 들어가는 2단계에서는 맥박과 호흡이 일정해진다. 깊은 수면 상태인 3단계와 4단계에서는 뇌파가 느려지고 규칙적으로 변한다. 일단 수면의 네 단계를 모두 통과하면 단편적인 REM 수면에 진입하게 된다. REM 수면에서는 심장박동이 빨라지며 뇌파는 깨어 있을 때와 비슷하다.

수면의 여러 단계

전형적인 8시간 수면을 그림으로 나타냈다. 한 주기가 90분인 수면에서 여러 단계를 지나게 되며 중간에 몇 차례 REM 수면에 진입한다.

■ 각성		■ 3단계 수면
■ REM 수면		■ 4단계 수면
■ 1단계 수면		‖‖ 수면 압박
■ 2단계 수면		

수면 박탈의 효과

잠을 자지 못해서 받게 되는 영향은 신체적인 것에서 인지 능력까지 다양하다. 오랜 시간 수면이 박탈되면 환각(hallucination)을 보게 되는 수도 있다.

건망증

논리적 사고 불능

질병의 위험

심장박동수 상승

근육 떨림

잠을 빼앗긴다면

오랫동안 잠을 자지 못하면 불쾌한 증상이 나타난다. 피로가 쌓이면 뇌는 행복감을 조절하는 신경전달물질(neurotransmitter)에 대해 예외없이 무반응해진다. 피로한 사람들이 자주 침울해지는 이유가 이 때문이다. 잠을 자는 동안 뇌는 이런 신경전달물질에 대해 민감함을 회복하도록 스스로를 재설정한다. 수면 박탈(sleep deprivation)로 인한 영향은 깨어 있는 시간이 길수록 점점 더 악화된다.

꿈의 세계로

우리의 뇌는 사람들, 장소, 감정에 대한 기억을 뒤섞어서 때로 복잡하고 대체로 혼란스러운 가상현실(virtual reality)을 만들어 내는데 이것이 바로 꿈이다.

꿈의 창조

REM 수면 중에 우리의 뇌는 전혀 잠들어 있지 않다. REM 수면 단계에서 뇌는 아주 활발하며 우리가 꿈을 꾸는 것도 대부분 이때이다. 우리가 꿈을 꿀 때에는 뇌에서 감각과 정서를 담당하는 부분이 특히 활발하다. 심장박동과 호흡 속도가 빨라지는데 그 이유는 우리의 뇌가 깨어 있을 때와 비슷하게 활동하므로 산소를 많이 소모하기 때문이다. 꿈은 뇌가 기억을 처리하는 방식과 관계가 있다고 생각된다.

몽유병과 잠꼬대

몽유병(sleepwalking)은 느린파형수면(slow-wave sleep), 즉 깊은 수면에서 나타난다. 수면의 이 단계에서는 REM 수면과 달리 근육이 마비되지 않는다. 뇌줄기는 신경 신호를 뇌의 운동겉질(motor cortex)로 보내어 꿈꾸는 것을 실제 행동으로 옮기게 한다. 몽유병은 수면을 박탈당한 사람들에서 더 흔하다. 잠꼬대(sleeptalking)는 REM 수면 중에 나타나는 근육 마비가 일시적으로 차단되어 꿈이 말로 표현되는 것이다. 또한 수면의 한 단계에서 다른 단계로 옮겨갈 때에도 나타날 수 있다.

활성화된 운동영역

활성화된 언어영역

몽유병

잠꼬대

2시간
우리가 매일 밤 꿈을 꾸며 보낼 것으로 생각되는 시간

합리적 사고 불능

비논리적 현실

합리적 사고의 대부분을 담당하는 뇌의 이마앞겉질(prefrontal cortex)은 활성화되지 않는다. 꿈꾸는 자아는 꿈을 다른 것으로 해석할 능력이 없으므로 꿈에서 일어나는 괴상한 일을 마치 실제인 것처럼 받아들이게 된다.

감각 인식 불능

되살려지는 감각

잠들었을 때 우리의 뇌는 새로운 감각 입력을 거의 받아들이지 않으므로 감각 신호를 처리하는 뇌의 부분은 활성화되지 않는다. 우리는 꿈 안에서 '감각을 느낀다'고 생각하지만 이것은 깨어 있을 때 받아들였던 감각을 재경험하는 것이다.

REM 수면

뇌줄기에 생기는 신경 신호가 REM 수면 동안 뇌의 활동을 조절한다. REM 수면을 유도하는 신경과 REM 수면을 중단하는 신경들이 상호작용함으로써 REM 수면으로 언제 또는 얼마나 자주 진입할 것인가가 조절된다. 눈을 움직이는 근육은 REM 수면 중에 기능하는 유일한 근육이므로 꿈을 꿀 때 눈의 움직임이 일어난다.

빠른 눈 운동

신체의 마비

운동의 불가능

의식적인 움직임을 관장하는 운동겉질(motor cortex)은 활성화되지 않는다. 뇌줄기는 신경 신호를 척수로 보내 근육의 억제를 유도하며, 이로 인해 꿈대로 몸을 움직이는 것이 억제된다. 운동신경을 자극하는 데 쓰이는 신경전달물질의 생산이 전면 중단된다.

기억 강화

수면은 기억(memory)의 저장에 중요하다. 자고 일어나면 새로운 정보를 저장하기가 쉽다. 꿈은 우리의 뇌가 불필요한 것을 잊어버리며 새로운 기억을 처리하고 옮기는 과정에서 생기는 부가적인 현상이라고 생각된다.

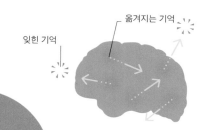

잊힌 기억 · 옮겨지는 기억

격해지는 감정

뇌의 중앙에 있는 감정 중추는 매우 활성화되며, 이것은 우리가 꿈을 꿀 때 감정의 폭풍우가 휘몰아치는 이유를 설명해 준다. 이 영역에는 편도체(amygdala)가 포함되며 이것은 악몽을 꿀 때 활발해져 공포에 대한 반응을 조절한다.

감정적 반응

공간 인식

운동의 지각

꿈을 꾸는 동안 우리는 움직일 수 없지만 우리가 움직이는 것처럼 느낀다. 공간 인식에 관여하는 소뇌(cerebellum)가 활성화될 수 있으며 이로 인해 우리는 꿈 속에서 달리거나 떨어지는 느낌을 느끼게 된다.

이마앞겉질 · 운동겉질 · 시각겉질

감각영역 · 정서영역

소뇌

뇌줄기

뒤섞인 기억

뇌 뒤쪽의 시각겉질(visual cortex)이 활발해지므로 기억하는 사건을 재구성하여 꿈속에서 우리가 보는 영상을 만들어 낸다. 여기에는 내가 갔던 장소, 만났던 사람, 다뤘던 사물 등이 나타날 수 있다. 이들은 내가 정서적으로 끌리는 대상일 수도 있지만 완전히 무작위로 나타나는 경우도 있다.

사고의 형상화

울고 웃게 하는 감정

어떤 결정을 내릴 때는 물론 깨어 있는 동안 내내 우리는 감정(emotion)에 좌우된다. 사회적 유대감은 우리 조상의 생존에 필수적이었으므로 우리는 다른 사람의 감정을 읽을 수 있도록 진화되었다. 감정이 작용하는 방식을 이해하면 우리가 느낌을 조절할 수 있다는 믿음이 생기게 된다.

기본 정서

인간이라면 누구에게나 기본적으로 인지되는 감정이 몇 가지 있다. 대부분의 문화권에서 행복감, 슬픔, 공포, 분노는 표정을 통해 공통적으로 인식할 수 있다. 그러나 이들 감정이 조합되어 우리가 경험하는 엄청난 수의 복잡한 감정이 생겨났다.

슬플 때 우리는 왜 울까?

슬프거나 스트레스를 받으면 우리가 흘리는 눈물로 코티솔과 같은 스트레스 호르몬이 분비되며 이것이 운 다음에 기분이 나아지는 이유이다!

공포와 분노

관여하는 호르몬은 다를지라도 공포와 분노에 대한 신체적 반응은 비슷한 점이 많다. 우리 스스로 화가 나는지 두려워하는지 아는 것은 주로 우리 뇌의 판단을 따른 결과이다.

행복감과 슬픔

행복감에 영향을 주는 세로토닌(serotonin), 도파민(dopamine), 옥시토신(oxytocin), 엔도르핀(endorphin)을 포함한 여러 호르몬이 우리의 뇌와 큰창자에서 만들어진다. 이들 호르몬의 양이 적을 때에는 슬픔을 느끼게 된다.

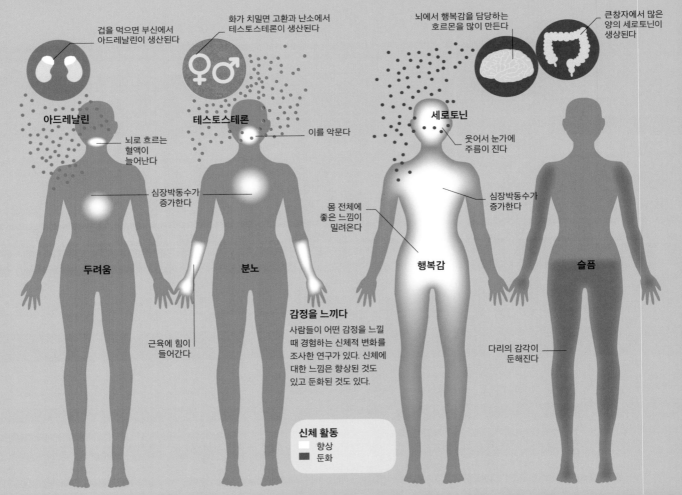

겁을 먹으면 부신에서 아드레날린이 생산된다

화가 치밀면 고환과 난소에서 테스토스테론이 생산된다

뇌에서 행복감을 담당하는 호르몬을 많이 만든다

큰창자에서 많은 양의 세로토닌이 생상된다

아드레날린

테스토스테론

세로토닌

뇌로 흐르는 혈액이 늘어난다

이를 악문다

웃어서 눈가에 주름이 진다

심장박동수가 증가한다

몸 전체에 좋은 느낌이 밀려온다

심장박동수가 증가한다

두려움

분노

행복감

슬픔

근육에 힘이 들어간다

감정을 느끼다

사람들이 어떤 감정을 느낄 때 경험하는 신체적 변화를 조사한 연구가 있다. 신체에 대한 느낌은 향상된 것도 있고 둔화된 것도 있다.

다리의 감각이 둔해진다

신체 활동
- 향상
- 둔화

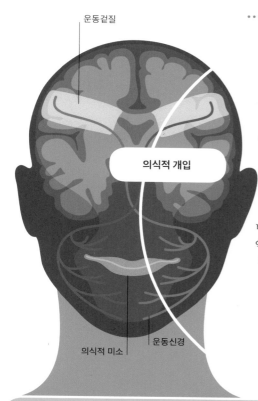

운동겉질

의식적 개입

의식적 미소

운동신경

감정의 형성

감정은 느낌, 표현, 신체 반응으로 이루어진다. 가장 먼저 나타나는 것은 느낌이지만 되먹임 제어회로를 통해 신체가 우리의 감정을 조절하거나 그 반대도 가능하다. 따라서 이 회로의 어떤 지점에서 우리의 반응을 바꿈으로써 우리는 감정을 강화하거나, 억제하거나, 변환할 수 있다. 예를 들어, 행복감을 느낄 때 미소를 지음으로써 행복감은 훨씬 더 커진다!

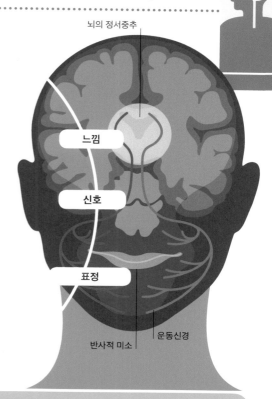

뇌의 정서중추

느낌

신호

표정

반사적 미소

운동신경

의식적 표정

감정을 경험하는 초기에 진정한 감정을 숨기거나 더 강화할 목적으로 표정을 바꿀 수 있다. 이런 작용은 운동겉질(motor cortex)로부터 내려오는 신경로에 의해 의식적으로 조절된다.

반사적 표정

감정을 경험할 때 우리의 표정은 조절되지 않은 채 나타난다. 예를 들어 기쁜 소식을 들을 때 미소를 짓지 않을 수가 없게 된다. 이런 반사작용은 뇌의 정서 중추인 편도체(amygdala)에서 보낸 신호 때문인 것으로 생각된다.

'격렬한 운동 후의 환희'를 통해 느낀 행복감은 아편유사제(opioid)라는 뇌의 자연적인 화학물질에 의해 유발된다

왜 우리는 감정을 가질까?

전문가들은 언어가 생기기 전에 의사소통의 수단으로서 감정이 진화했다고 추측한다. 감정적 신호를 이해하면 사회적 유대를 강화할 수 있는 것이 사실이다. 우리는 표정을 통해 나는 도움이 필요하고 내가 한 일을 미안하게 생각하며 내가 화가 나 있으니 가까이 오지 말라고 경고의 신호를 보낼 수 있다. 그러나 일부 과학자들이 생각해 낸 설명은 더 간단하다. 분노로 인해 눈이 커지면 더 좋은 시야를 갖게 되며, 혐오감을 표현할 때 생긴 코의 주름은 공기의 해로운 물질을 거부하는 수단이 되어 인간 자신에게 도움이 될 수 있다는 것이다.

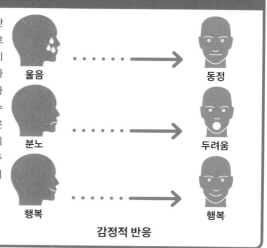

울음 → 동정
분노 → 두려움
행복 → 행복

감정적 반응

맞서느냐 피하느냐

우리에게 위험한 일이 닥칠 때 우리 신체는 즉각적으로 반응한다. 뇌는 몸에 신호를 보내 위기 상황에 대처할 것인지 피할 것인지 재빨리 결정하고 이에 적합한 여러 가지 생리적 변화를 일으켜 닥쳐올 위험에 우리를 준비시킨다.

반응의 시작

정원에 있는 수도 호스를 흘끗 보고 그것은 철렁 뱀이 아니냐며 따라서 천천 혜가 없다는 것을 깨닫기도 전에 소스라치게 놀란 적이 있는가? 우리가 위험을 의식적으로 인지하기 전에 뇌는 신경계통을 활성화하여 부신(adrenal gland)이 호르몬 분비를 촉진한다. 그러는 동안 정보는 더 긴 다른 경로를 통해 대뇌겉질(cerebral cortex)로 전달되어 의식적인 뇌가 부위를 위험이 정말 실체 상황인지 파악한다. 실제적인 위험이 아닌 것으로 밝혀지면 신체 반응이 누그러진다.

뱀

Q 큰 스트레스를 받을 때는 터널시야(TUNNEL VISION)를 경험하는데 이로 인해 우리는 주위에 일어나는 다른 일을 인식하지 못한다

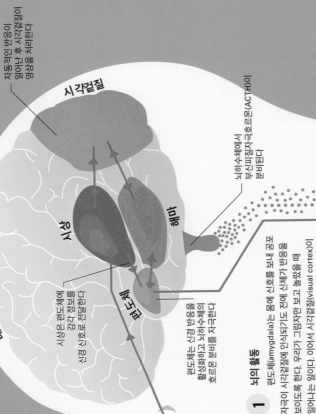

대뇌겉질

시각겉질 — 자동적인 반응이 일어나는 후 시각겉질이 영상을 처리한다

시상

해마

편도체

시상은 편도체에 감각 정보를 신경 신호로 전달한다

편도체는 신경 반응을 활성화하고 뇌하수체의 호르몬 분비를 자극한다

뇌하수체에서 부신피질자극호르몬(ACTH)이 분비된다

1 뇌의 활동

편도체(amygdala)는 몸에 신호를 보내 공포 자극이 시각겉질에 인식되기도 전에 신체가 반응을 보이도록 한다. 우리가 그림자만 보고 놀랐을 때 일어나는 일이다. 이어서 시각겉질(visual cortex)이 영상을 완전히 분석하여 위험이 실체인지 아닌지를 판단하고 신체 반응을 이에 맞게 조절한다. 대뇌겉질은 또한 위험이 과거에 경험한 적이 있던 것인지를 알기 위해 해마(hippocampus)에 저장된 기억을 조회한다.

호르몬

신경 신호

2 대체 경로

뇌가 보낸 신호는 신경을 경유하기도 하고 뇌하수체(pituitary gland)에서 분비한 호르몬이 부신피질자극호르몬을 통해서도 전달된다. 신경 신호는 호르몬보다 빠르므로 부신에서 호르몬 생산이 급가동된다.

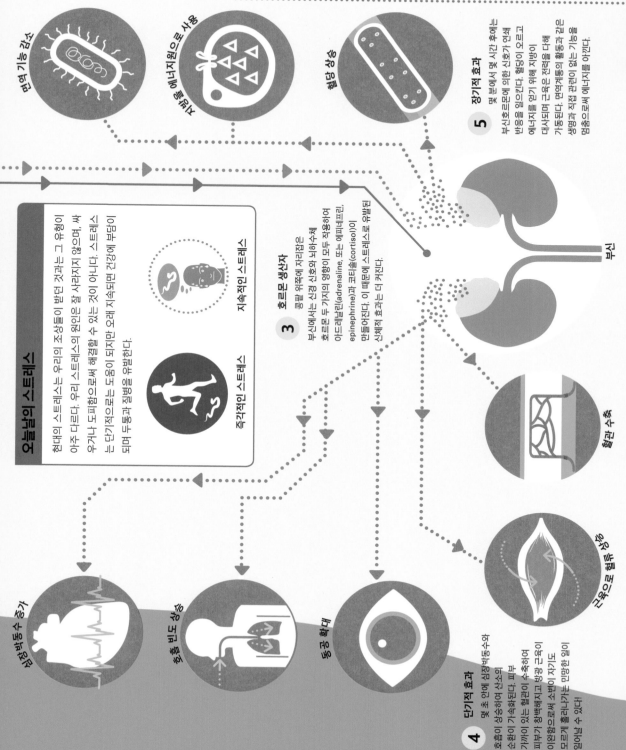

면역 기능 감소

지방을 에너지원으로 사용

혈당 상승

5 장기적 효과

몇 분에서 몇 시간 후에는 부신호르몬에 의한 신호가 연쇄 반응을 일으킨다. 혈당이 오르고 에너지를 얻기 위해 지방이 대사되며 근육은 전력을 다해 가동된다. 면역계통의 활동과 같은 생명과 직접 관련이 없는 기능을 염증으로써 에너지를 아낀다.

오늘날의 스트레스

현대의 스트레스는 우리의 조상들이 받던 것과는 그 유형이 아주 다르다. 우리 스트레스의 원인은 잘 사라지지 않으며, 싸우거나 도피함으로써 해결할 수 있는 것이 아니다. 스트레스는 단기적으로는 도움이 되지만 오래 지속되면 건강에 부담이 되며 두통과 질병을 유발한다.

지속적인 스트레스

즉각적인 스트레스

3 호르몬 생산자

콩팥 위쪽에 자리잡은 부신에서는 신경 신호와 뇌하수체 호르몬 두 가지의 영향이 모두 작용하여 아드레날린(adrenaline, 또는 에피네프린, epinephrine)과 코티솔(cortisol)이 만들어진다. 이 때문에 스트레스로 유발된 신체적 효과는 더 커진다.

부신

혈관 수축

근육으로 혈류 상승

신장박동수 증가

호흡 빈도 상승

동공 확대

4 단기적 효과

몇 초 안에 심장박동수와 호흡이 상승하여 산소의 순환이 가속화된다. 피부 가까이에 있는 혈관이 수축하여 피부가 창백해지고 방광 근육이 이완함으로써 소변이 차기도 모르게 흘러나가는 민망한 일이 일어날 수 있다!

정서의 문제

우리의 감정은 화학물질의 균형과 뇌의 회로에 의해 조절되므로, 화학물질의 불균형으로 인해 정서질환이 유발될 수 있다. 전문가들은 한때 정서질환이 그저 심리적인 것이라고 믿었지만 오늘날에는 질병의 배후에 신체적 변화가 있다는 것이 잘 알려져 있다.

공포증

위험 자체보다 그 위험에 대한 두려움이 더 크게 느껴지는 공포를 공포증(phobia)이라고 한다. 치명적인 독을 가진 독사를 조심하는 것은 사리에 맞는 행동이다. 그러나 공포감이 그림이나 장난감까지 연장되고 매일의 삶에 영향을 준다면 공포증이라 할 수 있다. 공포증은 시간이 흐름에 따라 더 심해질 수 있으며, 아주 어릴 때 생기거나 공포의 대상이 관련된 사건이 계기가 되어 생길 수도 있다.

강박신경증

강박신경증(OCD) 환자는 문득문득 떠오르는 부정적인 생각이 제어하기 힘든 행동으로 이어지는 것을 경험하며 이런 행동을 하면 불안이 해소될 것으로 잘못 믿고 있다. 강박신경증은 전두엽(frontal lobe)을 뇌의 더 깊은 영역과 연결하는 부분의 활동이 너무 활발하여 생길 수 있다. 대부분은 치료를 하면 좋아진다.

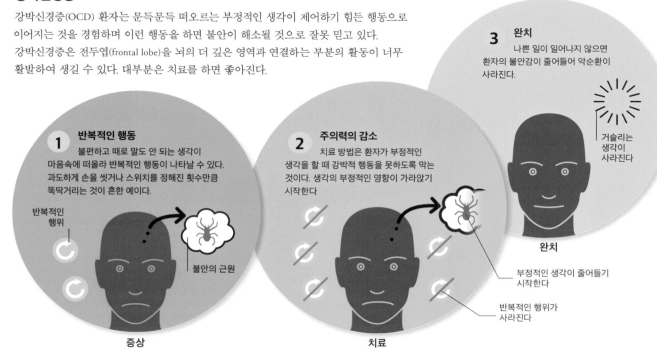

서서히 또는 갑자기 노출될 수 있다

1 공포
총이나 자동차와 같은 현대적 물건보다 높은 장소나 거미와 같은 자연적인 위험 요인에 대한 공포증이 더 흔한 것을 볼 때 우리가 특정한 대상을 두려워하도록 이미 설정되어 있다고 추측할 수 있다.

— 급성 불안기

증상

2 노출
유일한 치료는 환자를 두려워하는 대상에 노출시켜 그것이 해롭지 않음을 보여 주는 것이다.

치료

3 치료됨
아무 일도 일어나지 않으면 감정이 진정되고 신체는 공포의 원인을 두려워할 필요가 없다는 것을 터득한다.

완치

1 반복적인 행동
불편하고 때로 말도 안 되는 생각이 마음속에 떠올라 반복적인 행동이 나타날 수 있다. 과도하게 손을 씻거나 스위치를 정해진 횟수만큼 똑딱거리는 것이 흔한 예이다.

반복적인 행위

불안의 근원

증상

2 주의력의 감소
치료 방법은 환자가 부정적인 생각을 할 때 강박적 행동을 못하도록 막는 것이다. 생각의 부정적인 영향이 가라앉기 시작한다

부정적인 생각이 줄어들기 시작한다

반복적인 행위가 사라진다

치료

3 완치
나쁜 일이 일어나지 않으면 환자의 불안감이 줄어들어 악순환이 사라진다.

거슬리는 생각이 사라진다

완치

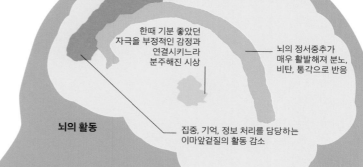

외상성 기억

정신적으로 큰 충격을 받은 경험 후에 어떤 사람들은 지나치게 반복되는 회상, 과도한 경계심, 불안, 우울 등을 경험하는데 이것이 외상후스트레스장애(PTSD)이다. 이 질병에 걸리면 뼈아픈 기억을 회상할 때 일반적인 기억과는 달리 응급상황에 일어나는 '맞섬도피'반응이 유발된다. 치료는 심리요법이나 약물을 통해 이루어진다.

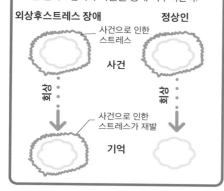

한때 기분 좋았던 자극을 부정적인 감정과 연결시키느라 분주해진 시상

뇌의 정서중추가 매우 활발해져 분노, 비탄, 통각으로 반응

뇌의 활동

집중, 기억, 정보 처리를 담당하는 이마앞겉질의 활동 감소

우울증

우울증(depression)의 증상에는 저하된 기분, 무감동, 수면 장애, 두통이 있다. 뇌에서 화학물질의 불균형에 의해 어떤 부위가 지나치게 활발하거나 위축되어 나타날 것으로 생각된다. 항우울제(antidepressant)는 화학물질의 양을 높임으로써 이 균형을 재설정한다. 그러나 이것은 원인이 아닌 증상에 대한 치료일 뿐이다. 우울증에 대한 인식은 이것이 마음의 상태가 아니라 질병이라고 이해하는 수준까지 발전했다.

양극성장애

조증(mania)에서 극도의 우울증(depression)까지 극한 감정의 변화를 보이는 양극성장애(bipolar disorder)는 유전성이 아주 강하여 한 가족 안에서 많이 발생하며 때로 일상의 사건으로 스트레스를 받아 유발되기도 한다. 양극성장애는 우울증의 한 유형이다.

뇌에서 일부 화학물질, 특히 노르아드레날린(noradrenaline)과 세로토닌(serotonin)의 불균형으로 인해 조증에서는 뇌의 시냅스가 지나치게 활발하고 우울증에서는 지나치게 위축되어 일어나는 것으로 생각된다.

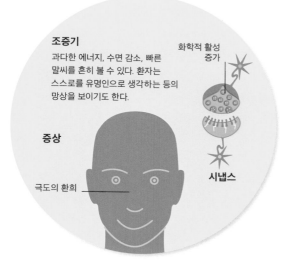

조증기
과다한 에너지, 수면 감소, 빠른 말씨를 흔히 볼 수 있다. 환자는 스스로를 유명인으로 생각하는 등의 망상을 보이기도 한다.

화학적 활성 증가

증상

극도의 환희

시냅스

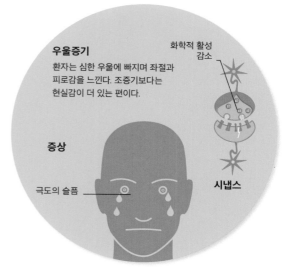

우울증기
환자는 심한 우울에 빠지며 좌절과 피로감을 느낀다. 조증기보다는 현실감이 더 있는 편이다.

화학적 활성 감소

증상

극도의 슬픔

시냅스

사랑의 생물학

우리가 누군가에게 끌린다고 느낄 때 어떤 일이 일어나는지, 왜 우리가 어떤 사람에게는 끌리고 다른 사람에게는 그렇지 않은지, 왜 우리가 상대에 대한 결정을 내리는지 과학자들은 이제서야 알아내기 시작했으며, 모두 다 호르몬 때문이라는 것이 결론이다.

화학적인 애착

애착심이 생길 때 호르몬은 낭만적인 느낌을 상승시키는 아주 중요한 역할을 한다. 뇌의 도파민(dopamine) 양이 늘어나 우리에게 진독한 즐거움의 파도가 밀려온다. 아드레날린(adrenaline)으로 변환되는 화학물질이 분비되어 앞이 마르고 손바닥에 땀이 난다. 이로 인해 동공(pupil)도 커지는데 이것은 애정을 갈망하는 심정을 나타내는 신호가 되어 상대에게 우리가 더욱 매력적으로 보이게 한다. 세로토닌(serotonin) 양도 변하는데 이로 인해 열쳐버리기 힘든 낭만적 상상이 유발될 것으로 생각된다.

1 한눈에 반해 버린 순간

내가 누군가에게 끌려 상대를 보는 순간 복내측전두전두엽질이라는 뇌의 부분이 활발해져 데이트의 기능성을 분석한다. 남녀 모두 분비된 테스토스테론(testosterone)의 자극을 받아 사랑의 욕구를 느낀다.

2 기여 인자들

우리는 얼굴의 대칭성이나 신체의 유형을 매력의 근거로 생각한다. 왜냐하면 이들이 건강하고 출산 능력이 좋다는 것을 의미하는 신호이기 때문이다. 관심 분야가 비슷한 것 등이 요인은 오랜 기간 잘 어울려 지낼 가능성을 생각할 때 중요하다. 남녀 모두에서 붉은 색은 정열을 타오르게 한다.

문화가 연애감에 영향을 줄까?

한 문화에서 미의 기준은 시간이 지나면서 바뀐다. 유럽에서는 한때 하얀 피부와 통통한 체구가 재력을 상징하며 매력있는 여성으로 생각되었다. 오늘날에는 더 날씬하고 피부가 그을린 외모에 끌리는 경향이 있다.

신체 유형

얼굴의 대칭성

유머 감각

반응의 놀이와 빠르기

의복의 색깔

감성-개시중추

복내측전두전엽질

동공의 확대

눈맞추기를 오래 하면 두 사람 사이에 끌리는 마음이 더욱 커진다

3 장기간의 유대 형성

최초의 연애 단계를 넘어서면 관계에 변화가 일어나고 다른 호르몬이 역할이 중요해진다. 성교 후에 분비되는 옥시토신(oxytocin)으로 인해 신뢰와 유대감이 커지고 관계를 확고히 하는 데 도움이 된다. 또 다른 호르몬인 바소프레신(vasopressin)도 똑같이 중요하다. 이 호르몬은 많은 시간을 두 사람이 함께 보낼 때 분비되어 일차일부제의 밑바탕이 된다.

성교

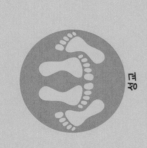

체취

땀을 통해서도 얼마나 건강한지 그리고 심지어 유전적으로 잘 맞는지 알 수 있다. 면역계통이 우리 자신과 조금 다른 사람이 체취에 더 호감을 느낄 수 있는데, 그 이유는 두 사람의 유전자의 조합이 더 건강한 후손을 얻는 데 도움이 되기 때문이다. 일반적으로 여성은 자신과 유전적으로 동일하거나 완전히 다른 사람보다는 자신의 체취와 비슷한 남성의 체취에 더 호감을 보이는 것으로 나타났다.

배란

신호의 변화

여성이 배란 중일 때는 생식 능력을 보여 주는 미묘한 차이가 나타나는데, 음성이 높아지고 볼이 더 붉어지며 이성에게 눈웃음을 더 잘 웃고 붉어지는 더 매력적으로 보인다.

미묘한 신호

많은 동물들에서 암컷의 생식 능력은 몸에 나타난 밝은 빛깔의 피로 종이처럼 뚜렷하게 신호나 소변으로 분비되는 페로몬과 같이 뚜렷하게 나타난다. 인간에서는 배란(ovulation)이 뚜렷하지 않은데, 이렇게 진화된 이유는 잘 모른다. 그럼에도 불구하고 여성은 은근한 눈빛을 보내다가나 더 매력적으로 웃을 입음으로써 생식 능력을 알리는 미묘한 방법을 사용하며, 남성은 의식하지 않아도 이 신호를 알아낼 능력이 있는 듯하다. 한 연구에 따르면 남성은 배란 중인 여성의 체취를 맡을 때에 그렇지 않은 여성의 경우보다 테스토스테론을 더 많이 분비한다고 한다.

월경주기

비범한 정신의 세계

모든 사람의 뇌는 독특하지만 어떤 사람의 뇌는 우리들 대부분이 꿈만 꿀 수 있는 놀라운 일을 실제로 할 수 있다. 뇌 안의 연결에 약간의 변화가 생기거나, 우리가 뇌의 사용 방법을 터득하는 경우에도 이런 놀라운 능력을 해낼 수 있다.

지연된 언어 발달

아스퍼거증후군(Asperger syndrome)이 아닌 자폐증(autism) 아이는 언어를 배우는 데 많은 시간이 걸리며 말을 배우지 못하는 경우도 있다. 성인이 되어 말을 할 수 있다 해도 의사소통을 위해 단어를 사용할 때 어려움이 뒤따른다.

사교의 장애

눈마주침이 줄어드는 것은 자폐증의 초기 증상이다. 자폐증이 있는 사람은 어울리는 것을 싫어하며, 사회 생활의 복잡한 규칙을 혼란스럽고 두려운 것으로 받아들인다. 하지만 자폐증을 가진 사람이 강한 사회적 유대를 절대로 가질 수 없다는 말은 아니다.

반복적인 행동

자폐증 환자는 정보를 다르게 처리하며 이것은 하루의 일상이 처리하기에 너무 방대할 수 있다는 뜻이다. 자폐증 환자에서 자주 관찰되는 자기 위로, 일상적 행동은 특히 이들이 불안을 느낄 때 스스로 진정하는 데 도움이 된다.

특이한 관심

자폐증이 있는 사람은 아주 좁고 특정한 영역에 관심을 보이는 경우가 많다. 그 이유는 익숙한 분야의 구조와 질서가 혼란스러운 인간 사회로부터 피난처가 되어 편안함과 즐거움을 얻을 수 있기 때문이다.

자폐증에서 간혹 나타나는 것

자폐 범주성

아스퍼거증후군을 포함하는 자폐 범주성 장애(autism spectrum disorder)는 뇌의 비정상적인 연결 방식에 의해 발생하는 것으로 생각된다. 자폐증은 가족 안에서 자주 발병하므로 유전자의 역할이 있을 것으로 추측된다. 그러나 가족 중에서도 어떤 이들은 정도가 가볍지만 어떤 이들은 평생 보살핌을 받아야 할 만큼 심한데 이렇게 차이가 나는 이유는 아직 밝혀지지 않았다.

드물게 천재적인 능력

때로 자폐증을 가진 사람 중에 수학, 음악, 미술과 같은 영역에서 놀라운 능력을 가진 것을 볼 수 있다. 이것은 아마 세부적인 것에 초점을 맞추는 뇌 특유의 정보 처리 방식 때문인 듯하다.

연결의 증가

뇌가 성장할 때는 필수적인 신경세포의 연결 외에는 모두 제거된다. 자폐증에서는 이 과정이 억제되어 너무나 많은 연결이 남아 있는 것으로 생각된다.

감각 정보의 샛길

하나의 자극을 여러 가지 감각으로 느끼는 사람들이 있다. 문자와 숫자가 색깔을 띠는 것으로 보이는가 하면 C샤프음을 들었을 때 커피의 맛이 느껴진다고도 한다. 이런 증상을 공감각(synaesthesia)이라고 하는데 이것은 소아의 뇌 발달 과정 중에 동일 신경세포 제거 과정이 일어나지 않아 발생한다. 따라서 뇌의 감각 영역들 사이에 별도의 연결이 존재한다. 공감각은 가족들 간에 잘 나타나므로 유전성이 있는 것으로 생각된다. 그러나 일란성 쌍둥이에서 둘 다 나타나는 경우도 있지만 그렇지 않은 경우도 있어 유전으로 모두 설명할 수는 없다.

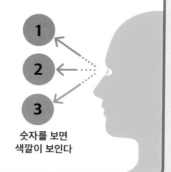

숫자를 보면 색깔이 보인다

5세가 되면서부터 고도의 자서전적 기억을 가진 사람들은 모든 것을 기억하기 시작한다

환각

환각(hallucination)은 놀라울 정도로 흔하다. 배우자와 사별한 지 얼마 안 되는 이들은 배우자를 보았다고 하며, 거의 모든 사람들이 시야의 한 구석에서 존재하지 않는 무엇인가를 보았다고 한다. 이것은 우리의 뇌가 주위 세계를 인식하려고 시도하는 과정에서 생기는 정상적인 현상이다.

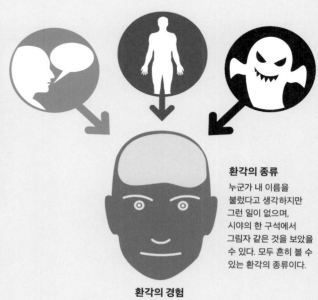

환각의 종류
누군가 내 이름을 불렀다고 생각하지만 그런 일이 없으며, 시야의 한 구석에서 그림자 같은 것을 보았을 수 있다. 모두 흔히 볼 수 있는 환각의 종류이다.

환각의 경험

기억력 챔피언

놀라운 기억력을 보이는 사람들이 있는데, 이들 대부분은 기억해야 할 항목을 친숙한 경로를 따라 배열하는 기술을 사용한다. 고도의 자서전적 기억(autobiographical memory)이라는 현상을 보이는 일부 사람들은 그들의 일생 전체에 걸쳐 일어난 모든 일을 하찮은 사건 하나라도 자동적으로 기억한다. 이런 능력을 지닌 어떤 사람에서는 뇌에서 기억과 관련된 두 구조인 측두엽(temporal lobe)과 미상핵(caudate nucleus)이 커져 있는 것이 관찰되었다.

새로운 신경 연결

기억의 경로
숫자로 이루어진 순서를 외우는 한 가지 방법은 각 숫자를 출근할 때 자주 보는 장소나 사물에 연결시키는 것이다. 머릿속으로 숫자 3을 자동차나 건물의 창문에 끼워 놓는다든가 하는 방법을 통해 순서대로 나타나는 장소에 숫자를 연결시키면 기억해 내는 데 도움이 된다.

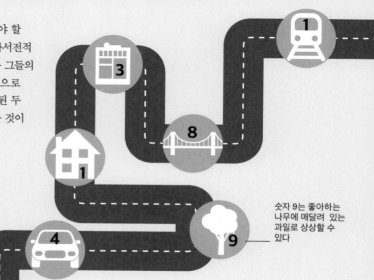

숫자 9는 좋아하는 나무에 매달려 있는 과일로 상상할 수 있다

찾아보기

이 책을 만드는 데 도움을 주신 분들께 감사를 표합니다.

디자인 에이미 차일드(Amy Child), 마이클 더피(Michael Duffy),
존 더빈(Jon Durbin), 필 갬블(Phil Gamble), 알렉스 로이드(Alex
Lloyd), 캐서린 라지(Katherine Raj)

사전 제작 네이딘 킹(Nadine King), 드라가나 푸바치(Dragana
Puvacic), 길리언 라이드(Gillian Reid)

색인 작업 캐롤린 존슨(Caroline Jones)

편집 검수 앙헬레스 가비라 게레로(Angeles Gavira Guerrero),
앤디 즈덱(Andy Szudek)

이미지를 사용할 수 있도록 허가해 주신 다음 분들께도 감사드립니다.

85쪽: 에드워드 앤델슨(Edward H Adelson)
87쪽: 포토라이브러리: 스티브 앨런(**Photolibrary:** Steve Allen)

For further information see:
www.dkimages.com